为航天事业

添砖加瓦

匡定波 波匡定印

二〇一六年六月

空间技术与应用学术著作丛书

空间制冷器技术

吴亦农　董德平　陆　燕　著

科学出版社

北　京

内 容 简 介

空间制冷器及以此为基础的空间低温制冷技术是当代红外载荷技术应用的基础和支撑，也是近五十年来红外光电技术领域最主要的研究方向和最活跃的研究对象之一。本书着重论述制冷器一般原理基础，以空间制冷器应用中最为普遍的辐射制冷器和机械制冷机等为论述主体，详尽介绍其科学原理、技术路线和性能特点。

本书可供从事空间低温制冷技术、低温系统集成技术和载荷热管理技术的研究、设计、制造、试验、应用、开发和管理的专业人员阅读参考，也可供高等学校动力工程及工程热物理学科内专业的教师、研究生和高年级学生，以及对空间制冷器技术感兴趣的读者阅读参考。

图书在版编目（CIP）数据

空间制冷器技术/吴亦农，董德平，陆燕著.—北京：科学出版社，2019.4
（空间技术与应用学术著作丛书）
ISBN 978-7-03-057762-7

Ⅰ. ①空… Ⅱ. ①吴… ②董… ③陆… Ⅲ. ①红外技术—应用—航空器—制冷机—研究 Ⅳ. ①V245.3

中国版本图书馆CIP数据核字（2018）第125133号

责任编辑：徐杨峰 / 责任校对：谭宏宇
责任印制：黄晓鸣 / 封面设计：殷 靓

科学出版社 出版
北京东黄城根北街16号
邮政编码：100717
http: // www. sciencep. com
南京展望文化发展有限公司排版
上海春秋印刷厂印刷
科学出版社发行 各地新华书店经销
*

2019年4月第 一 版 开本：787×1092 1/16
2019年4月第一次印刷 印张：14 3/4 彩插：4
字数：340 000

定价：118.00元

（如有印装质量问题，我社负责调换）

空间技术与应用学术著作丛书
空间遥感与科学实验有效载荷技术系列

空间技术与应用学术著作丛书
空间遥感与科学实验有效载荷技术系列·序

1957年世界上第一颗人造卫星发射成功，给人类开辟一个前所未有高度的活动平台。1965年中国科学院提出建议"我们也要搞人造地球卫星"，开启了中国人向空间进军的序幕。自此，中国空间技术得到了部署和发展，并与同时期的"原子弹、导弹"等高技术一起发展，最终形成了"两弹一星"的格局。

经过了半个多世纪的发展我国已经在空间领域形成了通信、气象、环境、海洋、载人、探月等系列。在这些系列中，对地观测无疑是重要内容，其中包括气象、海洋、资源、环境、侦察、预警等方面的应用。

中国科学院上海技术物理研究所自1965年参与航天项目，从红外地平仪做起，半个世纪以来，上海技术物理研究所在红外、光电遥感探测技术领域聚焦国家重大需求，坚持为国家重大科技战略做出突破性贡献：1988年发射的"风云一号"是我国第一颗太阳同步轨道运行的气象卫星；1997年发射的"风云二号"是我国的第一颗地球同步轨道运行的气象卫星；2008年发射的"风云三号"是我国新一代极轨气象卫星。此外，上海技术物理研究所还为载人航天工程、探月工程、海洋卫星、环境卫星、多种试验卫星等研制了红外、光电应用系统有效载荷和航天单机。在这些航天工程项目中，上海技术物理研究所重点发展对地观测和探月观测的有效载荷和相应的关键技术。为此，所内许多科研人员从事了一辈子与航天相关的科研活动，为我国的航天科研事业贡献了全部青春年华。同时，在这些科研过程中解决了许多技术问题，发展了相应的技术，有些专业技术是一般教科书中没有的。为了让这些宝贵的科研成果和学术积累有所传承，由科学出版社和上海技术物理研究所共同组织出版了这套"空间遥感与科学实验有效载荷系列"专著。

本系列专著是"空间技术与应用学术著作丛书"的重要组成部分，涉及红外探测器、不同波段的焦平面器件、空间用制冷器、各种功能的红外光学薄膜、遥感探测系统、红外地平仪、光电扫描辐射计、成像光谱仪、激光测高、激光成像以及空间微重力下的科学仪器、空间照明系统等。相信本系列专著能够为广大科技人员及科技爱好者，尤其是为光电技术领域的年轻科技人员带来具有实用价值的参考。

撰写这系列专著，需要相关科技人员、业内专家付出极大劳力和智慧。同时，作为上海技术物理研究所的重要科技活动，我所将始终给予人力和财力上的积极支持。

愿丛书顺利出版，特此为序。

匡定波　陆卫

二〇一六年六月

本书序 FOREWORD

空间制冷技术是空间技术的一个重要组成部分，而空间制冷器则是空间高性能红外探测系统的核心部件之一。无论是空间红外对地观测系统，还是空间目标红外监测系统，制冷型的红外探测器都是系统的核心部件。尤其是深空探测红外望远镜，不仅红外探测器需要制冷，而且为了降低背景辐射，整个光学系统都需要制冷到低温。

该书论述的空间制冷器技术，是中国科学院上海技术物理研究所从事空间制冷器技术研究几代人的技术积累。上海技术物理研究所几十年来为我国的气象、海洋、环境、科学实验等卫星，研制了一系列的红外及多光谱探测系统等有效载荷，其中所采用的空间制冷器都出于作者们的研制团队。因此，团队积累了丰富的技术知识和经验。

该书共分7章，从基础理论、设计、制作、材料、工艺、测试、环境模拟、工程应用等方面加以论述，也介绍了国际空间制冷技术应用发展。书中的第2～5章是研究团队多年研制空间制冷器的实践总结。

第2章介绍了空间辐射制冷器。空间辐射制冷器的工作原理为利用深空背景的极低温度，通过辐射交换，达到制冷的目的，其优点为没有运动部件、无需能耗、没有振动、寿命长，能满足空间红外探测系统的技术要求，其缺点是对卫星的轨道、姿态依赖性较大，且受辐射面积的限制，制冷量较低。这章介绍了用于二类卫星轨道即太阳同步轨道和地球同步轨道的不同的辐射制冷器，也介绍了用于三轴稳定卫星和自旋稳定卫星的辐射制冷器。附带说一下，到2018年底，风云系列发射上天的17颗气象卫星都使用了该团队研制的辐射制冷器。

第3章介绍了空间机械制冷机。随着红外技术进步，红外探测器从单元探测器到线列探测器，进一步发展了红外焦平面器件及多波段红外焦平面器件。敏感元从单元到上万元甚至上百万元。探测器的发热量极大增加，导致空间辐射制冷器满足不了使用需求，且卫星平台的应用采取的轨道更加多样化，所以空间机械制冷机就有很大的发展空间。机械制冷机可获得更大的制冷量和更低的温度，且不依赖卫星运行的轨迹。但是，机械制冷机有运动部件，需要驱动的能源，且受运动部件的性能限制，寿命问题较大。因此，如何延长空间机械制冷机的工作寿命，降低振动噪声，成为空间机械制冷机的重要研究课题。就此问题，作者介绍了他们工作中获得的知识和经验。

第4、5章介绍了试验、控制技术与应用。试验验证是空间制冷器进入空间运行必须经过的环节。作为提供制冷量的制冷器和被制冷的对象，二者之间需要耦合和匹配，这涉及许多细致和实际的问题。制冷器的运用也需要相应的控制技术。

最后两章介绍了国际上空间应用的低温集成系统和其他类型的制冷技术。

本书的作者长期从事空间探测载荷的研制，在与光、机、电、热、总体等各领域科学家和工程技术人员长期合作中，使他们对空间制冷器技术有很深的理解。他们工作认真，学术严谨，且有丰富的工程实践经验。相信本书能为从事这方面的科技人员和学生提供宝贵的经验和知识。

匡定波

二〇一九年一月

前　言 PREFACE

红外光电成像探测技术在第二次世界大战后得到迅速发展，在此驱动下，空间制冷器技术不断突破设计限制，追求更低的温度、更大的冷量、更长的寿命可靠性、更好的环境条件适应能力、更小的质量体积和功耗、更低的制造及应用成本，已经成为技术发展的主流趋势。空间制冷器及以此为基础的载荷热管理系统和低温集成系统是当代先进红外技术应用的核心支撑技术，也是一直以来空间技术领域的主要研究方向和最活跃的研究对象之一。

针对光电成像探测技术对空间制冷器技术的发展需求，本书根据技术的最新进展，围绕空间环境适应性背景以及产品化等的应用需求，描绘了目前国内空间制冷器技术的基本框架。以空间辐射制冷器和空间机械制冷机两大主流空间制冷技术发展为主线，对涉及的主要理论基础、实现方法以及关键技术等开展了技术验证性基础研究和应用研究。空间制冷器技术内涵十分丰富，在制冷类型上，涵盖了辐射制冷技术、机械制冷技术、维勒米尔（VM）制冷技术、焦耳–汤姆孙（J-T）制冷技术等；在制冷温区上，覆盖了4～180 K温区的制冷温度；在制冷量上，覆盖了几十毫瓦至几十瓦冷量的制冷能力；在寿命可靠性上，覆盖了几千小时至几万小时的寿命能力。辐射制冷器覆盖了地球同步轨道和太阳同步轨道的适应性设计；机械制冷机涉及单级乃至多级，甚至混合制冷技术。随着科学技术的不断发展，新的概念、机理和技术不断涌现，这些新技术不断丰富空间制冷器技术的内涵。本书没有试图也无法涵盖所有这些技术的研究进展，但这些新技术可以作为本书所讨论的空间制冷器概念的延伸和扩展。

本书在着重论述空间制冷器一般原理的基础上，以空间制冷器应用中最重要的辐射制冷器、机械制冷机为论述主体，详尽介绍空间制冷器类型、工作机理、热力分析、结构设计、制造技术、可靠性设计及试验技术、热控技术、控制技术和应用技术等，以期为读者展示空间制冷器技术的完整画卷，增加理性认识和理解。

全书共7章，包括空间辐射制冷器技术、空间机械制冷机技术、试验技术、应用与控制技术、低温系统集成经典案例介绍、其他形式空间制冷技术等。第1章分析空间制冷器作用、分类和应用环境的特点，阐述技术发展概况，为更好地认识、理解后续章节提供入门导读。第2章和第3章是本书的重头戏，分别系统地阐述两大主流空间制冷技术——辐射制冷器和机械制冷机。第4章和第5章针对面向空间应用的制冷器试验和应用与控制技术进行阐述，以为读者打通产品通向应用的桥梁。第6章结合空间制冷器由单机应用向系统化为用户提供解决方案的发展趋势，介绍国内外低温系统集成发展概况，并以典型案例方式阐述应用情况。第7章辅以空间制冷器发展至今出现和发展过的其他制冷技术，体现了技术不断进步和发展的过程。

本书为“空间技术与应用学术著作丛书”的重要组成部分，研究、探讨了空间制冷器科学原理、热力分析和结构设计技术，解决了空间制冷器制造技术、可靠性设计及试验技术、热控技术、控制技术和应用技术等方面缺乏系统阐述型专业论著的问题，体现了研究的深入程度和系统程度，具有专业学术价值。本书立意鲜明，凝练了上海技术物理研究所几代空间低温制冷人的心血，使得宝贵的科研成果和学术积累有所传承，极具历史学术价值；本书以作者及其同事、所指导学生的多年经验和研究成果为基线，辅以空间制冷器技术应用于空间载荷三十余年来解决的工程技术难题凝练的技术成果，具有工程参考价值；本书采用专题引导型章节设计方案展开全书的叙述，每一章节均具有独立参考价值，全书又构成系统体系，对学科领域和本专业现有的科学理论的创造、深化和发展具有积淀作用，对推动学科发展和建设具有重要价值。

本书可供从事空间低温制冷技术、低温系统集成技术和载荷热管理技术的研究、设计、制造、试验、应用、开发和管理的专业人员阅读参考，也可供高等学校动力工程及工程热物理学科专业的教师、研究生和高年级学生，以及对空间制冷器技术感兴趣的读者阅读参考。

随着近年来空间制冷器全面进入空间应用领域，技术发展十分迅速，本书介绍的内容亦正在完善和更新，因而，本书只重点阐述作者及团队所在相关领域中取得的当前部分进展，以上海技术物理研究所的工作为基础，没有试图涵盖空间制冷器技术的所有方面。本书在构成上致力于突出基本原理、国内外进展以及作者所在团队研究成果，所述技术仅代表当前的技术状态，限于作者的能力和水平，在全书构成及内容上有不妥之处，请广大读者谅解。

国内外科学家和工程技术人员在空间制冷器技术领域所取得的快速进展，在机制、实现方法和工艺技术上极大地提高了作者及所在团队对空间制冷器关键技术的认识和理解，为本书的编著奠定了良好的基础和引导。感谢匡定波院士、陈桂林院士、龚惠兴院士、丁雷、何力、龚海梅、孙胜利、徐如新、裴云天、郑亲波、刘银年、付雨田、丁瑞军、李雪、钮新华、顾明剑、危俊、陈凡胜、陈晓屏、朱奎章、于松林、梁京涛、蔡京辉等光电探测和空间制冷器领域的专家学者多年来对本书所著空间制冷器技术研究的关心、鼓励和指导，他们以丰富的学识和对科学一丝不苟的态度，所做的指导性、启发性和批判性的讨论，让作者及所在团队在更好地把握技术发展方向、快速攻克技术难题方面受益匪浅。

本书是在匡定波院士倡导并推动下完成的，动笔之初，匡先生审阅提纲并提出指导性意见。作者的同事和研究生所做的许多原创性的工作成果，对本书的构成具有重要贡献和价值，他们的名字在参考文献中列出，在此不一一列举。曲晓萍精心组织落实了的本书各阶段的工作；蒋珍华、谢荣建及其带领的丁磊、邓伟峰、刘少帅、余惠勤、张添、朱海峰、张畅等职工和研究生，在本书第1～4章和第6～7章的编写校核中做出了突出的贡献；杨宝玉及其带领的左志强、倪天智、张家昆等职工和研究生，在第5章的编写校核贡献了知识和智慧；张玉林、刘恩光、付立英、徐红艳在第2章和第4章多个章节内容的编写、梳理和校核方面付出了辛勤的汗水，作者在此深表感谢。特别感谢谢晋康、王维扬、杨春江、纪国林四位已退休的专家给本领域发展所做的贡献以及对本书目录确立、内容定稿所给予的高瞻远瞩的指引和严谨细致的审对，也感谢庞世杰对辐冷研制做出的贡献。作者也感谢王彪、夏项团、潘建珍等在本领域所付出的大量管理和协调支持。

吴亦农　董德平　陆　燕

二〇一九年一月

目　录

CONTENTS

第1章 绪 论

1.1 空间制冷技术的重要作用

随着我国对地观测、军事侦察、空间探测技术的发展，红外探测技术在航天工程中发挥的关键作用与日俱增。而红外探测技术中，为了提高探测灵敏度，红外器件需要工作在低温下，一些仪器为了降低背景噪声也需要工作在低温下。红外探测技术的发展为空间低温制冷技术提供了良好的发展机遇和迫切需求。

探测器所需的制冷量与探测器的种类、结构和元数有关。目前空间红外探测技术朝着高分辨率的方向发展，探测器元数由几十元发展到上千元，带来的结果是器件的焦耳热增大，窗口尺寸增大，引线数量增加，冷箱（杜瓦）引线漏热和辐射漏热增大。制冷装置必须提供更大的制冷量以满足探测器的需求，辐射制冷技术由于其温区较高、冷量较小而受到应用限制，因此提出了机械制冷技术要求。恶劣的空间环境要求空间制冷机具有不能维修、功耗限定、振动小、电磁干扰小、体积小、质量轻、可靠性高、寿命长以及性能衰减慢等特点，所以对空间低温制冷机的研究开发具有一定的挑战性。

随着空间制冷器技术的发展，红外探测技术在许多全局性、全球性的大型军民航天计划中获得应用，以下列举几个典型的例子。

（1）气象卫星。美国、欧洲、日本等国家和地区都有自己的高性能气象卫星系列，例如，美国的GOES14，能够每隔42 min形成一幅覆盖面积为3 000 km×3 000 km的微型云图。世界各国的气象卫星计划将长期升级发展，造福亿万民众。我国已经成功发展了风云系列极轨和静止轨道气象卫星，其核心部件是红外探测器及空间制冷器件。风云系列卫星配置了从可见光到长波红外的高灵敏探测器阵列，可同时获取多个波段的大气环流信息。在灾害气象条件下，风云二号E星每隔15 min就能发布一幅最新台风云图，为防灾减灾发挥巨大作用。风云四号气象卫星是我国新一代地球静止轨道三轴稳定气象卫星，配有扫描辐射计和大气垂直探测仪，其中的大气垂直探测仪可在垂直方向上对大气结构实现高精度定量探测，这是欧美第三代静止轨道单颗气象卫星不具备的，风云四号气象卫星的性能和功能实现了跨越式发展。

（2）海洋卫星。海洋卫星主要用于海洋水色和水温的探测，为海洋生物的资源开发利用、海洋污染监测与防治、海岸带资源开发、海洋科学研究等领域服务。2020年前，我国将发射8颗海洋系列卫星，空间制冷器将在其中起到非常重要的作用。

（3）空间红外望远镜。在探索天体演化和宇宙起源方面，红外探测将起到越来越突出的作用。詹姆斯·韦伯太空望远镜（James Webb Space Telescope, JWST）是将部署在太空的红外天文望远镜。这是继哈勃太空望远镜（Hubble Space Telescope, HST）和斯皮策空间红外望远镜（Spizer Space Infrared Telescope）之后新的大型空间探索项目。JWST的使命是研究初光产生（宇宙暗世纪的终结）、星系和行星系统形成、生命起源等根本性的重大科学问题。JWST预定于2021年由Ariane 5火箭发射，将在日-地第二拉格朗日点（L2）运行，依靠红外焦平面阵列探测器，在0.6 ～ 27 μm的宽广波段进行红外成像和红外光谱测绘。这是美国和欧洲各国等二十个国家合作，计划耗资100亿美元，费时二十多年研制的特大科学项目，其4个有效载荷的核心是红外焦平面成像阵列。早在2001年，美国国家航空航天局就意识到未来空间探测方案的关键工程技术之一就是为这些项目的低噪探测系统提供长期的6 K及以下温区的制冷系统，为此由喷气推进实验室（Jet Propulsion Laboratory，JPL）主持，戈达德太空飞行中心（Goddard Space Flight Center, GSFC）参与合作启动了ACTDP项目，并以为JWST、类地行星探测器（terrestrial planet finder, TPF）以及“X星云”（Constellation-X，Con-X）3个项目提供制冷机样机为任务目标。JWST 和 TPF 项目需要直接用于6 K左右的工作环境；而对于“X 星云”项目中的微热量计所需的 50 mK的工作环境，更需要利用被预冷至6 K的多级绝热去磁制冷机进一步降温才能达到。另外，3个项目的设备均在 18 K左右，需要一定的制冷量，且要求实现冷量的远距离传送，以防止压缩机和电控设备对光学组件产生振动和电磁干扰（Holmes et al., 2009；Ross and Johnson, 2006；Coulter et al., 2003）。我国的空间红外望远镜也已经列入国家的发展规划，拟于2020年左右建立自己的空间红外望远镜。

1.2　空间制冷技术与红外探测

众所周知，当今红外遥感技术及多光谱遥感技术所采用的最重要的红外探测器材料碲镉汞（$Hg_{1-x}Cd_xTe$）晶体，具有载流子浓度低、寿命长、组分可调等优点，特别适用于制备微米级各种响应波段的红外探测器，并且在较高的响应波段具有相当高的灵敏度和响应率。随着红外遥感技术的不断发展，探测器制备技术也在不断发展，航天用红外探测器也经历了从简单的单元探测器发展到多元探测器，而长线列探测器也已从多元线列探测器进一步发展到面阵探测器（焦平面探测器）。探测器响应波段从单波段发展到多波段，从多波段发展到多元多波段（Ross and Johnson, 2006）。我国已发射和正在研制的卫星遥感仪器中红外探测器元数的发展概况如表1.1所示。

表1.1　我国遥感卫星中使用的红外探测器发展概况

仪 器 名 称	红外探测器元数
风云一号	1元HgCdTe
风云二号	双波段4元HgCdTe
风云一号A星（02）	三波段3元HgCdTe

续表

仪 器 名 称	红外探测器元数
HY-1水色扫描仪	双波段8元HgCdTe
“921工程”中分辨率成像光谱仪	四波段88元HgCdTe
某型红外相机	双波段12 288元HgCdTe

众所周知，碲镉汞材料比早期的红外探测器材料的工作温度（如锗掺汞，工作温度0～30 K）提高了很多，但还是离不开低温。通常用于空间的制冷方式主要有辐射制冷、机械制冷和储能式制冷。常见的机械制冷机包括斯特林制冷机、脉管制冷机、GM制冷机及VM制冷机等，其中最具空间应用发展潜力的应数前两者。

20世纪90年代以来，随着采用柔性轴承、间隙动密封和直线电机驱动的牛津型斯特林制冷机的出现，斯特林制冷机的寿命得到很大的提高，在空间应用上也逐渐得到各国的重视，如美国的改进型同温层大气探测仪（ISAM，1991年）（龚海梅和刘大福，2008）、X射线频谱仪（XRS，1996年）和EOS卫星（1998年）上的高分辨率动态临边探测器（high resolution dynamics limb sounder, HIRDLS）等（黄本诚和童靖宇，2010；侯增祺和胡金刚，2007；王炳忠，1988），欧洲太空署（European Space Agency, ESA）ERS-1卫星上的ATSR等，日本ADEOS卫星上的IMG、EOS-AMI卫星（1998）上的ASTER/SWIR和ASTER/TIR等（Justus et al., 2001；Tomasko et al., 1980；Hansen, 1974）。我国“921工程”中的中分辨率成像光谱仪采用上海技术物理研究所研制的双驱动、分置式斯特林制冷机，并已搭载神舟三号飞船于2002年成功上天。

脉管制冷机于1963年发明，经过带小孔型（1984年）、双向进气型（1990年）和多路旁通型（1993年）几次重大的改进后，逐渐引起各国的重视。脉管制冷机冷端无运动部件，从根本上解决了其他机械制冷机膨胀机的磨损、工质动密封和振动等问题，而且结构简单，容易驱动。世界上脉管制冷机研究气氛最热烈的国家应属美国、日本、中国、法国等。其中，由美国天合汽车集团研制的脉管制冷机已在大气垂直探测仪（Cremers et al., 1971）上成功应用，提供1.75 W@55 K的制冷量；同时TRW也为综合多光谱大气探测器（integrated multispectral atmospheric sounder, IMAS）研制了改进的小型化脉管制冷机，提供0.5 W@55 K的制冷量。但目前为止，我国还没有成功应用于空间的实例。

从20世纪60年代中期美国发射了第一颗带有辐射制冷器的实用型气象卫星以来，辐射制冷器经历了不断的改良和发展，目前仍是世界范围内最成熟的空间制冷方式，具有无振动、无电磁干扰、零功耗的优点。但其缺点同样突出，如所占体积大、降温时间长、制冷温度相对较高等。随着目前红外探测器应用范围的拓宽，加上红外探测器制造水平的不断提高，探测器的元数都大大提高，冷却探测器所需的制冷量越来越大，利用被动式的辐射制冷来冷却长线列和大面阵红外探测器，已无法满足卫星体积限制和不断提出的更低温需求。

比较机械制冷机与辐射制冷器的特点，可以得出机械制冷机在以下几个方面具有明显的优势：① 在轨制冷性能；② 质量体积特性；③ 地面可操作性。

表1.2列出了几个空间制冷系统实际应用的例子，可以发现机械制冷机在制冷能力上大大超过辐射制冷器。

表1.2　空间制冷系统的应用

卫星(卫星年份)	国　别	类　型	制冷量@温度	备　注
ASTER	美国	斯特林制冷机	1.75 W@55 K	
AIRS(EOS PM 2000)	美国	脉管制冷机	550 mW@55 K	TRW
IMAS	美国	脉管制冷机	0.5 W@55 K	
HES(ABS)	美国	脉管制冷机	2.5 W@60 K	2012
"921工程"中分辨率成像光谱仪	中国	斯特林制冷机	500 mW@86.5 K	SITP
风云二号	中国	辐射制冷器	17 mW@100.1 K	SITP 1997
风云一号	中国	斯特林制冷机	500 mW@80 K	
HJ-1B	中国	斯特林制冷机	1 000 mW@85 K	Thales

目前国内外一致认为,机械制冷技术的应用研究将是以后空间制冷器技术的重点研究方向。

航天工程和宇宙探索对红外成像探测器技术的发展起着最大的需求牵引作用。为实现探索浩渺广宇中极低温度的目标,要求不断扩大探测波长范围,所以学者对延伸探测器截止波长所做的努力从未停息。人们希望看到更宽广的空域,要求探测器阵列的规模不断扩大。分辨空间目标细节的要求促使人们努力降低探测器的暗电流和噪声,以提高探测器灵敏度。长期无人值守的稳定性迫使航天红外焦平面阵列要达到空前严酷的可靠性技术指标。针对我国红外焦平面技术的发展趋势和未来需求,对空间制冷器技术提出了高效、可靠、长寿命等发展需求。

除了发展需求,技术瓶颈的克服也有力地推动了空间低温制冷技术的发展。在辐射制冷器方面,实现了太阳同步轨道和地球同步轨道两个系列辐射制冷器的升级换代。新一代辐射制冷器的制冷性能明显提升、工艺水平更加完善和成熟。风云三号辐冷采用柱状抛物镜面、可展开地球屏(兼防污罩)、大面积轻型复合材料镜面成形等一系列新技术,使得辐射制冷器在轨最低温度能力持续提升,首次实现了辐冷在液氮温区工作的能力。风云四号两台有效载荷用辐射制冷器均采用拼接太阳屏结构和卷帘式防污罩展开方案,先后突破了纤维制作、固定工艺及预紧、锁紧、二级纤维吊装结构等关键技术,以及大面积薄板太阳屏侧板镀膜抛光、太阳屏拼接等关键工艺。防污罩实现了从抛离式、铰链展开式到卷帘展开式的创新发展。为适应红外探测系统对低温光学技术的发展需求,陆续开展了基于辐射制冷的200 K低温光学低温集成技术和基于机械制冷的100 K低温光学低温集成技术研究,成功实现了两类低温集成系统的工程化应用。

在机械制冷机方面,突破了斯特林制冷机和脉管制冷机的关键技术,实现了机械制冷机的空间应用。斯特林制冷机采用直线电机技术,将直线电机与压缩活塞直接连接,直线电机所产生的往复电磁力驱动活塞往复运动,摒弃了传统压缩机中的曲柄连杆机构,磁驱动力与活塞的运动方向保持在同一直线上,活塞所受到的径向力可以忽略不计,运动部件由径向刚度较大的板弹簧支撑,活塞与气缸之间采用间隙密封,摒弃了油润滑,实现了活塞与气缸间无磨损运动,确保了压缩机的可靠性和长寿命。板弹簧技术的发展使得制冷机可以长寿命、高可靠地运行,大的板弹簧径向刚度为活塞提供支撑,以保证活塞在小的间隙内实现与气缸之间的无接触运动;板弹簧轴向刚度为活塞直线运动提供轴向的自由度,采用优化的板簧型线实现在其轴向的最大行程内板簧的应力远小于材料的疲劳极限，确保板簧无疲劳长寿命运行。活塞两侧的高低压腔体之间的密封通过活塞与气缸之间的间隙来实现，采用精密装配技术实现压缩机的高精度装配，确保压缩机的无磨损间隙密封。直线电机驱动、板弹簧支撑、间隙密封技术的突破使斯特林制冷机的长寿命和可靠性得到保证，在目前空间探测方面获得广泛应用。斯特林型脉管制冷机采用线性压缩机作为驱动装置，冷指侧没有运动部件。与斯特林制冷机相比，脉冲管制冷机所独有的一个显著特点是其没有排出器结构，以一段空管及附属调相结构替代，因此脉冲管制冷机具有独特的优势，使脉冲管制冷机自20世纪90年代以来在各个领域，特别是空间技术领域有很好的应用前景。同时，随着探测器工作温度的降低，J-T制冷技术、吸附式制冷技术、绝热去磁技术等面向更低温区可满足空间应用的低温制冷技术也逐渐获得更好的应用。

以上就不同红外探测技术对空间制冷器的应用需求以及空间制冷器的关键技术做了简单介绍，面向空间应用的制冷器技术发展必将成为获得高可靠红外探测器件的基本条件，是我国未来大力发展航天科技、对地观测以及深空探索技术的重要保障。

1.3　空间制冷器分类及特点

空间制冷器主要用于冷却探测器及光学系统，按照制冷方式不同，空间制冷器可以分为存储低温工质的杜瓦储罐制冷、被动的辐射制冷和主动的机械制冷等方式。

1.3.1　低温杜瓦储罐制冷

低温杜瓦储罐制冷是利用低温绝热技术将低温工质存储在低蒸发率的杜瓦储罐内实现低温工作环境的制冷技术。

19世纪50年代开始，由于低温绝热技术的发展，存储低温工质的杜瓦储罐开始广泛应用于低温制冷，很快该种技术就被用于空间探测中。

20世纪70～80年代，低温杜瓦主要用于固态氨、固态二氧化碳、液氮、固态甲烷等60 K以上温区。

1972年10月，美国国防部（United States Department of Defense，DoD）的空间技术试验计划SESP 72-2，首次将两个低温恒温器——单级固体二氧化碳制冷杜瓦，成功应用于 γ 射线探测任务，将 γ 射线探测器冷却到230 mW@126 K，低温恒温器直径40.6 cm，高35.6 cm，连续工作了七八个月（设计寿命是1年）。该空间应用突破了探测器与低温杜瓦集成技术。

1975年6月，美国洛克希德・马丁空间系统公司在Nimbus 6卫星上搭载了临边辐射反演辐射计，成功应用了二级固体制冷器，一级氨冷却152 K的光学部件，二级甲烷为探测器和汇聚光路及滤光片提供所需的温度（63～67 K，负载52 mW），实际工作寿命7个月（设计寿命1年）。

1978年10月，Nimbus 7搭载了平流层临边红外监测设备，作为1975年搭载于Nimbus 6的临边辐射反演辐射计的继承。该设备由霍尼韦尔公司制造，采用一个红外探测器并沿用了应用于临边辐射反演辐射计的洛克希德·马丁空间系统公司的65 K固态甲烷-氨低温恒温器。

美国波尔航空航天技术公司的高能天文台系列卫星HEAO-2（Einstein，1978年11月）和HEAO-3（1979年9月）成功应用了其自研的甲烷-氨低温恒温器。HEAO-2用于冷却固态分光计的Si（Li）探测器，HEAO-3用于冷却 γ 射线分光计的锗探测器。该公司研制的低温恒温器装载质量75 kg，长76 cm，直径56 cm，一级150 K，二级80 K（最大负载359 mW）。液氮冷却盘管用于填充冷却剂并在地面储存时维持冷却剂的状态。在起飞前，提供最后的服务之后，冷却剂会逐渐升温直到飞船进入轨道，排气口密封打开。主容器和副容器内都设计了热交换表面以促进冷却剂吸热。

20世纪80年代开始，随着低温绝热、隔热支撑技术的进一步发展，低温杜瓦逐步向更低的温区发展，甚至向4 K及以下的液氦、超流氦温区发展。

1983年1月，美国红外天文卫星（Infrared Astronomical Satellite, IRAS）发射，这是第一个实现空间飞行的超流氦杜瓦。望远镜口径0.6 m，由美国、英国和荷兰联合研制，探测器是62元焦平面组件，探测红外波段在8 ～ 120 μm。波尔航空航天技术公司研制的480 L液氦低温恒温器中，液氦杜瓦用9根玻璃纤维带悬吊在卫星中，中间填充57层绝热介质，外壳由辐射制冷到195 K，光学系统由液氦冷却到4 K，探测器工作在3 K。设计寿命1年，实际工作了290天。

1985年发射的Spcelab 2上搭载了两台超流氦杜瓦，一台用于超流氦试验，是可重复使用的120 L杜瓦，用于液氦微重力试验。另一台250 L超流氦杜瓦用于冷却红外望远镜IRT，望远镜上部的温度是60 K，而探测器工作温度是2.5 K。

2004年4月发射的验证爱因斯坦重力理论的B型引力探测器（Gravity Probe B，GPB）中采用了洛克希德公司研制的一个9 in（英寸，1 in＝2.54 cm）高、2 440 L的超流氦杜瓦，该杜瓦将仪器的超导量子干涉设备的磁力计冷却到1.8 K。该低温杜瓦持续工作到2005年9月30日（发射后的17个月）。

2005年发射了美国和日本合作的Astro-E，其中的一个仪器是X射线探测仪。该仪器采用去磁制冷方式冷却到65 mK，去磁制冷机采用25 L的超流氦杜瓦冷却到1.3 K，超流氦杜瓦又被17 K的固态氖杜瓦冷却，固态氖杜瓦采用斯特林制冷机冷却。该制冷系统的设计寿命是2.5 ～ 3年，而实际上在发射后的29天氦就耗尽了，但是该制冷机创造了空间制冷的最低温度纪录（Timmerhaus and Reed，2007）。

杜瓦储罐制冷方式的优点是工作温度稳定、无振动、无干扰，但由于不可避免地存在漏热蒸发，其使用寿命有限。2000年以后，随着主动机械制冷技术在长寿命和深低温区的技术突破，低温杜瓦用于探测器的冷却逐渐被主动机械制冷取代。

1.3.2 被动辐射制冷

被动辐射制冷是利用高辐射率表面向高真空的黑冷宇宙空间进行辐射换热、降低辐射体温度的一种被动式制冷方式。该种制冷方式具有高可靠、长寿命、无功耗的特点。

自1966年单级方锥型辐射制冷器首次用于冷却美国雨云一号卫星，高分辨率红外辐射计将PbSe红外探测器冷至200 K以来，各国科研人员研制出多种形式的辐射制冷器，并在极轨气象卫星(NOAA、Block、Meteor、风云一号、风云三号)、静止气象卫星(GOES、METEOSAT、GMS、InSat、风云二号、风云四号)、陆地资源卫星(Landsat、ASEOS、ZY-1)和海洋卫星(MOS)上大量使用,取得了良好的效果(龚海梅和刘大福,2008)。我国是自行研制太阳同步轨道(极地轨道)和地球同步轨道(静止轨道)气象卫星的少数国家之一,包含红外探测通道的光学遥感仪器是气象卫星的主要载荷之一。

上海技术物理研究所作为最早从事辐射制冷器研究的单位,承担了各项国家空间制冷研究任务。它分别于1988年和1997年发射第一颗极轨(风云一号)和第一颗静止轨道(风云二号)气象卫星,其主载荷均采用辐射制冷技术作为红外探测通道的制冷手段。此后,上海技术物理研究所的辐射制冷技术在国内多颗卫星上得到应用,至2016年,成功应用于气象卫星的辐射制冷器数量为28台。

近年来,随着国内长寿命主动机械制冷技术的发展,风云卫星开始使用机械制冷冷却探测器,但是辐射制冷技术由于其无功耗、长寿命的优势仍然存在较大的应用空间,特别是辐射制冷和机械制冷相结合的低温集成技术,机械制冷用于冷却80 K以下的较低温度需求的探测器,辐射制冷用于冷却200 K以上中高温度需求的低温光学系统,该种低温集成技术在未来的航天探测中将显得越来越有优势。

1.3.3　主动机械制冷

机械制冷是采用机械结构驱动,利用膨胀降温吸热原理实现制冷的主动制冷方式。

自1957年10月苏联发射第一颗Sputnik I卫星后,人们就积极地探索空间低温制冷的方法,确保未来在各种不同光谱区间下,精密、灵敏的探测器能处于低温工作环境。全世界的航空航天工业开展了广泛的研究,并诞生了各类型的制冷机,包括斯特林循环制冷机、维勒米尔循环制冷机、布雷顿循环制冷机、吸收式制冷机和脉管制冷机等。

随着机械制冷机长寿命技术的突破,该类制冷机已经大量用于航天仪器中。截至2013年10月,共有50多台制冷机成功在轨应用,如表1.3所示。

表1.3　在轨应用的机械制冷机

研发机构/制冷机项目	运行时间/h	备　　注
Air Liquide/涡旋式布雷顿制冷机ISS MELFI 190 K	63 000	2006年7月发射,运行中,性能未衰减
Ball Aerospace / HIRDLS 60 K 一级斯特林制冷机	80 000	2008年4月发射,运行中,性能未衰减
Ball Aerospace/ TIRS 35 K二级斯特林制冷机	7 000	2013年3月6日发射,运行中,性能未衰减
Creare/NICMOS77 K涡旋式布雷顿制冷机	57 000	2002年3月～2009年10月在轨,已停机,负载耦合失败
Fujitsu /ASTER TIR 80 K斯特林制冷机	119 400	2000年3月发射,运行中,性能未衰减
JPL /PLANCK 18 K JT(Prime & Bkup)吸附式制冷机	27 500	FM1(2010年8月～2013年10月在轨EOM); FM2运行10 500小时后失效
Mitsubishi / ASTER 77 K SWIR斯特林型制冷机	115 200	2000年3月发射,运行中,运行71 000小时后卸负荷
NGAS(TRW)/CX150K微型脉管制冷机(2模块)制冷机	139 000	1998年2月发射,运行中,性能未衰减

续表

研发机构/制冷机项目	运行时间/h	备　　注
NGAS（TRW）/HTSSE-2 80 K 微型斯特林制冷机	24 000	1999年3月～2002年3月在轨，任务结束，性能未衰减
NGAS（TRW）/MTI 60 K 脉管制冷机	119 000	2000年3月发射，运行中，性能未衰减
NGAS（TRW）/Hyperion 110 K 微型脉管制冷机	111 000	2000年12月发射，运行中，性能未衰减
NGAS（TRW）/SABER 75 K 微型脉管 制冷机	107 000	2002年1月发射，运行中，性能未衰减
NGAS（TRW）/AIRS 55 K 脉管制冷机（2 模块）	99 000	2002年6月发射，运行中，性能未衰减
NGAS（TRW）/TES 60 K 脉管制冷机（2 模块）	80 000	2004年8月发射，运行中，性能未衰减
NGAS（TRW）/JAMI 65 K HEC 脉管制冷机（2 模块）	72 000	2005年4月发射，运行中，性能未衰减
NGAS（TRW）/GOSAT、IBUKI 60K HEC 脉管制冷机	40 700	2009年2月发射，运行中，性能未衰减
NGAS（TRW）/STSS 微型脉管制冷机（4 模块）	30 200	2010年4月发射，运行中，性能未衰减
Oxford /ISAMS 80 K 斯特林制冷机	15 800	1991年10月～1992年7月运行，制冷机失效
BAe /HTSSE-2 80 K 斯特林制冷机	24 000	1999年3月～2002年3月运行，任务结束，性能未衰减
BAe/ MOPITT 50～80 K 斯特林制冷机（2 模块）	114 000	2000年3月开机，运行10 300 h后一台失效
Astrium/ ODIN 50～80 K 斯特林制冷机（2 模块）	110 000	1998年2月发射，运行中，性能未衰减
Astrium /AATSR on ERS-1 50～80 K 斯特林制冷机（2 模块）	88 200	2002年3月～2012年4月，卫星失效，性能未衰减
Astrium/ MIPAS on ESR-1 50～80 K 斯特林制冷机（2 模块）	88 200	2002年3月～2012年4月，卫星失效，性能未衰减
Astrium /INTEGRAL 50～80 K 斯特林制冷机（4 模块）	96 100	2002年10月发射，运行中，性能未衰减
Astrium/ Helios 2A 50～80 K 斯特林制冷机（2 模块）	74 000	2005年4月发射，运行中，性能未衰减
Astrium /Helios 2B 50～80 K 斯特林制冷机（2 模块）	30 200	2010年4月发射，运行中，性能未衰减
Raytheon ISSC/STSS 斯特林型制冷机（2 模块）	30 200	2010年4月发射，运行中，性能未衰减
Rutherford Appleton Lab（RAL）/ATSR-1 on ERS-1 80 K 整体式斯特林	75 300	1991年7月～2000年3月运行，卫星失效
Rutherford Appleton Lab（RAL）/ATSR-2 on ERS-2 80 K 整体式斯特林	112 000	1995年4月～2008年2月运行，设备失效
Rutherford Appleton Lab（RAL）/Planck 4K J-T 制冷机	38 500	2009年5月～2013年10月运行，任务结束，性能未衰减
Sumitomo/Suzaku 100 K 斯特林制冷机	59 300	2005年7月～2012年4月运行，任务结束，性能未衰减
Sumitomo/Akari 20 K 二级斯特林制冷机（2 模块）	39 000	2006年2月～2011年11月运行，EOM，第一级性能衰减，第二级未达13K
Sumitomo/Kaguya GRS 70 K 斯特林制冷机	14 600	2007年10月～2009年6月运行，任务结束，性能未衰减
Sumitomo/JEM、SMILES on ISS 4.5K J-T 制冷机	4 500	2009年10月发射，运行4 500小时后不能重启
Sunpower /75K RHESSI 斯特林型制冷机	102 000	2002年2月发射，运行中，性能中度衰减

国内开展空间机械制冷机研究的单位主要有中国科学院上海技术物理研究所、中国科学院北京理化技术研究所和中国航天科技集团有限责任公司第五研究院第五一〇研究所(又名兰州空间技术物理研究所,510所)。上海技术物理研究所于2002年3月第一次将自研的双驱动制冷机用于神舟三号卫星的中分辨率成像光谱仪,首次实现了国内自主研发的机械制冷机的空间应用。

上海技术物理研究所又先后于2011年11月和2012年10月分别在试验四号成像验证装置和实践九号长波红外相机中实现了轻量化气动斯特林制冷机与双活塞对置双驱动斯特林制冷机的在轨成功应用。

之后,上海技术物理研究所自研的轻量化气动斯特林制冷机与双驱动斯特林制冷机和脉管制冷机在2016年9月发射的天宫二号、2016年12月发射的风云四号大气垂直探测仪和2017年1月发射的某卫星中实现了工程业务应用。

在"十三五"期间,更多型号的业务卫星的仪器中采用机械制冷机冷却探测器和低温光学系统,其中涉及冷量大于50 W、质量小于1 kg、制冷温度低于40 K的制冷机的空间应用。

随着红外探测技术的发展,主动机械制冷将向冷量更大、体积更小、制冷温度更低的应用需求发展,中国各个研制单位正在积极应对国家的需求,紧跟国际前沿技术,加紧研发航天业务可用的大冷量、微型化、深低温制冷机。

1.4 空间制冷器应用环境特点

1.4.1 大气层

航天器设计在地面的发射环境、入轨前的上升段、返回地面的阶段都要对大气参数的平均状况和变化范围进行充分的考虑(侯增祺和胡金刚,2007)。为得到科学和工程上需要的大气性能参数,需要通过大量的探测数据和统计分析建立大气模式。国内外进行了大量的研究,建立了相应的大气模式和标准,如美国标准大气(USSA-1976)、国际参考大气模式(CIRA-1986)。

1.4.2 自由分子加热

自由分子加热(free molecular heating)是因大气层外单个分子对航天器撞击而产生的(Coulter et al., 2003)。对于大多数有整流罩的卫星,只有上升到一定高度,整流罩弹射后,才与自由分子碰撞后加热。分离整流罩的高度要足够高,以使加热形式主要是自由分子加热,并使用自由分子加热模型,而不是气体加热模型。其加热热流的公式为

$$Q_{\mathrm{FMH}} = \alpha \cdot \frac{1}{2}\rho V^3 \tag{1.1}$$

式中,ρ为大气密度,单位为kg/m^3;V为火箭飞行速度,单位为m/s;α为普适系数(保守值推荐为1.0)。

大气密度随很多因素变化，主要有太阳活动、地磁、时间等，可用复杂的大气模式计算，其置信度一般为97%。

对于大多数航天器，自由分子加热只有在100 km以下才考虑，所以正常的分离整流罩的高度为100 km。

1.4.3 真空和低温

随着高度的升高，地球大气密度越来越低，到外大气层时真空度已经很高，对于热控技术，真空度的影响也是很重要的。其影响主要包括传热的影响、污染问题、真空冷焊、低压放电、真空接触热阻。

宇宙中除了各种星体以辐射的形式获取能量，到达一定的温度，其余为无限广阔的宇宙空间，基本上没有物质，能量也比较小。所以，宇宙空间的辐射能量极小，仅约为10^{-5} W/m^2，相当于4 K的黑体（黄本诚和童靖宇，2010）。航天器辐射的能量将被无限大的宇宙空间全部吸收，而无任何反射，这样的宇宙空间就如热沉一样。

1.4.4 太阳辐射

太阳辐射是地球轨道上运行的航天器受到的最大热辐射，也是地球轨道航天器的主要能源。航天器热控制主要关注的是太阳光谱、太阳强度、光线的平行度等。

太阳光谱的范围从小于10^{-14} m的 γ 射线到波长大于10 km的无线电波，热物理学涉及的主要是转变成热能的部分，范围为0.1 ～ 1 000 μm，它占总辐射能的99.99%，相当于5 760 K的黑体。

按地球离太阳的距离为1个天文单位（1 AU）计的大气层外太阳辐射强度，称为太阳常数。不同距离的太阳辐射强度可按式（1.2）计算：

$$S = \frac{q}{4\pi d^2}; q = 3.826 \times 10^{26}\ \text{W} \tag{1.2}$$

太阳辐射测量有两个并行的标准。1956年国际辐射委员会建议采用新的“ISP1”为统一标准，1977年世界气象组织地仪器与观测方法委员会通过世界辐射测量基准（World Radiometric Reference, WRR）。1976年NASA根据飞机和空间观测结果，以ISP1956为标尺，取地球大气外太阳辐照的平均值为1 353 W/m^2。1981年方法委员会公布了地外太阳辐射谱，并建议以“WRR”为标尺，取地球大气外太阳辐照度的平均值为1 367 W/m^2。夏至为1 322 W/m^2，冬至为1 414 W/m^2（王炳忠，1988）。

1.4.5 地球反照

地球对太阳光的反射形成地球反照，太阳辐射进入地球-大气系统后，部分被吸收，部分被反射，其中被反射部分的能量百分比称为地球反照（侯增祺和胡金刚，2007）。地球-大气对不同波段的吸收性质不一样，镜漫反射的成分也不一样，在航天热计算中一般采用太阳光谱分布，并假定为漫反射，遵循朗伯(Lanbert)余弦定律。

地球反照与土壤岩石、植物、水域、冰雪、云等的情况以及太阳仰角、周期变化的情况有关，十分复杂。地球反照率是航天器热平衡计算中的一个重要参数，对于在轨运行的航天器，其运行速度较快，覆盖地球范围较大，一般航天器的热平衡变化缓慢，时间常数大，就整个航天器而言，取全球平均反射率计算认为是合理的，目前一般取a=0.30 ～ 0.35。对于不同轨道倾角的轨道，选用不同值较为合理，具体可查询NASA给出的不同轨道倾角的轨道下的平均值。对于处在航天器外部的器件，其时间常数较小，在近地轨道上，一个轨道周期内平衡温度有较大的变化，因此需要实时的相应数据。

1.4.6　地球红外辐射

太阳辐射进入地球-大气系统后，被吸收的能量转化成本系统的能量，又以红外波长用热辐射的方式向空间辐射，这部分能量称为地球红外辐射(侯增祺和胡金刚，2007)。地球红外辐射与地区、陆地、海洋、季节、昼夜等有关。由于地球本身的热惯性和航天器在轨道周期的热惯性，因此在热设计中采用地球反照平均值a=0.3，则地球红外辐射为

$$E_{io} = \frac{1-a}{4}S = 237\ \mathrm{W/m^2} \tag{1.3}$$

且认为地球红外辐射是从整个地球截面上均匀发散出的。

1.4.7　近地空间的粒子辐射

空间带电粒子(尤其是高能带电粒子辐射)会对航天器造成损伤，如使材料和元件性能下降，质子或重离子的单粒子事件使内存和微处理元件产生错误等。因此，了解空间带电粒子辐射环境对航天器设计是很重要的。粒子辐射的来源有地球辐射带、太阳宇宙线和银河宇宙线。

地球周围空间所存在的大量地磁俘获粒子的区域为地球辐射带(Anderson et al., 2001)。根据空间位置可分为内辐射带和外辐射带。内辐射带距地面较近，其下边界高度为600 ～ 1 000 km，中心位置高度为3 000 ～ 5 000 km，纬度范围在南北40°以内。外辐射带的空间分布范围较广，在赤道面内其高度范围为10 000 ～ 60 000 km，中心位置高度20 000 ～ 25 000 km，纬度为南北55° ～ 70°。内辐射带主要粒子是质子和电子，外辐射带主要粒子是电子。

描述粒子强度一般用粒子通量，定义为每单位时间内入射到单位面积上的粒子数。在航天器上对材料和涂层需要关注的是在轨道运行时所接收的累计效应，因此需要知道带电粒子的能谱和轨道积分通量，其单位为粒子数/($\mathrm{cm^2 \cdot d}$)。轨道积分通量的计算除根据轨道的空间位置外，需要按辐射带电子模式AE-8和辐射带质子模式AP-8来计算。

带电粒子加热和红外辐射相似，发生在表面几十微米内，其产生的热流对室温水平的热

设计可忽略，但对深冷辐射器有重要影响。

太阳耀斑爆发时所发射出来的高能粒子流，称为太阳宇宙线或太阳带电粒子辐射。它们绝大部分是质子流，还包含电子和 α 粒子及少数电荷数大于3的粒子，其中，C、N、O等重核离子较多。由于绝大部分是质子流，故又称为太阳质子事件。太阳宇宙线的能量一般为1 MeV ～ 10 GeV，大多数为1 MeV到数百MeV。带电粒子进入地球磁层会受到地磁场的偏转作用，大于10 MeV的太阳质子事件可进入地球同步高度，而大于30 MeV的太阳质子事件全能进入高磁纬区。根据分析，低纬度低高度区可避免大部分质子事件的威胁。

银河宇宙线是从太阳系外银河各个方向来的高能带电粒子。银河宇宙线是由能量极高和通量很低的高能粒子组成的，其能量范围为40 ～ 10^{13} MeV，甚至更高。与太阳宇宙线相似，它在高纬区受地磁效应少，粒子强度大，对电子设备有较严重的危害。

大气在90 km以上开始扩散分离，O_2分解为O原子，在100 km处为最大值，密度接近$10^{18}/m^3$，155 km处O原子密度超过O_2，但是呈减少趋势，到1 000 km处，O原子密度约为$10^{10}/m^3$。原子O对热控材料和涂层有重要影响，由于原子O对材料有明显的侵蚀作用，因此在载人航天飞船和空间站上需充分重视。

1.4.8 地球轨道上的空间外热流

在地球轨道上的航天器受到的空间热流主要为太阳的直接照射、太阳自地球的反射和地球的红外辐射。而自由分子加热和空间粒子的加热对热控设计影响很小，一般可以忽略不计。到达航天器的空间外热流与航天器在轨道上不同时间的位置以及相对于太阳、地球的方位有关（Justus et al., 2001）。

太阳辐射到航天器表面的热流是到达航天器表面的主要热流。因此，做热设计时必须计算到达航天器各个表面的太阳辐射热流。

太阳光线不是真正平行的，在地球附近其发散角约为0.5°。在热设计中，一般可认为是平行光束，但在特殊情况下要考虑这个发散角，如太阳望远镜的镜筒。

到达卫星上某一表面A上的太阳辐射与阳光和该表面法线之间的夹角有关，即

$$Q_1 = SA\cos\beta_S \tag{1.4}$$

这只是一种几何关系，$\cos\beta_S$是太阳辐射角系数，即

$$\phi_1 = A\cos\beta_S \tag{1.5}$$

式中，β_S为阳光和受照表面法线方向的夹角。

太阳光自地球的反射为均匀漫反射，遵守兰贝特定律，且其反射光谱与太阳相同，反照率在一般的计算中取平均值α=0.30 ～ 0.35。但是在不同轨道位置上，到达卫星不同表面的反照外热流是各不相同，这除了取决于该表面与地球的相对位置，还与太阳、地球和卫星的相对位置有关，也完全取决于卫星该表面在轨道上的几何参数，实质上还是求地球反照系数

ϕ_2的问题。到达卫星某表面A的反外照热流为

$$Q = S\alpha A\phi_2 \tag{1.6}$$

$$\phi_2 = \iint_{A_E} \frac{\cos\eta\cos\alpha_1\cos\alpha_2}{\pi l^2} \mathrm{d}A_E \tag{1.7}$$

式(1.7)中的积分区域是航天器表面的dA所能看到的地球光照表面部分,取决于航天器的高度h和该表面相对地球的方位β。

到达航天器某表面A的地球红外辐射热流为

$$Q_3 = \frac{1-a}{4} S\phi_3 A \tag{1.8}$$

式中,ϕ_3为地球红外角系数,取决于卫星该表面相对于地球的几何位置、相对于地球的几何位置、相对于地球的反照角系数,其计算较简单,因为这与太阳方位无关,仅与该表面所在的高度以及能看到的地球表面范围有关:

$$\phi_3 = \iint_{A_E} \frac{\cos\alpha_1\cos\alpha_2}{\pi l^2} \mathrm{d}A_E \tag{1.9}$$

1.4.9　月球和行星的空间热环境

在行星际飞行时,环境加热大多来自太阳的直接辐射。按地球离太阳的距离为1个天文单位(1 AU)计的大气层外太阳辐射强度,称为太阳常数。不同距离的太阳强度可由式(1.2)进一步计算,得

$$S = \frac{1\,367.5}{\mathrm{AU}^2}(\mathrm{W/m^2}) \tag{1.10}$$

为感性地认识星际飞行遇到的热环境,这里用了一个"参考球"的概念,即以一个吸收和发射率均为1的等温球的热平衡温度来粗略地表示其冷热,此参考球与太阳的距离为各个星球与太阳的平均距离。

水星距离太阳最近,所以是最热的行星。水星的轨道周期大约是88个地球天,而其自旋周期近似于58个地球天,水星的"天"长达176个地球天,表1.4为水星轨道的热环境。如此慢的转动,使得面对太阳的地方与太阳热流处于热平衡,而黑夜处就很冷。用Hanson的余弦函数计算其红外辐射的表面温度。因为水星没有大气,所以没有红外辐射的衰减。在太阳直射点到阳光和阴影边的90°范围内的表面温度为

$$T = \begin{cases} T_{\mathrm{subsolar}}(\cos\phi)^{1/4} + T_{\mathrm{teminator}}\left(\dfrac{\phi}{90}\right)^3, & \phi \leqslant 90^\circ \\ T_{\mathrm{teminator}}, & \phi > 90^\circ \end{cases} \tag{1.11}$$

此处

$$T_{subsolar} = 407 \pm \frac{8}{r^{0.5}} \quad (K) \tag{1.12}$$

式中，ϕ 为离直射点的角度；阳光和阴影界面处温度 $T_{teminator}$ 为110 K；r 为水星–太阳间按AU计的距离。

表1.4　水星轨道的热环境（Hansen，1974）

	近日点	远日点	平均
太阳强度/(W/m^2)	14 462	6 278	9 216
反照率（太阳直射点）	0.12	0.12	0.12
最大（太阳直射点）红外辐射/(W/m^2)	12 700	5 500	8 000
最小（黑夜处）红外辐射/(W/m^2)	6	6	6

金星被云层包围覆盖，有较高的太阳反照率（0.8），如表1.5所示，因此在云层顶的红外辐射相对低。金星云层还有反向散射现象，所以在其晨昏点边缘也有散射的阳光。在低轨道上，金星的反照模型是从只适合直射点按余弦形式扩散，这对于轨道高度17 700 km以内的情况，计算稍微保守。在较高的轨道，晨昏点边缘处的反向照射就要考虑，在轨道高度为6 070 km时，用余弦扩散假定可低估反照负荷10%。由于反照负荷与太阳直接照射相比还是相当少的，因此这些偏差并不重要。当然，对于有关的敏感器，金星的反照方向特性是很重要的。

表1.5　金星轨道的热环境（Tomasko et al., 1980）

	近日点	远日点	平均
太阳直照/(W/m^2)	2 759	2 650	2 614
反照率	0.8 ± 0.02	0.8 ± 0.02	0.8 ± 0.02
红外辐射/(W/m^2)	153	153	153

月球没有大气层且“月球日”长的特点与水星相似，表1.6为月球轨道热环境。其红外辐射也是按余弦函数计算，即从太阳直射点开始，随着角度增加而减少。对于绕月飞行的航天器，月球的红外辐射对辐射面的作用明显大于地球轨道的作用；对于落在月球表面的设备，即使面向天顶的辐射器，与月球的角系数也很小，但如果边上有山，山很热，其红外辐射会使设备升温，这种影响不能忽略；月球上的车或者人行走时，灰尘很容易落在低太阳吸收率的表面；月球表面的热导率很低，在黑夜侧地表温度很快降到−170℃。

表1.6　月球轨道热环境（Cremers et al., 1971）

	近日点	远日点	平均
太阳直照/(W/m^2)	1 414 ± 7	1 323 ± 7	1 368 ± 7
反照率（直射点峰值）	0.073	0.073	0.073

续表

	近 日 点	远 日 点	平 均
最大(直射点峰值)红外辐射/(W/m^2)	1 314	1 226	1 268
最小(黑夜处)红外辐射/(W/m^2)	5.2	5.2	5.2

火星是近太阳系的最后一个行星,其轨道热环境见表 1.7。

表 1.7　火星的轨道热环境(侯增祺和胡金刚,2007)

	近 日 点	远 日 点	平 均
太阳强度/(W/m^2)	717	493	589
反照率(太阳直射点)	0.29	0.29	0.29
最大(太阳直射点)红外辐射/(W/m^2)	470	315	390
最小(黑夜处)红外辐射/(W/m^2)	30	30	30

从木星到海王星,它们离太阳距离已很远,所以太阳辐射、反照和红外辐射都已很小,表 1.8 为外行星的轨道热环境,对于在室温范围的航天器,这些行星的环境热负荷均可忽略。

表 1.8　外行星的轨道热环境(侯增祺和胡金刚,2007)

行 星	空 间 热 流	近 日 点	远 日 点	平 均
木 星	直接太阳辐射/(W/m^2)	56	46	51
	反照率	0.343	0.343	0.343
	行星红外/(W/m^2)	13.7	13.4	13.6
土 星	直接太阳辐射/(W/m^2)	16.8	13.6	15.1
	反照率	0.342	0.342	0.342
	行星红外/(W/m^2)	4.7	4.5	4.6
天王星	直接太阳辐射/(W/m^2)	4.09	3.39	3.71
	反照率	0.343	0.343	0.343
	行星红外/(W/m^2)	0.72	0.55	0.63
海王星	直接太阳辐射/(W/m^2)	1.54	1.49	1.51
	反照率	0.282	0.282	0.282
	行星红外/(W/m^2)	0.52	0.52	0.52
冥王星	直接太阳辐射/(W/m^2)	1.56	0.56	0.88
	反照率	0.47	0.47	0.47
	行星红外/(W/m^2)	0.8	0.3	0.5

1.4.10 发射和上升段的热环境

从发射到入轨，卫星的热环境变得很恶劣，在开始几分钟内热环境由整流罩温度决定，因气动加热，整流罩温度迅速上升。发射后2 ～ 5 min已飞到足够高度（侯增祺和胡金刚，2007），气动加热已不存在，自由分子加热减少到足够低了，整流罩分离。在之后的30 min，FMH也起到很重要的作用。抛开整流罩后，航天器就暴露在自由分子加热、阳光、地球红外辐射和地球反照以及火箭发动机的羽流加热等环境下。上升阶段通常持续30 ～ 45 min，最后进入任务轨道。进入最后轨道到姿态稳定通常要几个小时至几个星期，姿态稳定后，太阳电池阵和天线才展开，设备开始供电。

1.5 本章小结

本章从空间制冷器技术的来源和重要地位出发，阐述了空间制冷器技术与红外探测的重要关系，表明应用需求激励和关键技术突破对空间制冷器技术发展的促进作用。分析了应用于空间的制冷器分类依据，着重进行了分类介绍及其特点，描述了空间制冷器应用环境的特点，对大气层、自由分子加热、真空和低温、太阳辐射、地球反照、地球红外辐射、近地空间的粒子辐射、地球轨道上的空间外热流、月球和行星的空间热环境、发射和上升段的热环境进行了概念上的引领，展示了一幅空间制冷器及应用载荷空间应用中的周边环境概貌，为后续章节的分述奠定了基础。

参考文献

龚海梅，刘大福.2008.航天红外探测器的发展现状与进展.红外与激光工程，37(1): 18–24.

侯增祺，胡金刚.2007.航天器热控制技术.北京：中国科学技术出版社.

黄本诚，童靖宇.2010.空间环境工程学.北京：中国科学技术出版社.

王炳忠.1988.太阳辐射能的测量与标准.北京：科学出版社.

Anderson B J, Justus C G, Batts G W. 2001. Guidelines for the selection of near-earth thermal environment parameters for spacecraft design. NASA/TM–2001–21122.

Coulter D R, Ross R G Jr, Boyle R F, et al. 2003. NASA advanced cryocooler technology development program. Space Telescopes and Instruments. International Society for Optics and Photonics, 4850: 1020–1029.

Cremers C J, Birkebak R C, White J E. 1971. Lunar surface temperatures at Tranquillity Base. AIAA Journal, 9(10): 1899–1903.

Hansen O L. 1974. Surface temperature and emissivity of Mercury. The Astrophysical Journal, 190(3): 715–717.

Holmes W A, Chui T, Johnson D, et al. 2009. Cooling systems for far-infrared telescopes and instruments. Astro 2010: The Astronomy and Astrophysics Pecadal Surrey.

Justus C G, Batts G W, Anderson B J, et al. 2001. Simple thermal environment mode (STEM) user's guide.

NASA/TM−2001−211222.

Timmerhaus K D, Reed P R. 2007. Gryogenic engineering: fifty years of progress. Berlin: Springer.

Ross Jr R G, Johnson D L. 2006. NASA's advanced cryocooler technology development program (ACTDP)//AIP Conference Proceedings. AIP, 2006, 823(1): 607−614.

Tomasko M G, Smith P H, Suomi V E, et al. 1980. The thermal balance of venus in light of the pioneer venus mission. Journal of Geophysical Research Atmospheres, 85(A13): 8178−8199.

第 2 章 空间辐射制冷器技术

2.1 发展概况

空间辐射制冷器是利用宇宙空间的高真空、深低温、黑热沉条件而发展起来的一种制冷技术。通过高辐射率的辐射体（也称辐射冷块），向温度为 3 ～ 4 K、吸射率近似为 1 的宇宙环境进行辐射换热，从而达到被动制冷目的。随着航天事业不断发展，各种类型的探测卫星的探测能力不断提高，红外成像或探测仪器是空间应用的主要探测仪器，为了提高分辨率和探测灵敏度，其红外探测元件、前置放大器、部分光学元部件甚至整个光学系统均需要低温环境来保证探测性能的稳定可靠。尽管空间辐射制冷器制冷温度和制冷量有限，且极度依赖飞行轨道与安装位置，总体设计有一定的制约，但由于其有着无振动、无噪声、几乎无功耗的突出优点，仍是空间应用的首选制冷技术。

2.1.1 国外研究现状

第一台在轨运行的辐射制冷器于1966年搭载美国的近极太阳同步轨道卫星雨云一号（Nimbus-1）发射，该辐冷器由美国国际电话电报公司研制，用于高分辨率红外辐射计（HRIR）上红外探测器的冷却（洪国同，1995）。辐射制冷器结构为单级方锥型，制冷温度为200 K。设计采用了可展开式的地球屏，固定安装在一级冷块的挡板，阻挡了地球对冷块的辐射（Donohoe et al.，1975）。随后该公司又为雨云系列试验卫星研制辐射制冷器，至1978年共发射了7颗卫星，涉及的制冷器结构型式包括方锥型、L型和W型，如图2.1和图2.2所示（洪国同，1995），涉及的制冷温度分别为200 K、176 K、120 K、115 K、110 K。其中包括雨云四号滤波楔形光谱仪（filter wedge spectrometer，FWS）用到的176 K的制冷器，以及雨云五号中SCMR采用二级方锥式制冷器（图2.1，Donohoe et al.，1975），最低制冷温度115 K。

美国国家海洋大气局先后发射了一系列业务气象卫星，第一代为泰罗斯（TIROS）系列（1960 ～ 1965年），第二代为艾托斯（ITOS/NOAA）系列（1970 ～ 1978年），第三代为TIROS-N/NOAA系列（1978 ～ 1988年）。在ITOS系列中的NOAA-2中便开始使用辐射制冷器，该辐射制冷器由美国无线电公司研制，其工作温度为106 K，最低制冷温度首次达到100 K。在第三代TIROS-N业务气象卫星上，搭载了高分辨率红外辐射探测器（HIRS/2）和甚高分辨率辐射仪（advanced very high resolution radiometer，AVHRR），

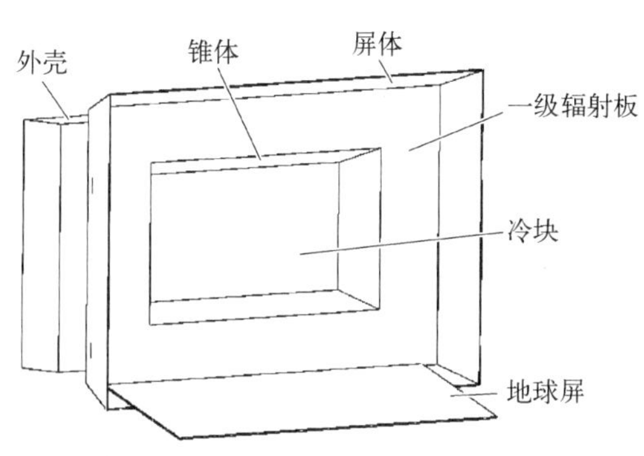

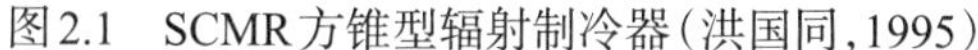

图2.1　SCMR方锥型辐射制冷器(洪国同,1995)

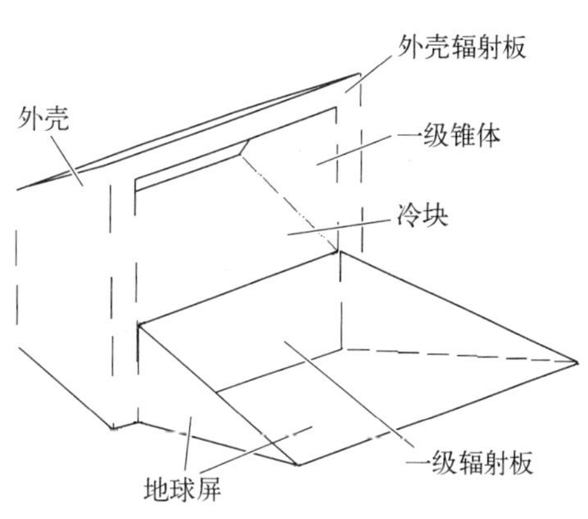

图2.2　W型辐射制冷器(洪国同,1995)

两者的制冷装置均采用了ITT公司研制的二级L型辐射制冷器，如2.3所示，HIRS/2的辐射制冷器工作温度初期为107 K，最终达到100 K低温；AVHRR的辐射制冷器工作温度为105 K，冷量为37.5 mW，最低温度可达到97 K。效仿FWS的经验，AVHRR中采用了迷宫式冷阱对探测器进行热保护(Donohoe et al.，1975)。

1972 ～ 1974年，美国的国防气象系列卫星DMSP陆续发射，由于工作在日照角0° ～ 90°的范围内，制冷器设计要求对不同太阳角度相应变化(Donohoe et al.，1975)。ADL公司为其研制了二级圆锥型辐射制冷器，用于Block 5B红外探测系统WHR的中红外探测器冷却，如图2.4所示。从5B-2到5B-6，同类型的5颗卫星的制冷性能达到：制冷温度110 K，制冷量10 ～ 20 mW。ADL公司在这些辐冷器中设计了低导热支承系统，用于探测器位置的固定，起到绝热以及加强抗发射振动的作用，并采用了热窗口来防止污染，但应用红外通道还有衰退，污染未能完全解决。在DMSP Block 5D的业务线性扫描辐射探测系统中，加强了污染控制技术，在轨工作温度达到108 K。

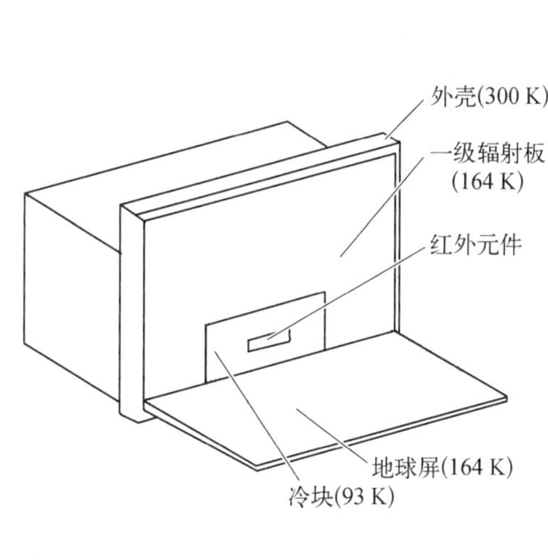

图2.3　AVHRR的L型辐射制冷器(洪国同,1995)

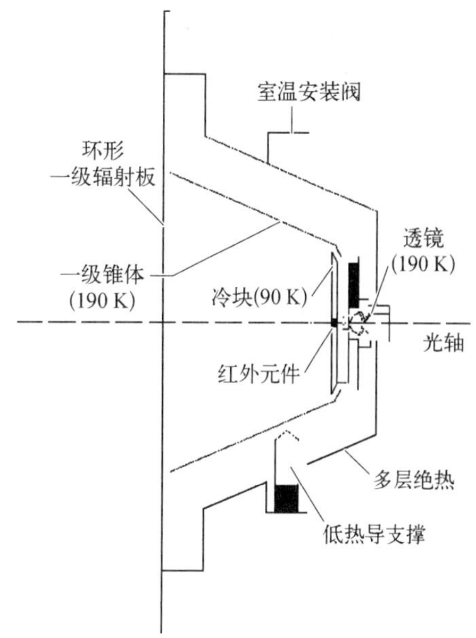

图2.4　WHR圆锥型辐射制冷器(洪国同,1995)

圣巴巴拉研究中心(Sustainable Buildings Research Centre, SBRC)参与多个项目中辐射制冷器的研制,包括SMS、GOES等系列同步轨道气象卫星、水手(Mariner)木星/土星探测卫星及伽利略(Galileo)木星轨道飞行器,涉及的红外探测系统包括VISSR、VAS、AASIR及NIMS。辐冷器的结构包括二级圆锥型和圆抛物面型,如图2.5和图2.6所示。其中AASIR辐冷器制冷温度达到80.7 K,制冷量达到32.7 mW(洪国同,1995)。远红外成像光谱仪的辐射制冷器为二级盆型结构,工程样机的制冷温度达到80 K,制冷量10 mW(117.3 mW),最低温度达到75 K(余凯,2000)。

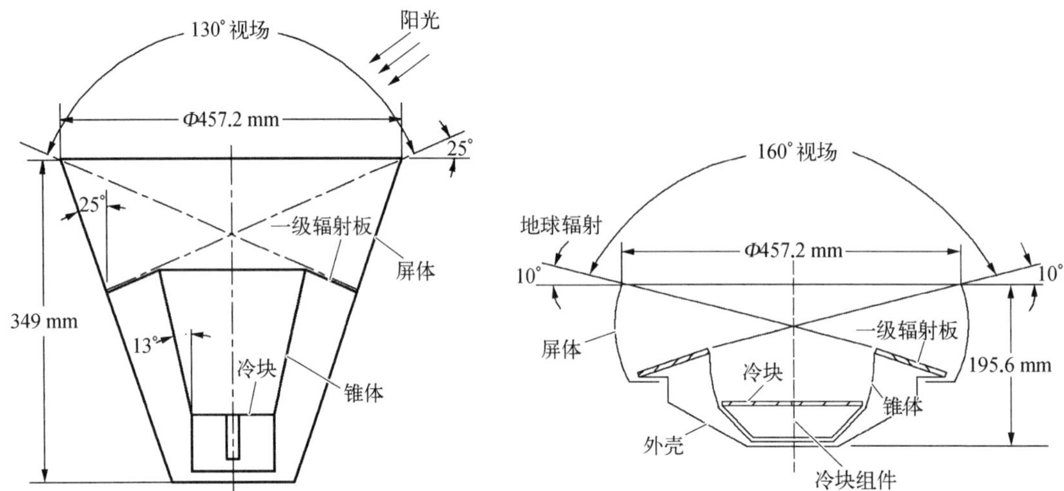

图2.5 VISSR圆锥型辐射制冷器(洪国同,1995)　图2.6 AASIR圆抛物面型辐射制冷器(洪国同,1995)

圣巴巴拉研究中心为太阳同步轨道陆地(Landsat)系列地球资源卫星研制辐射制冷器。1972年,美国将第一颗地球资源卫星陆地一号(Landsat-1)送入太空,其上的多光谱扫描仪采用了二级方锥型辐射制冷器,制冷温度95 K,制冷量2.1 mW,该制冷器后来继续用于Landsat-2和Landsat-3上。随后圣巴巴拉研究中心为1982年发射的Landsat-4的主题热像仪采用了具有抛物面反射屏的二级G型辐射制冷器,如图2.7所示,它以旋转抛物面为一级反射屏,制冷温度87 K,制冷量为85 mW,制冷器配备了星地兼容杜瓦以及开启度可调的地球屏(兼做防污罩),并再次用于1984年发射的Landsat-5上。TM制冷器特点是级间支承采用玻璃纤维带拉伸构件,电铸圆抛物锥反射屏(洪国同,1995)。Landsat-5一直工作到2011年11月,其地面系统到2013年1月才完全关闭,连续工作寿命长达28年,用于Terra卫星和Aqua卫星上的中分辨测量光谱仪的探测器制冷(王维扬和董德平,1998)。MODIS的辐射制冷器,继承陆地卫星TM仪器辐射制冷器结构。在83 K制冷温度

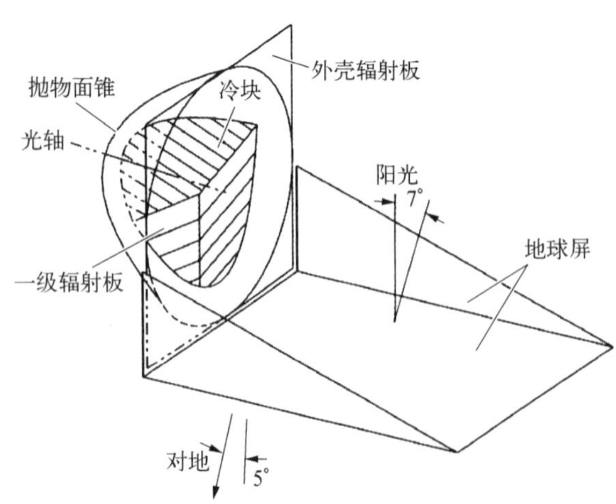

图2.7 TM二级G型辐射制冷器(洪国同,1995)

时获得50 mW左右的冷量,最低温度可达74K。

在美国空军资助下,罗克韦尔公司开始研制大型热管辐射制冷器。其特点是结合多级大面积辐射制冷器与低温热管,为星载红外探测系统的红外元件列阵提供冷源,热管的使用使辐射制冷器与红外探测器可以远离安装以获取最佳屏蔽,同时保证了红外元件阵列的均温性。1980年,按地球同步轨道设计的双级辐射制冷器样机的指标达到制冷温度为70 K,制冷量5 W,结构示意图如图2.8(洪国同,1995)。

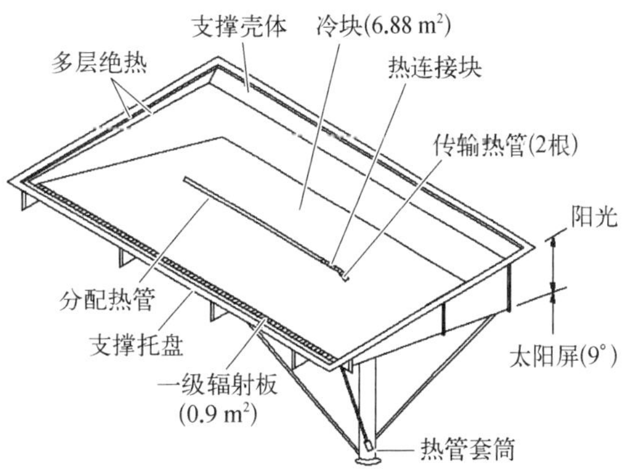

图2.8 CRTU大型热管辐射制冷器(洪国同,1995)

从1980年起,美国加州理工大学喷气推进实验室就开始从事高性能的V型辐射制冷器的研制,分别按太阳同步轨道和火星太阳同步轨道研制出原理样机,如图2.9所示。1987年样机的试验指标达到制冷温度65 K,制冷量100 mW。马丁·玛丽埃塔(Martin Marietta)宇航公司在其基础上也成功研制了V型辐射制冷器,制冷性能为制冷温度100 K,制冷量120 mW,并通过了力学环境试验。V型辐射制冷器的技术特点是采用了轻型V型斜角多屏隔热(屏间夹角约1.5°)和记忆型支撑新技术,在体积和质量与传统辐射制冷器相当的情况下,制冷性能大大提高(约5倍)(洪国同,1995)。

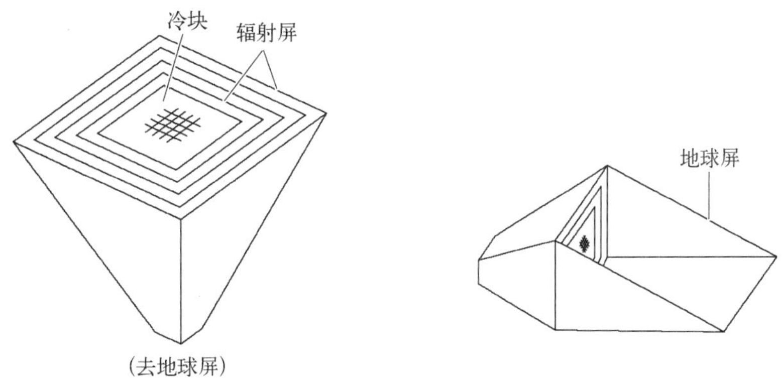

图2.9 V型辐射制冷器(洪国同,1995)

苏联对其流星系列(Meteor)近极太阳同步轨道气象卫星上同样采用辐射制冷器对红外探测器进行冷却。1985年10月发射的Meteor-3上使用方锥型辐射制冷器;资源卫星北极星号上也用到了辐射制冷器,制冷性能达制冷温度90 K,制冷量10 mW(王维扬和董德平,1998)。

此外,荷兰福克公司为欧洲太空署欧洲地球遥感卫星研制的辐射制冷器结构与TM辐射制冷器类似。该G型辐射制冷器外形尺寸为700 mm × 700 mm × 475 mm,地球屏长760 mm。外壳温度313 K,一级温度154 K,二级在105 K时有269 mW的制冷量(余凯,2000)。

日本在其近极太阳同步轨道的先进地球观察卫星(Advanced Earth Observation Satellite, ADEOS)的海洋水色水温扫描辐射计采用了W型辐射制冷器。ADEOS于1996年

8月发射，其辐射制冷器在轨的工作温度达到了100 K（王维扬和董德平，1998）。印度卫星中心也研制了二级、三级圆锥型辐射制冷器，应用于其对地观测甚高分辨率辐射计。法国国家空间中心为欧洲太空署第二代地球同步轨道气象卫星MSG的SEVIRI研制成二级圆锥型辐射制冷器，开口朝南，冬至制冷温度95 K，夏至制冷温度85 K，最低制冷温度达到77 K。

美国于1997年开始对下一代近地轨道卫星国家极轨环境卫星系统中跨轨跟踪红外探测器（CrIS）进行研发，要求对其焦平面提供无供电的制冷，其采用了多级辐射制冷器，每一级分别对应一个独立的辐射器，制冷温度逐级递减。最冷级控制温度在81 K，用于长波红外（long wave infrared，LWIR）焦平面的冷却；中间级温度控制在98 K，用于探测器在中波红外（middle wave infrared，MWIR）以及短波红外（short wave infrared，SWIR）区域的冷却。最热一级为一地球屏，用于阻挡来自地球的红外辐射。各级性能为：第一级11.60 W@220 K；第二级0.407 W@151 K；第三级0.105 W@98 K；第四级0.049 W@81 K（Ghaffarian et al.，2006）。

2.1.2 国内研究现状

我国辐射制冷器的研究始于20世纪70年代初，上海技术物理研究所作为最早从事辐射制冷器研究的单位，承担了各项国家空间制冷研究任务，已研制出L型、W型、G型和O型的辐射制冷器。制冷器的服务平台包括风云系列气象卫星（风云一号、风云二号、风云三号、风云四号）等。

20世纪70年代中期，上海技术物理研究所研制出了单级方锥型辐射制冷器，搭载在低轨道卫星上；80年代初，研制成工程用二级W型辐射制冷器，用在风云一号近极太阳同步轨道气象卫星甚高分辨率扫描辐射计上。该制冷器分别于1988年和1990年搭载A星和B星两次入轨，在轨性能达到制冷温度105 K，制冷量30 mW，最低温度可达95 K。该辐射制冷器的特点为半锥角屏蔽、圆锥式支承、多层绝热、W型光学结构设计。辐射制冷器与红外光路、元器件匹配耦合，通过地面模拟试验，在轨制冷性能衰减得到有效控制，并且很好地解决了防污染等技术（王维扬和董德平，1998）。

1999年5月10日，风云一号C气象卫星发射成功，其上的三个红外通道由一个二级W型辐射制冷器冷却。随后，2002年5月15日，成功发射了风云一号D星，在轨制冷性能为：辐射制冷器A最低温度97.2 K、一级温度156.3 K、外壳温度233.4 K；辐射制冷器B最低温度97.8 K，一级温度157.0 K、外壳温度234.9 K，105 K温控制冷量为27 mW（董德平等，2006）。

我国第一颗地球同步轨道气象卫星风云二号成功应用了O型辐射制冷器，如图2.10所示，它是一个采用旋转抛物面、悬挂式支撑的二级辐射制冷器。A星的辐射制冷器在轨时在无阳光照射条件下，最低温度达90 K以下，在95 K时提供大于10 mW制冷量，质量约7 kg，尺寸Φ50 cm × 40 cm。继1997年和2000年01批两颗卫星成功入轨应用后，于2004年10月19日发射成功的风云二号C星采用了改进型辐射制冷器，其质量约8 kg，尺寸Φ54 cm × 40 cm，冬至二级温控93.5 K，制冷量为13.4 mW，二级温控精度优于0.2 K；在夏至前后2个月内，由于太阳光照，辐射制冷器100 K温控时，一级温度为137 K，太阳屏温度为239 K，探测器工作时制冷余量为9.2 mW（董德平等，2006）。

风云三号气象卫星是我国第二代太阳同步轨道气象卫星，载有多台探测仪器。其中扫描辐射计和红外分光计采用改进型W型辐射制冷器，如图2.11所示，一级反射屏为抛物柱面；中分辨率光谱成像仪（MERSI）载有G型辐射制冷器，如图2.12所示。改进型W型辐射制冷性能为：100 K温控时制冷量大于50 mW，质量约10 kg；G型辐射制冷性能为：100 K温控时制冷量大于100 mW，质量约15 kg。该卫星（首发星风云三号A星）于2008年5月27日成功发射。

我国下一代地球静止轨道三轴稳定气象卫星风云四号卫星将进行三维探测，配置有多通道扫描辐射计和干涉式大气垂直探测仪。风云四号扫描辐射计采用辐射制冷器冷却红外探测器，在结构形式和尺寸等方面与风云二号的辐射制冷器明显不同。经技术攻关，如图2.13所示，该辐射制冷器样机的开口向南，达到的技术指标为：夏至工况下，85 K时制冷量为47 mW或90 K时制冷量为86 mW；冬至工况下，95 K时制冷量为19 mW或100 K时制冷量67 mW；辐冷尺寸为850 mm × 850 mm × 450 mm（董德平等，2006）。风云四号A星于2016年12月11日发射成功。

图2.10 风云二号O型辐射制冷器

图2.11 风云三号改型W型辐射制冷器

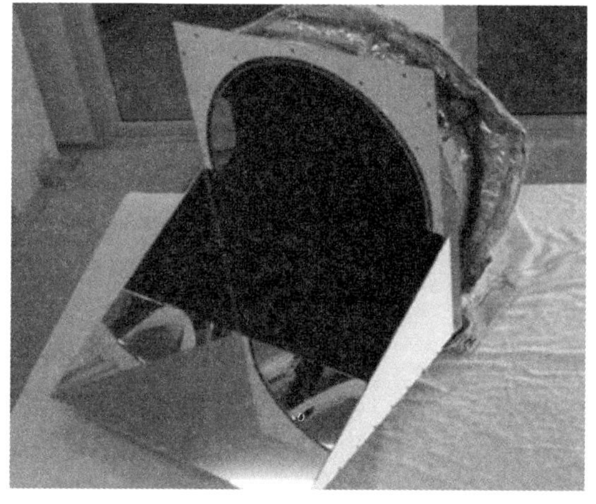

图2.12 风云三号G型辐射制冷器

图2.13 风云四号辐射计预研辐射制冷器

兰州物理研究所从20世纪80年代开始研制红外三通道W型辐射制冷器，制冷温度105 K，制冷量32 mW，用于中巴合作地球资源卫星的红外多光谱扫描仪（IR-MSS）上，实际在轨工作不控温最低温度平衡在97 K附近。该辐射制冷器特点是配有星地兼容杜瓦，可在地面光校使用液氮制冷。二级采用玻璃纤维带状支撑，探测器元件引线采用了薄膜电缆。该所先后解决了辐射制冷器与红外元件及光路的耦合、配准和地面模拟试验等技术（洪国同，1995）。

表2.1 典型空间应用辐射制冷器性能参数

有效载荷	卫　星	发射时间	国家/机构	轨　道	辐射制冷器类型	制冷能力
HRIR	Nimbus-1,2,3	1966年	美国	近极太阳同步	单级方锥型	190 K
FWS	Nimbus-4	1969年	美国	近极太阳同步		176 K
VHRR	ITOS-D,F,G	1972～1974年	美国	地球同步	二级方锥型	1 mW@116 K
WHR	DMSP 5B-2～6	1972～1974年	美国	近极太阳同步	二级圆锥型	10 mW@110 K
SCMR	Nimbus-5	1972年	美国	近极太阳同步	二级方锥型	1 mW@115 K
VISSR	SMS-1,2 GOES-1,2,3 GMS-1～5	1974～1978年 1997～1995年	美国 日本	地球同步	二级圆锥型	2 mW@81 K 2 mW@93 K
HIRS	Nimbus-6	1975年	美国	近极太阳同步	二级方锥型	10 mW@120 K
MSS	ERTS-C Landsat-3	1977年 1978年	美国	近极太阳同步	二级方锥型	2.1 mW@95 K
CZCS	Nimbus-7	1978年	美国	近极太阳同步	二级圆锥型	110 K
AASIR	GOES-E	1977年	美国	地球同步	二级圆锥抛物面型	10 mW@95 K
AVHRR	NOAA 6～10	1978～1985年	美国	近极太阳同步	二级L型	105 K控温，最低95 K
HIRS/2	NOAA 6～10	1978～1985年	美国	近极太阳同步	二级L型	124 K
TM	Landsat-4,5	1982年，1984年	美国	近极太阳同步	二级G型	85 mW@87 K
MVIRI	MeteoSat-4～7	1988～1995年	美国	地球同步	二级圆锥型	90 K
AVHRR/2	NOAA 11～14	1987～1994年	美国	近极太阳同步	二级L型	34 mW@105 K
VHRR,	INSAT-2A/2B/2D	1992～1997年	印度	地球同步	二级	105～115 K
Imager	GOES-8～15	1994～2010年	美国	地球同步	二级方锥型	94 K/101 K/104 K
Sounder	GOES-8～15	1994～2010年	美国	地球同步	二级方锥型	94 K/101 K/104 K
VHRR/2	INSAT-2E Kalpana-1 INSAT-3A	1999～2003年	印度	地球同步	二级	100～110 K
AVHRR/3	NOAA 15～18, MetOp A,B,C	1998～2005年 2006～2018年	美国 ESA	近极太阳同步	二级L型	105 K
HIRS/3	NOAA 15～18	1998～2005年	美国	近极太阳同步	二级L型	100 K
ETM^+	Landsat-7	1999年	美国	近极太阳同步	二级G型	91 K
MODIS	Terra,Aqua	1999年，2002年	美国	近极太阳同步	二级G型	83 K
SEVIRI	MSG 1～3	2002～2012年	ESA	地球同步	二级圆锥型	85 K、95 K
AIRS	Aqua	2002年	美国	近极太阳同步	单级L型	155 K

续表

有效载荷	卫　星	发射时间	国家/机构	轨　道	辐射制冷器类型	制冷能力
SCIAMACHY	EnviSat	2002年	ESA	近极太阳同步	改进二级W型	135 K低温光学
IASI	MetOp A,B,C	2006 ～ 2018年	ESA	近极太阳同步	三级	95 ～ 100 K
HIRS/4	MetOp A,B,C	2006 ～ 2018年	ESA	近极太阳同步	二级	100 K
VIIRS	NOAA-19,20	2011年,2017年	美国	近极太阳同步	三级改进W型	80 K
Imager	INSAT-3D,3DR	2013,2016	印度	地球同步	二级方锥型	95 K
Sounder	INSAT-3D,3DR	2013,2016	印度	地球同步	二级方锥型	95 K
CrIS	NOAA-19,20	2011,2017	美国	近极太阳同步	四级	81 K
MVISR	风云一号A,B,C,D	1998 ～ 2002年	中国	近极太阳同步	二级W型	30 mW@105 K
S-VISSR	风云二号A,B,C,D	1997 ～ 2006年	中国	地球同步	二级O型	95 K、100 K
IRMSS	CBERS-1,2B	1999年,2007年	中国	近极太阳同步	二级W型	101 K
VIRR,IRAS	风云三号A,B,C	2008 ～ 2013年	中国	近极太阳同步	二级改进W型	70 mW@100 K
MERCI	风云三号A,B,C 风云二号F,G,H 风云四号	2008 ～ 2013年 2008 ～ 2018年 2016年	中国 中国 中国	近极太阳同步 地球同步 地球同步	二级G型 二级O型 二级锥型	120 mW@100 K 94 K 86 mW@90 K
MERCI/2	风云三号D	2017年	中国	近极太阳同步	二级改进W型	170 mW@100 K
HIRAS	风云三号D	2017年	中国	近极太阳同步	二级改进W型	80 mW@85 K

2.1.3　发展趋势

随着空间探测技术的不断发展，光学仪器的探测器件的规模也在不断扩大，为提高探测性能，要求具有更低的工作温度和更大的制冷量。辐射制冷器作为一种被动制冷部件，具有长寿命、高可靠、工作无功耗、无振动和无电磁干扰等特点，但是其制冷能力和制冷温度受到空间几何尺寸和质量等约束条件的限制，相比主动制冷方式将不具竞争优势。但是这并非意味着辐射制冷器技术将来无用武之地，相反，为适应未来空间探测需求的深入发展，尤其是深空探测需求不断发展，辐射制冷器技术在空间应用的发展呈现出如下趋势。

1. 应用新材料、新工艺

发展大型可展开型遮阳屏，为以辐射换热为主的仪器设备提供有利的被动降温条件。在一些特殊轨道（如日地第二拉格朗日轨道，L2轨道），与新材料、新结构工艺和控制技术相结合的新型可展开式太阳屏，屏蔽太阳光照射后，采用空间辐射换热原理，为仪器外壳设计高发射涂层，即能提供足够的制冷量和制冷能力等，适应仪器长寿命、高可靠运行，具有更为广阔的应用前景。如詹姆斯·韦伯太空望远镜（James Webb Space Telescope，JWST）工作在距离地球150万公里的第二拉格朗日点，为最大限度地屏蔽空间外热流，设计了一个展开尺寸达到19.5 m × 11.4 m的5层遮阳隔热层，5层柔性遮阳板的最外层温度预计达到400 K，最内层温度为50 K或者更低，仅利用被动辐射制冷的技术方案即可将低温光学系统冷却到约35 K的低温条件。

2. 与主动制冷技术组合使用，作为前级制冷，或为光学仪器降温

多种制冷方式的组合应用可以提升未来低温光学系统设计的灵活性和可靠性，尤其是长寿命多级机械制冷技术的发展，使得光学系统和红外探测元件可以实现更低的工作温度，从而极大地降低系统的背景噪声，实现对微弱目标的高灵敏探测。如欧洲太空署研制的Herschel空间望远镜，是目前在轨运行最大的空间望远镜。Herschel卫星上共搭载有3个主要的有效载荷：光谱光度成像计、光电导阵列相机与光谱仪、高分辨率远红外外差光谱仪。Herschel低温光学系统采用辐射制冷、J-T制冷机及超流氦制冷相结合的技术方案，辐射制冷分别将望远镜冷却到80 K，三台光学仪器的工作温度分别为1.7 K、0.1 K和20 K。低温光学系统的制冷方案为：① 通过在卫星上设计遮阳板遮挡空间太阳光外热流，利用空间冷环境将光学系统冷却到80 K附近；② 采用超流氦温度获得1.5 K，通过^{3}He吸附制冷为探测器提供100 μW@300 mK的制冷量。例如，美国EOS中的Aqua卫星大气红外探测仪AIRS，采用单级L型辐射制冷器，为光学系统提供10 W@155 K的制冷能力。

3. 向大冷量的中低温工作温区发展，拓宽应用领域

发展结构相对较简单的中低温（150 ～ 220 K）、大冷量（W级、几十W级）的辐射制冷技术是目前迫切需要的（王维扬和董德平，1998）。未来中低温区大冷量辐射制冷器的应用需求主要体现在以下几个方面。

（1）冷却焦平面：对于目前几千元至几万元的焦平面列阵，可利用辐射技术使其达到200 K左右的工作温度，并提供较大冷量。例如，美国的预警系列卫星采用20 000元的焦平面列阵，由辐射冷却到工作温度。

（2）冷却光学系统：降低光学部件的自身温度，可以有效低探测元器件的热背景干扰。如分光计的滤光片就利用L型辐射制冷器一级产生的制冷量来冷却到170 K。而OSR辐射器则结合热电制冷使光学系统保持在195 K。

（3）冷却电子仪器：利用辐射制冷技术可将部分仪器冷却到较低的温度，保证其更加可靠地工作。

2.2 原理与主要类型

2.2.1 辐射制冷基本原理及特点

温度高于0 K的物体总是不断通过电磁波的形式对外辐射热量，同时不断吸收周围物体发出的热辐射能量。辐射制冷器就是根据辐射换热基本原理，通过高辐射率的表面与空间4 K冷黑背景进行热交换，获得较低的热平衡温度的一种制冷装置。根据所需要达到的制冷温度及制冷量的不同，可采用单级或多级冷块降低制冷温度。可将需要控温的探测器组件直接或间接地连接于辐射制冷器的冷块上，实现控温和制冷需求。

辐射制冷器对空间环境比较敏感，卫星的运行轨道、工作姿态和辐射制冷器的安装位置等因素均会影响到其制冷性能，在设计前必须对轨道热环境和星体结构布局进行详细的热分析，确保辐射制冷器始终处于良好的背阳环境，避免辐射制冷器制冷面视场内出现高温物体。

尽管辐射制冷器的应用条件要求严格，但是辐射制冷器具有工作时无运动部件、无振动和电磁干扰、功耗小、寿命长的优点，在空间遥感中得到了广泛应用，例如我国研制的风云系列气象卫星均采用了辐射制冷器对红外遥感仪器的探测器进行制冷，充分验证了空间辐射制冷性能和制作工艺的可靠性。

2.2.2 辐射制冷器设计原则

辐射制冷器的设计基本原则为：辐射制冷器的冷块尽可能多地向宇宙冷空间辐射能量，同时尽可能减少外界（地球、太阳、星体其他仪器）的热负载以及辐冷自身寄生热负载，得到尽可能低的平衡温度，在红外元件或光学组件的工作温度点提供较大的有效制冷量。

为保证辐射制冷器冷块光路规避太阳、地球、航天器，必须采用一定的热屏蔽方式，该屏蔽方式既屏蔽外热流，但同时也限制了冷块对冷空间的视场，形成特定的辐射制冷器结构形式。

在对地观测遥感卫星中应用的辐射制冷器一般可以分为太阳同步轨道系列和地球同步轨道系列。由于两者的运行轨道的差异，辐射制冷器设计除要满足基本的设计原则外，其设计原则有所不同，具体体现在以下方面。

（1）太阳同步轨道运行的辐射制冷器安装在卫星背阳面，要求辐冷器视场内无高温障碍物、阳光入射、地球反照、地球辐射对辐冷器的影响最小。辐射制冷器冷块看不到地球，冷块对冷空间的耦合因子尽量大。

（2）地球同步静止轨道运行的辐射制冷器开口一般朝南或朝北，这样在卫星春秋分不调头的情况下，至少有半年的时间辐射制冷器开口内部会不被太阳照射，因此，需要设计太阳光外热流屏蔽装置（简称太阳屏），保证太阳光及其反射光线不能照射到辐射制冷器冷块上，且尽可能减少太阳光的反射次数。如果卫星具备在春秋分南北调头的条件，辐射制冷器在轨运行时将不受太阳光照射，需要与卫星平台结构协调，保障辐射制冷器视场范围内尽量避免有高温辐射源，在无法避免条件下需设置屏蔽罩加以遮挡，屏蔽罩结构以辐射制冷器冷块对冷空间的视角因子最大为原则设计。

2.2.3 辐射制冷器的主要类型

辐射制冷器结构形式的确定主要取决于（董德平，2000）：① 航天器轨道类型；② 辐射制冷器在航天器上的安装位置；③ 载荷总体提出的尺寸、安装及质量限制条件。

辐射制冷器常用的轨道类型主要有太阳同步轨道和地球同步静止轨道。太阳同步轨道的轨道面与太阳光角度基本保持不变，可以为辐射制冷器工作提供良好的背阳环境，从而最大限度减小空间外热流，是辐射制冷器应用的理想轨道之一。地球同步轨道的轨道面与太阳光的夹角在−23.5° ～ +23.5°，在春分至秋分期间，太阳光照射北半球，此时轨道朝南的一侧为背阳面，即一年内有半年时间能够保证辐射制冷器内部不受太阳光照射，适合于辐射制冷器工作。即使在辐射制冷器开口朝向太阳期间，通过合理设计太阳屏结构，确保太阳光不会照射到辐射制冷器的冷块上，以确保辐冷制冷性能。

辐射制冷器选型就是在航天器飞行轨道的形式和高度、辐射制冷器在航天器上的安装位置确定以后（即辐射制冷器对冷空间的视场确定以后），在一定的外形尺寸的约束情况下，通过合理的结构设计，减小空间外热流，提高冷块对冷空间的有效视场，增大冷块的有效辐射面积，增大制冷量。

1. 太阳同步轨道辐射制冷器

在太阳同步轨道卫星上应用的辐射制冷器，从开始的方锥型、L型发展到W型、G型，目前应用最多的是改进W型，一般要求卫星平台提供一个背阳面。

1）G型辐射制冷器（董德平，2000）

G型辐射制冷器采用旋转抛物面作为一级反射屏，因其结构对称一级组件可以通过支撑带拉紧方式悬挂在外壳上，增大冷块有效辐射和减少级间导热，达到更低的制冷温度和更大的制冷量，并采用可翻转地球屏兼作防污罩。G型辐射制冷器的结构如图2.14所示，由外壳、一级和二级、一级旋转抛物反射屏、外壳及级间支撑组成。可以同时在一级温度和二级温度下冷却红外探测器，二级可以在较低温度（80 ～ 100 K）提供几十至几百毫瓦级制冷量。

2）L型辐射制冷器（Clark et al., 2013）

L型辐射制冷器的特点是一级冷块与二级冷块处于同一平面，加装了防止地球红外辐射的垂直于水平方向的地球屏，其剖面呈“L”型，如图2.15所示。地球屏处于一级温度，没有一级反射屏，地球屏只屏蔽地球对二级冷块的热辐射，一级冷块部分可见地球，地球屏外包有多层绝热材料及屏罩，屏罩外表面为低太阳光吸收率、高红外反射率的镀银泰氟隆或白漆。美国NOAA 6 ～ 10卫星的高分辨率红外辐射探测器和甚高分辨率辐射仪应用成功，我国的红外分光计模型样机曾采用过L型辐射制冷器。

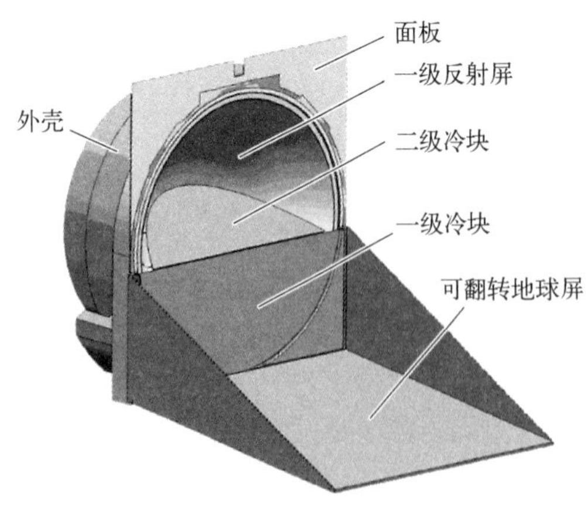

图2.14　G型辐射制冷器

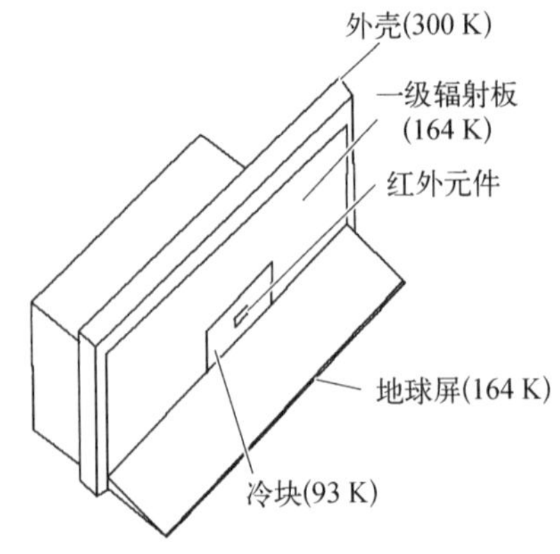

图2.15　L型辐射制冷器示意图

3）W型辐射制冷器（付立英，2008）

W型辐射制冷器主要是由于制冷器的一级反射屏、二级冷块、一级辐射器、地球屏形成“W”形状而得名，其外形结构如图2.17所示，包括二级组件、一级组件、外壳组件、可翻转地球屏等部分构成。二级部分主要由二级冷块、冷块座、红外探测器组件及加热、测温部分等组成；一级部分主要由一级冷块、一级反射屏、一级壳体和加热、温控部分等组成；外壳部分主要由散热面板、地球屏保护罩和加热、温控部分等组成；地球屏兼作防污罩装置；解锁限位机构由电磁解锁机构、铰链翻转机构、限位等组成。一级反射屏开始是由平面制成的高反射镜面，例如我国风云一号卫星扫描辐射计和中巴合作资源卫星红外多光谱扫描成像仪均采用了W型辐射制冷器。在此基础上进一步优化辐射制冷性能，一级反射屏改用抛物柱面（图2.16），称为改进W型辐射制冷器，与平面W型相比具有体积小、质量轻、刚度好、效率高等优点，引入抛物柱面反射屏使辐冷器抗振性能与制冷效率大大提高。目前我国风云三号A/B/C星的可见红外扫描辐射计和红外分光计及风云三号D星的中分辨率成像仪和高光谱大气探测仪，美国JPSS-1的可见红外扫描辐射计和跨轨红外大气探测仪，以及欧洲Envisat-1环境监测卫星扫描成像光谱仪SCIAMACHY，均采用这种结构形式的辐射制冷器。

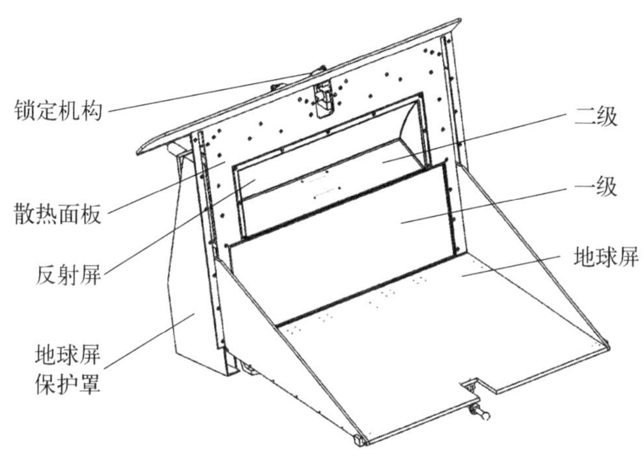

图2.16　改进W型辐射制冷器结构示意图

2. 地球同步轨道辐射制冷器

地球同步轨道应用的辐射制冷器，从初期应用的圆锥型结构发展到带辐射板的方锥或多面锥等结构。根据卫星调头与否、卫星平台结构，选择是否增设太阳屏以及太阳。

1）自旋稳定卫星平台典型辐射制冷器

该结构在卫星不调头情况下，需设置太阳屏用于遮挡太阳光的影响。如中国的风云二号地球同步静止轨道气象卫星系列、欧洲的MSG气象卫星系列，均采用自旋稳定卫星平台，辐射制冷器太阳屏采用旋转锥面形式。风云二号卫星辐射制冷器采用旋转抛物面太阳屏、内部悬挂式支撑和抛离式防污罩器结构，如图2.17和图2.18所示。辐射制冷器的一部分布置在载荷箱体内部，减小空间外热流对制冷温度的影响。当卫星入轨以后，通过发送抛罩指令，电磁锁

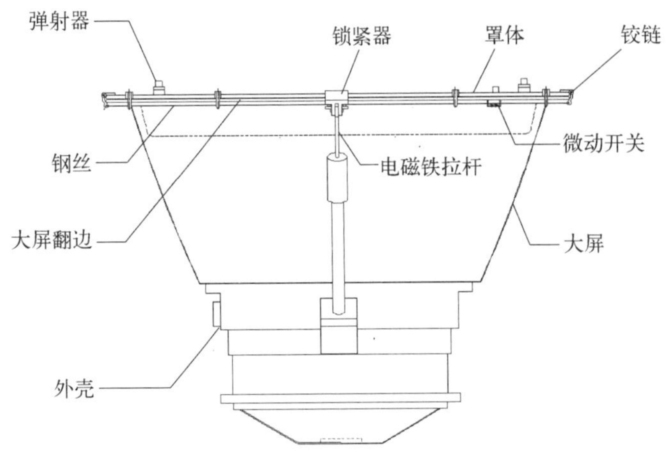

图2.17　风云二号辐射制冷器基本结构

图2.18　风云二号锥型辐射制冷器

紧机构解锁，防污罩在弹射器的推动作用下离开辐射制冷器。风云二号辐射制冷器在轨工作时，太阳屏开口朝向北极，卫星在春秋分不进行南北调头，在一年的春分到秋分的时间段内，辐冷制冷器太阳屏内表面受到太阳光照射，以夏至前后为最盛，此时二级工作温度为100 K。当太阳光直射点在地球南半球时，辐冷太阳屏内部无太阳光外热流，二级工作温度为93 K。

2）三轴卫星平台辐射制冷器

对三轴稳定平台且制冷量需求大时，太阳屏采用方锥结构或多面锥体结构。例如美国地球静止轨道气象卫星系列（GOES系列）的第一颗卫星GOES-1在1975年10月16日发射，到2016年共发射了16颗。其中GOES-1～15红外器件均采用辐射制冷器制冷。例如GOES-8～15上的扫描辐射计和垂直探测仪两台载荷所用辐射制冷器采用了方锥结构太阳屏，其外形结构如图2.19所示，辐射制冷器方锥型太阳屏采用八块具有反射镜面的平板拼接而成的结构实现对太阳光的屏蔽，并在与太阳屏连接的辐射板外表粘贴OSR二次表面镜，实现对太阳屏及其外壳结构的降温，辐射板外部设计有可展开式防污罩。其中GOES-12星辐射制冷器在红外器件不工作时的最低温度达到89 K，红外器件工作后制冷性能为136 mW@96.2 K。

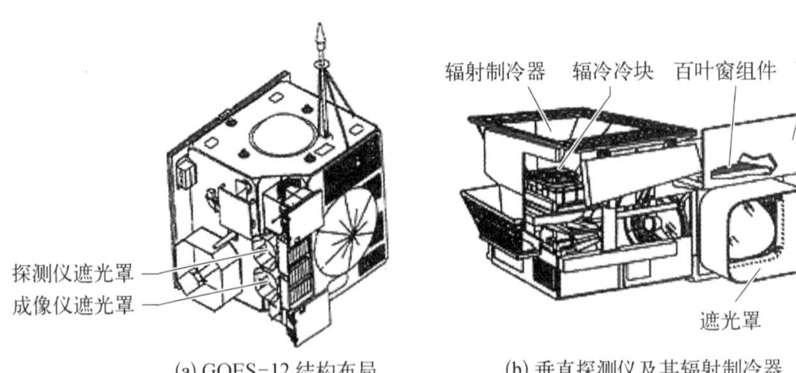

(a) GOES-12结构布局　　(b) 垂直探测仪及其辐射制冷器

图2.19　GOES-12载荷布局及其辐射制冷器

2.3 热学设计

2.3.1 设计依据

辐射制冷器的热力学设计原则为：辐射制冷器的冷块尽可能多地向宇宙冷空间辐射能量，同时尽量减少外界（地球、太阳、星体其他仪器）的热负载以及辐射制冷器自身寄生热负载，得到尽可能低的平衡温度或在元件工作温度提供较大的有效制冷量。

由于辐射制冷器轨道类型不同，太阳同步轨道辐射制冷器和地球同步静止轨道辐射制冷在进行热设计时需要根据实际轨道外热流条件开展具体的热设计。太阳同步轨道G型辐射制冷器安装在卫星背阳面，要求辐射制冷器视场内无高温障碍物、阳光入射、地球反照、地球辐射对辐冷的影响最小。辐射制冷器冷块必须看不见地球，冷块对冷空间的耦合因子尽量大。地球同步静止轨道辐射制冷器受地球辐射和反照的影响可以忽略，热设计主要考虑太阳光与辐射制冷器值之间的相对位置关系，合理设计太阳屏结构，确保太阳光不能照射到辐射制冷器冷块上。随着计算机技术的日新月异，商业热分析软件也日趋成熟，采用商业软件分析时要特别注意镜面反射处理和多层绝热处理。本节介绍辐射制冷器热设计的原理，以太阳同步轨道应用G型辐射制冷器为例详细介绍其热平衡计算方法。同时简略介绍地球同步轨道应用的辐射制冷器热设计要求和方法。

2.3.2 太阳同步轨道应用的G型辐射制冷器设计

G型辐射制冷器的结构中二级冷块、一级抛物反射屏、一级冷块、地球屏的表面物性、几何形状以及它们之间的相对位置对辐射制冷器的性能影响很大。在开展G型辐射制冷器的热设计前，首先需要确定其基本几何构型，然后在基础上根据热平衡方程计算辐射制冷器各级平衡温度。G型辐射制冷器几何设计的基本要求为：

（1）二级冷块不接收地球辐射及地球反照；

（2）一级冷块平面与抛物屏开口平齐，且冷块自身视因子为0；

（3）二级冷块看不到地球屏，只对抛物屏有热耦合，且自身视因子为0；

（4）二级冷块前端在抛物屏屏口面内；

（5）一级冷块看不到地球。

1. 二级冷块倾角α的确定

二级冷块倾角α，如图2.20所示，取决于卫星轨道高度及卫星姿态控制精度。

$$\sin\beta_{e} = \frac{R_{e} + H_{a}}{R_{e} + H_{sat}} \tag{2.1}$$

$$\alpha' = 90^{\circ} - \beta_{e} \tag{2.2}$$

$$\alpha_{max} = \alpha' - \Delta\alpha \tag{2.3}$$

式中，H_{sat}是卫星轨道高度；H_a是大气层高度（约20 km）；R_e为地球平均半径（约6 371 km）；β_e为天地角；$\Delta\alpha$取决于卫星轨道高度偏差、卫星姿态控制精度及计算余量，一般取1°～2°。二级冷块倾角α取α_{max}，既可保证二级冷块看不到地球，又可使二级冷块与冷空间耦合因子最大。

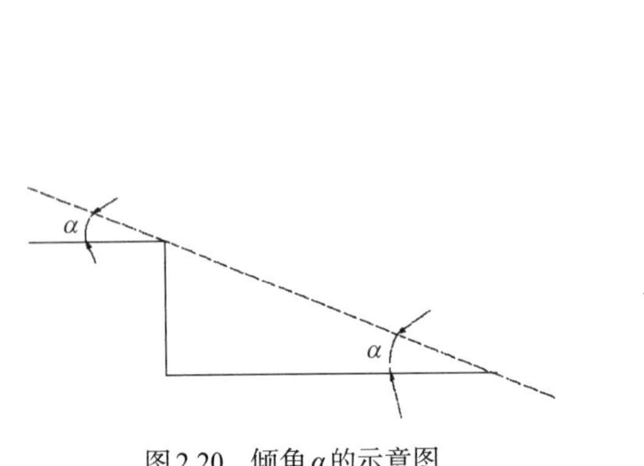

图2.20　倾角α的示意图

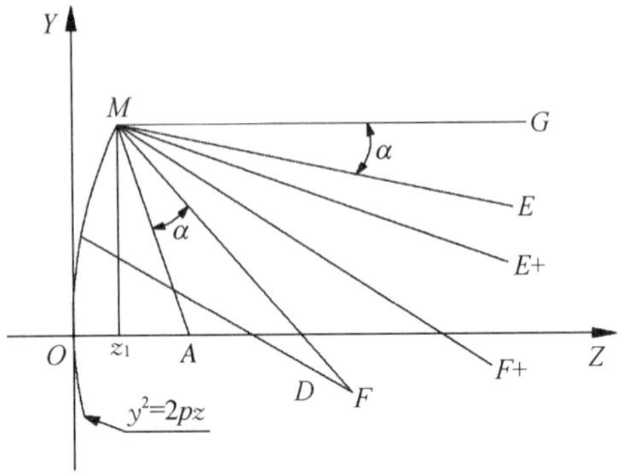

图2.21　二级冷块最大长度的确定示意图

2. 旋转抛物反射屏及冷块几何关系的确定

1）二级冷块最大长度的计算（董德平，2000）

图2.21给出了纵剖面（YOZ平面）中二级冷块与抛物面位置关系，抛物线方程为$y^2=2pz$，p是抛物线的焦点，焦点的坐标为（$p/2$，0），CD代表二级冷块面，二级冷块在抛物面焦点上方的距离为y_0。对一个特定的y_0值，在抛物面上有一确定的点M，对于与水平方向成α角的入射线在M处被镜面反射后与二级冷块直线的交点为D，z_p即为二级冷块面轴坐标的最大值。因为当地球入射光线入射角小于入射角时，光线被地球屏外表面所吸收或反射；当地球入射光线入射角大于入射角时，根据抛物面性质及镜面反射性质分析可知，反射光线一定不能到达二级冷块。

二级冷块线方程：

$$y-y_0=\left(\frac{p}{2}-z\right)\tan\alpha \tag{2.4}$$

反射线方程：

$$y-\sqrt{2pz_1}=(z-z_1)\tan(90°+\alpha+\beta_1) \tag{2.5}$$

其中，$\tan\beta_1=\dfrac{\frac{p}{2}-z_1}{\sqrt{2pz_1}}$，联立方程可得

$$z_p=\frac{-y_0+\sqrt{2pz_1}-\frac{p}{2}\tan\alpha+z_1\cot(\alpha+\beta_1)}{\cot(\alpha+\beta_1)-\tan\alpha} \tag{2.6}$$

由式(2.6)可知z_p为参数z_1的函数，其极值为一级抛物反射屏的深度q。参数y_0确定了二级冷块面与一级抛物反射屏之间的相对高度，将抛物线焦距p作为长度的基本单位。

令$x=\frac{z_1}{p}$，$y=\frac{z_p}{p}$，$a=\frac{y_0}{p}$，则有

$$y=\frac{\tan\alpha x^2+(2\tan\alpha+a)x+\left(\frac{\sqrt{2}}{2}-\sqrt{2}a\tan\alpha-\frac{\sqrt{2}}{2}(\tan\alpha)^2\right)\sqrt{x}-\frac{a}{2}-\frac{\tan\alpha}{4}}{2\tan\alpha x+\sqrt{x}\left[\sqrt{2}-\sqrt{2}(\tan\alpha)^2\right]-\tan\alpha} \tag{2.7}$$

由$\frac{\mathrm{d}y}{\mathrm{d}x}=0$及上式可得$\frac{q}{p}$的值($q=\min\{z_p\}$)。

2）抛物屏锥口、一级冷块、二级冷块面积的计算(洪国同，1995)

抛物反射屏屏口由抛物面锥口和一级冷块组成，如图2.22所示。其面积分别为

$$A_m=\pi pq+A_1 \tag{2.8}$$

$$A_r=\pi pq-A_1 \tag{2.9}$$

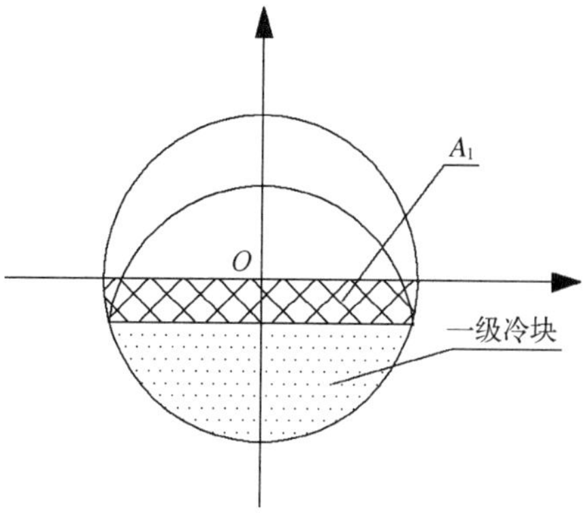

图2.22 冷块锥口面积示意图

式中，$A_1\approx 2y_1\sqrt{2pq}$；$y_1=\left(q-\frac{p}{2}\right)\tan\alpha-y_0$。

二级冷块平面方程及旋转抛物线方程分别为

$$(y-y_0)\cos\alpha+\left(z-\frac{p}{2}\right)\sin\alpha=0 \tag{2.10}$$

$$x^2+y^2=2pz \tag{2.11}$$

二级冷块边界为冷块平面和旋转抛物面的交线。将坐标原点由$O(0,0,0)$平移到$O'\left(0,\frac{p}{2}\tan\alpha+y_0,0\right)$，坐标系绕$X'$轴旋转$-\alpha$角度，得到新的坐标系下二级冷块边界曲线在$X'Z'$平面(即二级冷块平面)内的方程为

$$x'^2=2pz'\cos\alpha-\left(\frac{p}{2}\tan\alpha+y_0-z'\sin\alpha\right)^2 \tag{2.12}$$

二级冷块的端点z'_1坐标及顶点坐标z'_0分别为

$$z'_1 = \frac{q}{\cos\alpha} \tag{2.13}$$

$$z'_0 = \frac{\left(\cos\alpha - \sqrt{1 + 2\sin\alpha\cos\alpha \times y_0/p}\right)^2 p}{2(\sin\alpha)^2\cos\alpha} \tag{2.14}$$

二级冷块面积A_p为

$$A_p = 2\int_{z'_0}^{z'_1} x'(z')\,dz' \tag{2.15}$$

将式(2.12)～式(2.14)代入式(2.15),可求出二级冷块面积A_p。

3) 冷块面与抛物面在交线处的夹角(董德平,2000)

二级冷块对自身因子要求为0,二级冷块的辐射经抛物屏一次镜面反射后不到达二级冷块。当二级冷块面与抛物面在交线处的夹角$\theta \geqslant 90°$时,二级冷块自身辐射经抛物反射屏一次镜面反射后不到达自身,抛物反射屏在交线处的表面法线$\boldsymbol{n}$为$(x, y, -p)^{\mathrm{T}}$,冷块面法线$\boldsymbol{m}$为$(0, \cos\alpha, \sin\alpha)^{\mathrm{T}}$,$\boldsymbol{n}$与$\boldsymbol{m}$的夹角为:$\cos\theta = \frac{\boldsymbol{m}\cdot\boldsymbol{n}}{|\boldsymbol{m}||\boldsymbol{n}|}$,将$\boldsymbol{n}$与$\boldsymbol{m}$代入,同时由于交线上的每一点的坐标同时满足抛物面方程及二级冷块方程,夹角θ为

$$\cos\theta = \cos\alpha\frac{\dfrac{y_0}{p} - \left(\dfrac{1}{2} + \dfrac{z}{p}\right)}{\sqrt{1 + 2\dfrac{z}{p}}} \tag{2.16}$$

当式(2.16)满足式(2.17)时,夹角$\theta \geqslant 90°$,即

$$\frac{y_0}{p} \leqslant \left(\frac{1}{2} + \frac{z}{p}\right)\tan\alpha, \quad z \in [z_0, z_p],\ z_0 \geqslant 0 \tag{2.17}$$

二级冷块与抛物反射屏交线的顶点坐标z_0可以由二级冷块平面方程及抛物平面方程求得,其值为

$$\frac{z_0}{p} = \frac{2\dfrac{y_0}{p}\tan\alpha + \tan^2\alpha + 2 - 2\sqrt{\sec^2\alpha + 2\dfrac{y_0}{p}\tan\alpha}}{2\tan^2\alpha} \tag{2.18}$$

将上式代入式(2.18)得

$$\frac{y_0}{p} \leqslant \frac{1}{2}\tan\alpha\sec^2\alpha \tag{2.19}$$

4）地球屏的有关尺寸的确定

地球屏由左、右垂直屏及水平屏组成。垂直屏高度H_s、水平屏高度W_s、地球屏长度L_s分别为

$$H_s = H_r + \Delta H_s \tag{2.20}$$

$$L_s = H_s/\tan\alpha \tag{2.21}$$

$$W_s = W_r + 2\Delta X_s \tag{2.22}$$

式中，H_r为一级冷块高度，$H_r = \sqrt{2pq} - y_1$；ΔH_s为一级冷块顶端与水平屏之间的距离；W_r为一级冷块的宽度，$W_r = \sqrt{2pq - y_1^2}$；ΔX_s为一级冷块两端顶点到垂直屏之间的距离。

3. 热力学计算及分析

辐射制冷器热设计计算的目的是在结构设计基础上，对辐冷器在轨工作时，其各级接收的外热流进行分析，建立热平衡方程，计算出各级热平衡温度，二级制冷温度和制冷功率应满足所提出的性能指标要求。

1）外壳温度的计算

G型辐射制冷器对宇宙冷空间辐射面由外壳白面、地球屏外表面（水平屏、垂直屏）组成。外壳接收到的外界热载荷主要有仪器导热、仪器辐射、地球对外壳辐射面板的热负载、地球和阳光对地球屏外表面的热负载。

因此，外壳热平衡方程为

$$A_F\varepsilon_F\sigma T_h^4 + A_H\varepsilon_H\sigma T_h^4 + 2A_E\varepsilon_E\sigma T_h^4 = n\sum\frac{\lambda_i A_i}{L_i}(T_0 - T_h) + \frac{A_h(T_0^4 - T_h^4)}{S_i} + \phi_F + \phi_e \tag{2.23}$$

式中，σ为斯特藩–玻尔兹曼常数，值为5.67×10^{-8} W/($\mathrm{m}^2\cdot\mathrm{T}^4$)；$T_h$为辐冷器外壳温度；$A_H$为地球屏水平屏的面积；$\varepsilon_H$为地球屏水平屏的红外发射率；$A_E$为地球屏竖直屏的面积；$\varepsilon_E$为地球屏竖直屏的红外发射率；$T_0$为仪器头部温度；$n\sum\frac{\lambda_i A_i}{L_i}(T_0 - T_h)$为仪器头部对辐冷器外壳的导热（陈国邦，1998；航天部第七情报网中国制冷学会第一专业委员会，1986）；A_h为外壳外表面面积；S_i为辐冷外壳多层绝热的绝热因子（Jesé and Miguel，1978）；ϕ_F为地球对外壳辐射面板的热负载；ϕ_e为地球和阳光对地球屏外表面的热负载（董德平等，1998）。

$$\phi_F = F_{F,e}A_F(\varepsilon W_e + \alpha W_r) \tag{2.24}$$

$$\phi_e = \sum[F_{s,e}(\varepsilon W_e + \alpha W_r) + \alpha S_0(\sin i)]A \tag{2.25}$$

式中，$F_{F,e}$为外壳白面板对地球可见区域的视因子；W_e为地球辐射；W_r为地球反照；W_r=178 $\sin\beta_s$ W/m^2；β_s为轨道平面法线和太阳光的夹角，$\sin i$为平均太阳角的正弦（闵桂荣，1991）；$F_{s,e}$为地球屏对地球的视因子。

水平屏：

$$F_{s,e} = (\sin\beta_e)^2 \tag{2.26}$$

$$\sin i = \frac{1}{\pi}\sin\beta_s(1 - \sin\Delta u_e) \tag{2.27}$$

垂直屏：

$$F_{s,e} = \frac{1}{\pi}(\beta_e - \sin\beta_e\cos\beta_e) \tag{2.28}$$

$$\sin i = \frac{1}{2\pi}\sin\beta_s(1 + \cos\Delta u_e) \tag{2.29}$$

$$\Delta u_e = \arccos(\cos\beta_e/\cos\beta_s) \tag{2.30}$$

2）一级温度计算

$$A_r\varepsilon_r\sigma T_r^4 = H_e + H_s + H_h + H_i + H_k + H_o + H_j \tag{2.31}$$

式中，A_r是一级冷块的面积；ε_r为一级冷块的表面辐射率；T_r为辐冷器一级平衡温度；H_e为一级抛物反射屏接收的地球辐射及地球反照；H_s为一级冷块和一级抛物反射屏接收的由地球屏内表面对阳光的散射而引起的阳光散射负载；H_h为地球屏对一级冷块、一级抛物反射屏的热辐射；H_i为辐冷器外壳经多层绝热层对辐冷一级的热辐射；H_k为辐冷外壳到一级的导热；H_o为一级光学负载；H_j为安装在辐冷一级部分的短波光伏探测器及读出电路的功耗。

H_e的计算如下（NASA，1970）：

$$H_e = (B_{ce}\varepsilon_c W_e + B_{ce}^* a_c W_r)A_c^* \tag{2.32}$$

式中，B_{ce}为一级抛物反射屏对地球辐射部分的辐射吸收系数；B^*_{ce}为一级抛物反射屏对地球反射部分的辐射吸收系数；ε_c、a_c分别为一级抛物反射屏红外辐射率、可见吸收率；A^*_c为二级冷块上方抛物反射屏内表面积。

阳光散射热负载H_s由两部分组成：一是一级冷块的散射阳光H_{sr}；二是一级抛物反射屏吸收的散射阳光H_{sc}。H_s的计算如下：

$$H_s = H_{sr} + H_{sc} = A_{ss}S_0\rho_d\cos I_s(E_{ss,r} + E_{ss,c}) \tag{2.33}$$

式中，$E_{ss,r}$为一级冷块与被阳光照射地球屏区域之间的耦合因子；$E_{ss,c}$为被阳光照射地球屏区域与一级抛物反射屏间的耦合因子；A_{ss}为被阳光照射地球屏区域的面积；S_0为太阳常数，等于1 400 W/m^2；ρ_d为散射系数。

H_h的计算如下：

$$H_h = A_r\varepsilon_r B_{r,s}\sigma T_h^4 \tag{2.34}$$

式中，$B_{r,s}$为一级冷块和地球屏之间的辐射耦合因子。

H_i的计算如下：

$$H_i = \frac{\sigma A_i}{S_i}(T_h^4 - T_r^4) \tag{2.35}$$

式中，A_i为辐冷一级表面的表面积；S_i为外壳和一级绝热的绝热因子。

一级导热热负载H_k的计算如下：

$$H_k = \sum N_i \frac{\lambda_i A_i}{L_i}(T_h - T_r)M_i \tag{2.36}$$

式中，N_i为某一支撑带或引线或接地线的数量；λ_i为其对应的导热系数；A_i为其对应的横截面积；L_i为其对应的长度；M_i为其对应的支撑导热、辐射等效系数。

3）二级温度的计算

二级的热负载主要包括7部分：① 由于一级抛射物反射屏对可见光的散射，地球阳光反照对二级冷块的热负载$\phi_{e,p}$；② 由于地球屏对可见光的散射，受到阳光照射的地球屏的散射阳光经一级抛物反射屏反射而被二级冷块吸收的能量$\phi_{s,p}$；③ 一级抛物反射屏反射对二级冷块吸收的能量$\phi_{c,p}$；④ 辐冷器内部一级对二级的辐射热负载ϕ_r；⑤ 辐冷器一级二级之间支撑和引线导热热负载ϕ_k；⑥ 二级光学热负载ϕ_o；⑦ 二级元件焦耳热ϕ_j。

二级热平衡方程：

$$A_p \varepsilon_p \sigma T_p^4 = \phi_{e,p} + \phi_{s,p} + \phi_{c,p} + \phi_r + \phi_k + \phi_o + \phi_j \tag{2.37}$$

式中，A_p、ε_p、T_p分别为二级冷块面积、辐射率及二级平衡温度。

$\phi_{e,p}$的计算如下：

$$\phi_{e,p} = A_c B_{c,e,\rho_d} W_r F_{c,p} \rho_d \varepsilon_p = A_p B_{c,e,\rho_d} W_r F_{p,c} \rho_d \varepsilon_p \tag{2.38}$$

式中，A_c为二级冷块上方抛物屏表面积；B_{c,e,ρ_d}为抛物屏可见光散射率等于ρ_d时，抛物屏和地球可见区域之间的吸收系数$F_{c,p}$为抛物屏对二级冷块的视因子；$F_{p,c}$为二级冷块对抛物屏的视因子。

$\phi_{s,p}$的计算如下：

$$\phi_{s,p} = A_{ss} B_{ss,p} S_0 \rho_d \varepsilon_p \cos I_s \tag{2.39}$$

式中，A_{ss}为地球屏内表面受阳光照射部分的面积；$B_{ss,p}$为A_{ss}面积上散射阳光经一级抛物反射屏反射后到达二级冷块的份额。

$\phi_{c,p}$的计算如下：

$$\phi_{c,p} = \varepsilon_p A_p B_{p,c} \sigma T_r^4 \tag{2.40}$$

式中，$B_{p,c}$为二级冷块与一级抛物反射屏之间的辐射耦合因子。

ϕ_r的计算如下（Whitaker，1978）：

$$\phi_r = A_2 \sigma \frac{\varepsilon_1 \varepsilon_2}{1 - (1 - \varepsilon_1)(1 - \varepsilon_2)} (T_r^4 - T_p^4) \tag{2.41}$$

式中，A_2为二级辐冷内部表面积；ε_1、ε_2分别为辐冷器内部一级表面、二级表面的红外辐射率。

辐冷二级导热热负载ϕ_k由二级支撑导热ϕ_{k1}、二级引线导热ϕ_{k2}组成。ϕ_k的计算如下：

$$\phi_{k1} = N \frac{\pi \delta \lambda (d_2 - d_1)}{L \ln(d_2 / d_1)} (T_r - T_p) M_1 M_2 \tag{2.42}$$

$$\phi_{k2} = \sum_n \frac{\lambda_i A_i}{L_i} (T_r - T_p) \tag{2.43}$$

$$\phi_k = \phi_{k1} + \phi_{k2} \tag{2.44}$$

式中，n为某一引线或接地线的数量；λ_i为其对应的导热系数；A_i为其对应的横截面积；L_i为其对应的长度；M_1为二级支撑由于表面打孔、导热系数的修正因子；M_2为二级支撑导热、辐射综合因子；N为二级支撑的个数；n为二级上所有引线数量。

ϕ_j的确定如下：

$$\phi_j = \sum_m I_i^2 R_i \tag{2.45}$$

式中，I_i为长波红外各波段光导探测器的偏置电流；R_i为长波红外光导探索器在低温温控点的阻值；m为二级上探测器信号线数量。

2.3.3 辐射耦合因子的计算方法

对辐射交换因子的计算主要有：镜像成像法、蒙特卡罗法等。在早期的方锥型辐冷器和平面W型辐冷器的热力学设计里均成功采用了镜像成像法计算冷块和反射锥之间的辐射耦合因子。对于有曲面参与的辐射换热，镜像成像法经常无法解决。采用蒙特卡罗统计抽样方法，特别适用于几何关系复杂、表面辐射具有方向性的辐射换热问题。因此，本书将着重介绍蒙特卡罗法。

蒙特卡罗法模拟辐射换热，通过每个表面发射大量能量束，跟踪它们的踪迹，直到能量束被吸收或穿过外表面离开系统，常称为蒙特卡罗法光线追踪法（董德平，2000）。

蒙特卡罗法计算辐射交换因子的一般步骤：① 在求解表面产生随机分布的点，选择一个发射点；② 选择能束的发射方向；③ 跟踪能束，确定能束的相交面；④ 以随机数决定能量束是否被吸收；⑤ 如果被吸收，将数目计入最终的结果；如果没有被吸收，则被反射，确定方向后，继续跟踪。

1. 随机数的产生

最初von Neumann提出了平方取中法，即取前面随机数的平方，并抽取中间的数。但是这种方法非常容易出现短的循环周期。目前采用较多的、性能较好的混合同余法（秦元勋，1984），方法如下：

$$X_{n+1} = (aX_n)\operatorname{mod}(m) \tag{2.46}$$

式中，a为乘子；c为增量；m为模。由式$F_n=X_n/m$得到区间［0，1］随机数列$\{F_n\}$。

2. G型辐冷器热力学设计涉及的辐射耦合因子

1）二级冷块与抛物反射屏之间的辐射耦合因子

建立以O为原点的新坐标系XYZ，如图2.23所示。在新坐标系中抛物面方程为

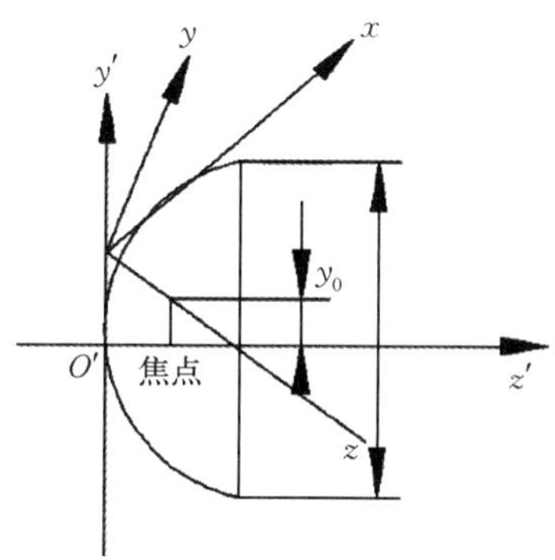

图2.23　二级冷块与抛物屏耦合因子计算示意图

$$x^2 + \left(y\cos\alpha - z\sin\alpha + y_0 + \frac{p}{2}\tan\alpha\right)^2 = 2p(y\sin\alpha + z\cos\alpha) \tag{2.47}$$

二级冷块上方此抛物面定义域为

$$z \in \left[\frac{z_0}{\cos\alpha}, \frac{q}{\cos\alpha}\right] \tag{2.48}$$

$$y \in \left[0, \left(\frac{D_c}{2} + y_1\right)\cos\alpha\right] \tag{2.49}$$

$$x \in \left[-\sqrt{\left(\frac{D_c}{2}\right)^2 - y_1^2}, +\sqrt{\left(\frac{D_c}{2}\right)^2 - y_1^2}\right] \tag{2.50}$$

令上述抛物面方程为$f(x,y,z)=0$，则抛物面法线向量由曲面方程的偏微分求得。当法线向量指向抛物面内部时，法线向量的三轴分量分别为

$$\frac{\partial f}{\partial x} = -2x \tag{2.51}$$

$$\frac{\partial f}{\partial y} = 2p\sin\alpha - 2\cos\alpha\left(y\cos\alpha - z\sin\alpha + y_0 + \frac{p}{2}\tan\alpha\right) \tag{2.52}$$

$$\frac{\partial f}{\partial z} = 2\sin\alpha(y\cos\alpha - z\sin\alpha + y_0 + \frac{p}{2}\tan\alpha) + 2p\cos\alpha \tag{2.53}$$

对此法线向量的三轴分量进行归一化处理，同时令$\Delta = \sqrt{\left(\frac{\partial f}{\partial x}\right)^2 + \left(\frac{\partial f}{\partial y}\right)^2 + \left(\frac{\partial f}{\partial z}\right)^2}$，抛物面法线单位向量三轴分量$n_x$、$n_y$、$n_z$分别为

$$n_x = \left(\frac{\partial f}{\partial x}\right)/\Delta \tag{2.54}$$

$$n_y = \left(\frac{\partial f}{\partial y}\right)/\Delta \tag{2.55}$$

$$n_z = \left(\frac{\partial f}{\partial z}\right)/\Delta \tag{2.56}$$

在XOZ平面内，二级冷块边界方程为

$$x^2 + (y_0 + \frac{p}{2}\tan\alpha - z\sin\alpha)^2 = 2zp\cos\alpha \tag{2.57}$$

令$a=2p\cos\alpha+p\sin\alpha\tan\alpha+2y_0\sin\alpha$，则二级冷块边界方程变形为椭圆型方程：

$$x^2 + \left(z\sin\alpha - \frac{a}{2\sin\alpha}\right)^2 = \left(\frac{a}{2\sin\alpha}\right)^2 - \left(\frac{p}{2}\tan\alpha + y_0\right)^2 \tag{2.58}$$

二级冷块定义域为

$$z \in [z_{min}, z_{max}] \tag{2.59}$$

$$x \in [-x_{max}, +x_{max}] \tag{2.60}$$

式中，$z_{min} = \frac{z_0}{\cos\alpha}$，$z_{max} = \frac{q}{\cos\alpha}$。

$$x_{max} = \sqrt{\left(\frac{a}{2\sin\alpha}\right)^2 - \left(\frac{p}{2}\tan\alpha + y_0\right)^2 - \left(z\sin\alpha - \frac{a}{2\sin\alpha}\right)^2} \tag{2.61}$$

锥口面方程为

$$y\sin\alpha + (z - z_{max})\cos\alpha = 0 \tag{2.62}$$

锥口周边方程为锥口面与抛物面的交线方程，在XY平面内投影方程为

$$x^2 + \left[y\cos\alpha - (q - y\sin\alpha)\tan\alpha + y_0 + \frac{p}{2}\tan\alpha\right]^2 = 2pq \tag{2.63}$$

锥口周边定义域为

$$x \in [-D_c/2, +D_c/2] \tag{2.64}$$

$$y \in [0, (D_c/2 + y_1)\cos\alpha] \tag{2.65}$$

$$z \in [(D_c/2 + y_1)\sin\alpha, z_{max}] \tag{2.66}$$

直线与平面的交点：平面方程为$Ax+By+Cz+D=0$，其中A、B、C为平面的法线分量。过点$x(x_0,y_0,z_0)$且直线单位方向向量为$\{l,m,n\}$的直线方程为

$$\begin{cases} x = x_0 + lt \\ y = y_0 + mt \\ z = z_0 + nt \end{cases} \tag{2.67}$$

将直线方程代入平面方程，得到参数t，再将t代入直线方程，即得交点坐标。

$$t = -\frac{Ax_0 + By_0 + Cz_0 + D}{Al + Bm + Cn}(Al + Bm + Cn \neq 0) \tag{2.68}$$

直线与抛物反射屏的交点：代入抛物面方程，得到参数t，再将t代入直线方程，即可得直线与抛物反射屏的交点坐标。一般情况下，有两个交点，根据实际情况，选取所需交点。在上述坐标系中，位于二级冷块上方交点的y轴坐标大于位于二级冷块下方交点的y轴坐标，这是取舍的判断依据。

$$t = \frac{-B \pm \sqrt{B^2 - 4AC}}{2A} \tag{2.69}$$

式中，

$$A = l^2 + m^2(\cos\alpha)^2 + 2z_0 n(\sin\alpha)^2 - 2ny_0\sin\alpha\cos\alpha$$

$$B = 2x_0 l + 2y_0 m(\cos\alpha)^2 + 2z_0 n(\sin\alpha)^2 - 2y_0 n\sin\alpha\cos\alpha - 2z_0 m\sin\alpha\cos\alpha + 2am\cos\alpha \\ - 2an\sin\alpha - 2pm\sin\alpha - 2pn\cos\alpha$$

$$C = x_0^2 + (\cos\alpha)^2 y_0^2 + (\sin\alpha)^2 z_0^2 + a^2 - 2y_0 z_0\sin\alpha\cos\alpha + 2ay_0\cos\alpha - 2az_0\sin\alpha - 2py_0\sin\alpha \\ -2pz_0\cos\alpha$$

$$a = y_0 + \frac{p}{2}\tan\alpha$$

用蒙特卡罗法计算二级冷块与抛物反射屏之间的辐射耦合因子的步骤如下：

① 在二级冷块面上随机产生发射点(x_0,y_0,z_0)，有

$$\begin{cases} z_0 = z_{min} + (z_{max} - z_{min})R_z \\ x_0 = -x_L + 2x_L R_x \\ y_0 = 0 \end{cases} \tag{2.70}$$

式中，R_z、R_x是独立随机数；x_L是二级冷块在抛物锥口处x轴长度的一半。当$x_0 \in [-x_{\max}, +x_{\max}]$，该发射点有效；否则，该发射点无效，重新产生随机发射点。

② 在发射点产生随机发射方向$\{l, m, n\}$，有

$$\begin{cases} l = \sin\theta\sin\varphi \\ m = \cos\theta \\ n = \sin\theta\cos\varphi \end{cases} \tag{2.71}$$

式中，$\theta = a\cos\sqrt{R_\theta}$；$\varphi=2\pi R_\varphi$，$R_\theta$和$R_\varphi$为独立随机数。

③ 求发射线和锥口的交点，判断交点M_1是否满足锥口各变量范围，若满足，则该发射线离开考虑系统，发射束能量加一，对该发射能量束的跟踪结束，返回步骤①。

④ 求发射线和抛物反射屏的交点M_2，判断该交点是否满足抛物面方程各变量的变化范围。若满足，则表示该能量束达到二级冷块上方的抛物反射屏。再判断该能量束是被抛物反射屏吸收还是反射。产生随机数R_p，当R_p小于或者等于抛物反射屏红外吸收率时，该能量束被吸收，抛物反射屏吸收能量束N_c加一，统计能量束N加一，返回步骤①；否则该能量束被反射并继续进行下一步骤。

⑤ 根据交点M_2的坐标，求出该点抛物反射屏法线单位向量，由交点抛物反射屏单位法线向量与入射线单位向量，求出反射线的单位方向向量，进而求出反射线的方程。

⑥ 求出反射线与抛物反射屏、二级冷块及锥口的交点M_3，根据上述三者变量的变化范围，确定反射线与何面相交。若该反射线与抛物屏相交，转向步骤④；若反射线与二级冷块相交，产生随机数R_p，当R_p小于或者等于二级冷块红外吸收率时，该能量束被吸收，统计能量束N加一，返回步骤①，否则，产生随机发射方向，返回步骤③；若反射线与锥口相交，该能量束离开系统，统计能量束增加一，返回步骤①。

⑦ 当统计能量束数N达到规定的统计N^*时，统计过程结束。二级冷块与抛物反射屏的辐射耦合因子E_{pc}为

$$E_{pc} = \varepsilon_p \frac{N_c}{N^*} \tag{2.72}$$

2）一级抛物反射屏到地球可见区域的辐射耦合因子

利用蒙特卡罗法计算一级抛物反射屏对地球可见区域交换因子的方法类似于二级冷块与抛物反射屏之间耦合因子的计算，在此，仅就不同点及分析思路介绍。

由于抛物屏是由$x^2+y^2=2pz$曲面构成，并不是平面，即使发射点在XY平面内均匀分布，也不能保证发射元面在发射面表面均匀分布，必须对发射能量束加以面积加权。在统计时，每一发能量束、吸收能量束均乘以面积微元ds的加权系数：$\sqrt{1+\left(\frac{\partial z}{\partial x}\right)^2+\left(\frac{\partial z}{\partial y}\right)^2} = \sqrt{1+\frac{2z}{p}}$，这样就解决了曲面均匀发射问题。

$$\mathrm{d}s = \sqrt{1+\left(\frac{\partial z}{\partial x}\right)^2+\left(\frac{\partial z}{\partial y}\right)^2}\,\mathrm{d}x\mathrm{d}y \tag{2.73}$$

3）一级冷块与地球屏之间的辐射耦合因子

一级冷块、地球水平屏、两块地球垂直屏及地球屏口组成封闭系统，由一级冷块产生随机发射点及发射方向、跟踪能量束，对能量束直接或经反射后最终被地球屏水平屏及垂直屏吸收的能量束加以体积，步骤同二级冷块与抛物反射屏之间耦合因子的计算。

4）与地球屏阳光散射有关的耦合因子

当阳光照耀到地球内表面，大部分能量被镜面反射，离开辐冷器，仅有少部分的能量被散射，发生漫反射。对于发生漫反射的入射能量，可以假设该能量先被地球屏吸收，再以等能量发射出去，这样方便计算与阳光散射有关的几个耦合因子。

用蒙特卡罗法计算有关的耦合因子，跟踪上述发射能量束的踪迹，可知被吸收或离开系统，统计各表面吸收的能量束数，计算即可得到相关的耦合因子。

2.3.4 地球同步静止轨道锥形辐射制冷器热学设计

地球同步静止轨道辐射制冷器的热设计，需要根据辐射制冷器在轨工作状态，确定空间太阳光与辐冷本体之间的相对位置关系，二级冷块的实际热负载需求，开展辐射制冷器基本构型设计，图 2.24 为地球同步静止轨道辐射制冷器的基本构型，一般由辐射板、太阳屏、外壳、一级冷块、一级壳体、二级冷块及其附属支撑结构组成，在进行热分析时可将太阳屏、辐射板和外壳看作一个整体，称为外壳组件。太阳光 S 与辐射板之间的夹角为 θ，当入射太阳光 S 与辐射板的夹角大于 23.5° 时，照射到辐冷内部的光线被太阳屏全部反射到外太空，从而避免一级和二级冷块受照，辐冷一级、二级冷块的热负载主要为寄生漏热。

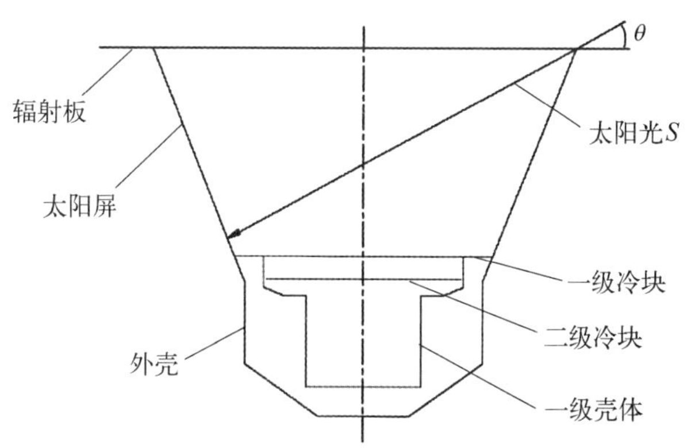

图 2.24　地球同步静止轨道辐冷基本构型

辐射制冷器主要部件的具体尺寸受到实际制冷性能需求、在卫星上空间布局和质量等约束条件的限制，具体尺寸可根据实际情况开展设计。为确保主要部件尺寸设计的合理性，需要对各部件建立的热平衡方程计算各组件的平衡温度，辐射制冷器外壳、一级和二级的热平衡方程如下。

（1）外壳组件热平衡方程：

$$\varepsilon_F A_F \sigma T_h^4 + F_{s-e}\varepsilon_s A_s \sigma T_h^4 = F_s A_s S + \alpha_s S A_F \sin\theta - F_{p-s}\varepsilon_p A_p \sigma(T_h^4 - T_p^4) - \varepsilon_r F_{r-s} A_r \sigma(T_h^4 - T_r^4) - A_{rs}\sigma(T_h^4 - T_r^4)/S_{ir} - \sum_{i=0}^{n}\lambda_i \frac{A_i}{l_i}(T_h - T_r) + \sum_{j=0}^{n}\lambda_j \frac{A_j}{l_j}(T_0 - T_h) + A_h\sigma(T_0^4 - T_h^4)/S_{ih} \tag{2.74}$$

式中，σ为斯特藩–玻尔兹曼常数，值为$5.67\times10^{-8}\,W/(m^2\cdot T^4)$；$\varepsilon_F$为辐射板外表面的红外发射率；$A_F$为辐射板的辐射面积；$T_h$为外壳组件温度；$F_{s-e}$为太阳屏与外太空的耦合因子；$\varepsilon_s$为太阳屏镜面表面红外发射率；$F_s$为入射太阳光被太阳屏吸收的份额；$A_s$为太阳屏的辐射面积；$S$为太阳常数；$\alpha_s$为辐射板太阳光吸收率；$F_{p-s}$为二级冷块与太阳屏之间的耦合因子；$\varepsilon_p$为二级冷块红外发射率；$A_p$为二级冷块辐射面积；$T_p$为二级冷块温度；$\varepsilon_r$为一级冷块红外发射率；$F_{r-s}$为一级冷块与太阳屏之间的耦合因子；$A_r$为一级冷块辐射面积；$T_r$为一级冷块温度；$A_{rs}$为一级组件壳体面积；$S_{ir}$为一级组件多层绝热因子；$\lambda_i$为一级与外壳组件之间的引线热导率；$A_i$为一级与外壳组件之间的引线横截面积；$l_i$为一级与外壳组件之间的引线长度；$\lambda_j$为仪器与外壳组件之间的隔热支撑热导率；$A_j$为仪器与外壳组件之间的隔热支撑横截面积；$l_j$为仪器与外壳组件之间的隔热支撑长度；$T_0$为仪器的温度；$A_h$为外壳组件朝向仪器一侧的面积；$S_{ih}$为外壳组件多层的绝热因子。

（2）一级组件热平衡方程：

$$F_{r-e}\varepsilon_r A_r \sigma T_r^4 = F_{r-s} A_r \varepsilon_r \sigma(T_h^4 - T_r^4) + A_r\sigma(T_h^4 - T_r^4)/S_{ir} - A_r\sigma(T_r^4 - T_p^4)/S_{ip} + \sum_{\xi=0}^{n}\lambda_\xi \frac{A_\xi}{l_\xi}(T_h - T_r) + \sum_{i=0}^{n}\lambda_i \frac{A_i}{l_i}(T_h - T_r) - \sum_{\zeta=0}^{n}\lambda_\zeta \frac{A_\zeta}{l_\zeta}(T_r - T_p) + Q_{or} \tag{2.75}$$

式中，S_{ip}为二级组件多层绝热因子；λ_ξ为一级组件与外壳之间隔热支撑的热导率；A_ξ为一级组件与外壳之间隔热支撑的横截面积；l_ξ为一级组件与外壳之间隔热支撑的有效传热长度；λ_ζ为一级组件与二级组件之间的引线热导率；A_ζ为一级组件与二级组件之间的引线横截面积；l_ζ为一级组件与二级组件之间的引线长度；Q_{or}为一级窗口的光学热负载；其他符号的含义与式(2.74)中一致。

（3）二级组件热平衡方程：

$$F_{p-e}\varepsilon_p A_p \sigma T_p^4 = F_{p-s} A_p \varepsilon_p \sigma(T_h^4 - T_p^4) + A_r\sigma(T_r^4 - T_p^4)/S_{ip} + \sum_{\eta=0}^{n}\lambda_\eta \frac{A_\eta}{l_\eta}(T_r - T_p) + \sum_{\mu=0}^{n}\lambda_\mu \frac{A_\mu}{l_\mu}(T_r - T_p) + Q_{op} + Q_c \tag{2.76}$$

式中，λ_η为二级组件与一级组件之间隔热支撑的热导率；A_η为二级组件与一级组件之间隔热支撑的横截面积；l_η为二级组件与一级组件之间隔热支撑的有效长度；λ_μ为二级组件与一级组件之间引线的热导率；A_μ为二级组件与一级组件之间引线的横截面积；l_μ为二级组件与一级组件之间引线的长度；Q_{op}为二级组件光学窗口热负载；Q_c为二级组件制冷量；其他符号的含义与式(2.74)、式(2.75)中一致。

辐冷各级热平衡方程中涉及的耦合因子可以采用专业程序或商用软件进行求解，如TMG、Thermica等热分析软件。为保证计算精度，一般采用蒙特卡罗算法计算，如上述太阳同步轨道辐射制冷器采用编制蒙特卡罗计算程序的方式获取各项耦合因子的具体数值。

式(2.74)～式(2.76)中的各类热物性参数可选取相关热物性手册的推荐值或实际测量值,结合已知的边界条件,通过求解方程组获得辐冷外壳组件、一级组件和二级组件温度,判断初步热设计结果合理性,通过对进行相关参数的迭代优化设计,最终确定地球同步静止轨道辐射制冷器各部件的合理尺寸值。

2.4 结构设计

2.4.1 结构设计简介

辐射制冷器结构设计既要保障空间辐射热交换条件,又要保障发射时的力学强度和刚度要求,因此设计中必须考虑的问题有:① 满足热学设计的辐射交换要求;② 不同级之间具有良好的绝热性能;③ 同一级为维持与辐射体一致的温度,应保持较好导热性能;④ 满足复杂的轨道环境要求,如发射的力学振动、轨道的真空、高低温和辐照等环境,辐射制冷器结构保证在各种环境考核后光轴位置要维持在设计允许的误差以内,无永久性变形;⑤ 防止污染;⑥ 总质量限制。

目前应用于探测器制冷的太阳同步轨道和地球同步轨道的辐射制冷器常设计成二级结构,主要由二级组件、一级组件、外壳组件、防污罩展开组件、级间隔热组件和防污染组件构成。典型的太阳同步轨道二级改进W型结构如图2.25所示,地球同步轨道二级带辐射板多面锥结构的结构如图2.26所示。本节着重以太阳同步轨道应用的抛物柱反射屏W型辐射制冷器的结构设计为主线进行阐述,其他结构作参考。

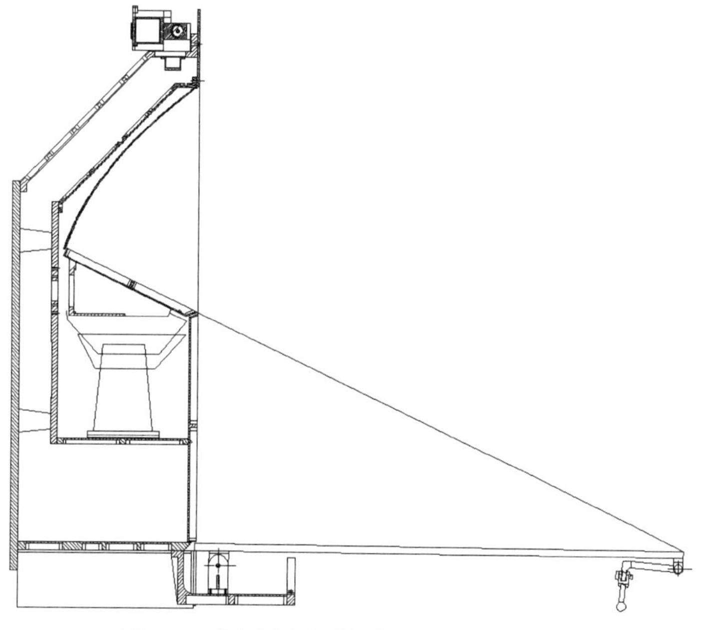

图2.25 太阳同步轨道辐射制冷器结构示意图

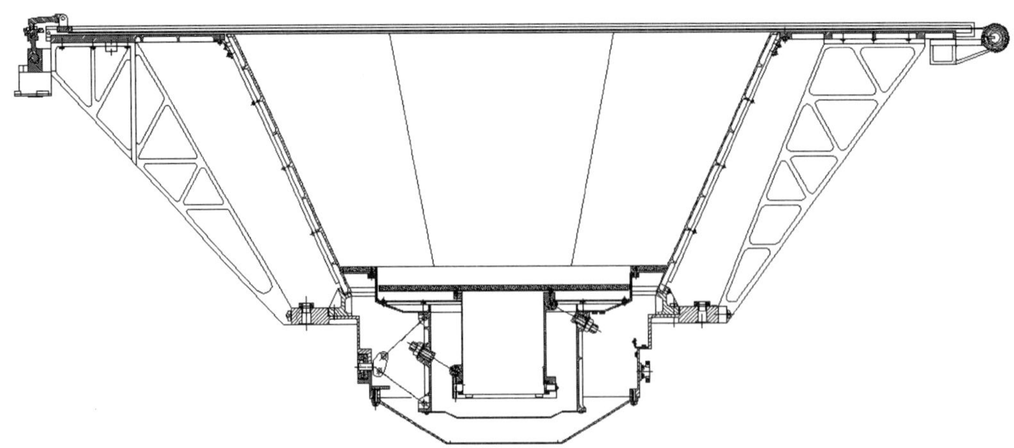

图2.26　地球同步轨道辐射制冷器结构示意图

2.4.2　二级组件结构设计

二级组件是二级辐射制冷器温度最低的组件，通过其面向冷空间的高辐射黑体获得最低制冷温度，同时探测器组件安装在二级组件上。因此结构设计时需要满足探测器的光路和安装接口要求，同时保证热辐射特性、温度变化、力学冲击的结构和光路稳定性，具有防污染能力和去污染功能。

太阳同步轨道辐射制冷器中一种典型的二级组件主要由冷块座、二级冷块和二级支撑组成，如图2.27所示。冷块座的材料根据设计需要一般选择铝合金表面抛光镀金，以减少一级对二级的辐射漏热。冷块座上安装探测器组件，设计时应考虑探测器的光、机械、电接口，其安装精度及低温收缩变形需满足光学要求。二级冷块座上安装二级去污加热器和低温温控加热器、二级测温传感器，满足去污、控温和测温的需求。二级冷块根据热力学设计确定的理论边界方程进行尺寸设计，材料一般选择轻质的铝合金，二级冷块面向冷空间一面（正面）粘贴开口蜂窝并喷涂黑漆，背面抛光镀金。二级支撑是连接二级组件和一级组件的承力件，要求在满足发射时的力学振动条件下，最小化漏热，环氧玻璃钢制成的杯状支撑或复合纤维带是目前常用的设计。

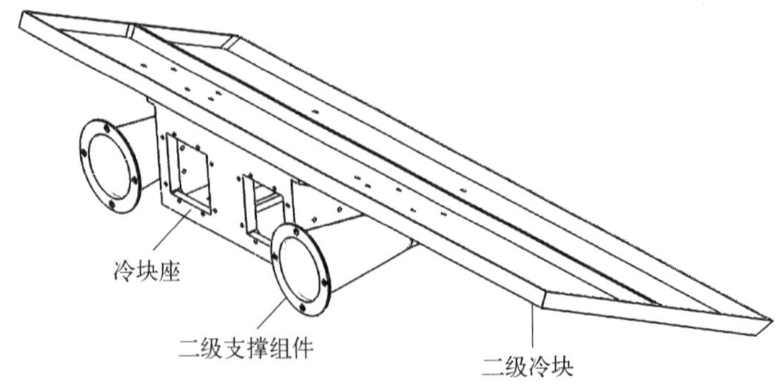

图2.27　太阳同步轨道二级组件结构示意图

2.4.3 一级组件结构设计

一级组件是辐射制冷器的中间级，温度介于二级组件和外壳组件之间，通过一级冷块向冷空间的热辐射实现制冷，主要用于屏蔽外壳对二级的热辐射。有时因红外系统配有短波探测通道(制冷温度可以高于130 K)，可以将短波探测器组件安装在一级组件上。因此结构设计时需要满足探测器的安装的光路和机械接口结构要求、满足温度变化和力学的结构稳定性要求，同时要具有防污染能力和去污染功能。

太阳同步轨道辐射制冷器中一种典型的一级组件主要由一级冷块、抛物柱反射屏、一级后盖板、一级上盖板、一级右侧板、一级左侧板、一级底板和一级支撑组成，如图2.28所示。一级冷块根据热力学设计确定的理论边界方程进行尺寸设计，材料一般选择轻质的铝合金，一级冷块面向冷空间一面(正面)粘贴开口蜂窝并喷涂黑漆，背面抛光镀金。一级后盖板、一级上盖板、一级右侧板、一级左侧板和一级底板材料一般选择铝合金表面均抛光镀金，降低表面辐射漏热；抛物柱反射屏是高反射率镜面，通过电铸工艺制作，其表面线型必须在满足反射地球辐射和反照阳光，以及辐冷外壳部分的热辐射，且经抛物屏反射后不得入射到二级冷块的条件下，最优化辐射面积；一级支撑是连接一级组件和外壳组件的承力件，在保障发射时力学振动条件下最小化漏热，一般采用环氧玻璃钢制成的杯状支撑或复合支撑带。一级组件需根据热设计的输入，合理设计结构便于一级去污加热器、测温传感器的安装和引

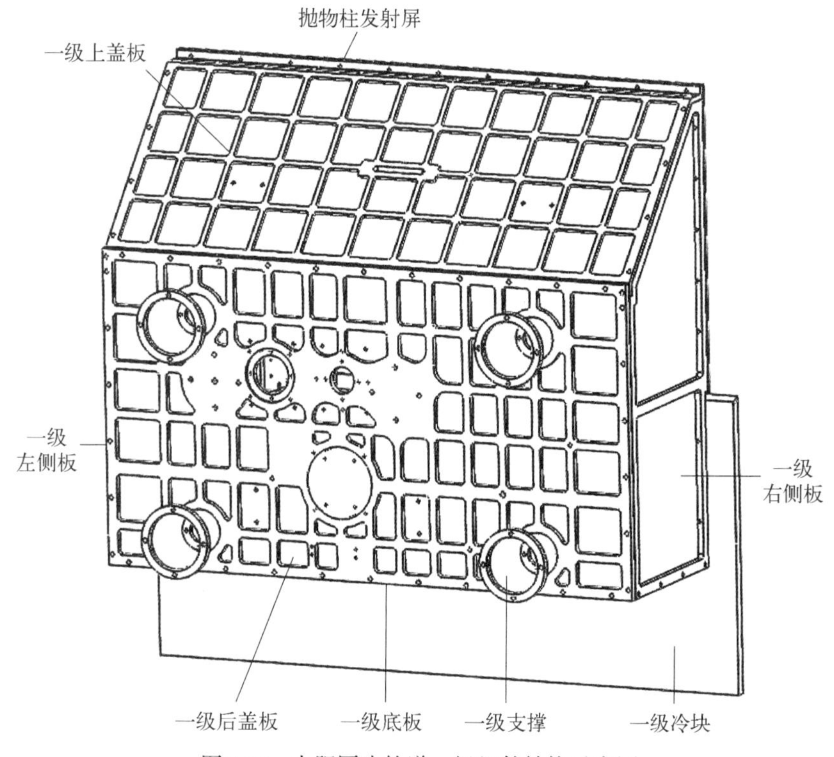

图2.28 太阳同步轨道一级组件结构示意图

线的布置，满足去污、控温和测温的需求。有红外探测器安装需求时还需考虑探测器对光、机、电接口，及温控、光路稳定等需求。

2.4.4 外壳组件结构设计

外壳组件是辐射制冷器温度最高的组件，将光路中的部分光学组件安装在外壳上，一方面为抑制探测背景辐射，另一方面为防止污染。因此结构设计时需要满足光学组件的安装接口、低温形变和低温光校的要求等。外壳组件是辐射制冷器与整机头部进行连接的部分，根据探测器对制冷温度的需求情况，机械连接需要保障与整机头部接口精度要求，以及温度变化和发射时的力学环境等对结构光路稳定性要求。为了获得更低的制冷，也可以考虑将外壳与光机头部通过绝热安装，实现外壳控温在较低的温度。

太阳同步轨道辐射制冷器中一种典型的外壳组件主要由外壳后盖板、外壳上盖板、外壳右侧板、外壳左侧板、外壳底板、辐射面板、左右保护罩、铰链底座、可展开地球屏等组成，如图2.29所示。外壳组件的零件材料一般选用铝合金。外壳上盖、外壳后盖、外壳左右侧板、外壳底板等零件表面均采用抛光镀金。辐射前板面向冷空间一面喷涂高ε/α_s的白漆，达到降低吸收地球反照阳光并提高对冷空间热辐射，以降低外壳温度。左右保护罩和铰链底座一般采用阳极化处理。由于辐射制冷器机械安装完毕后一般需要进行低温形变测试，红外

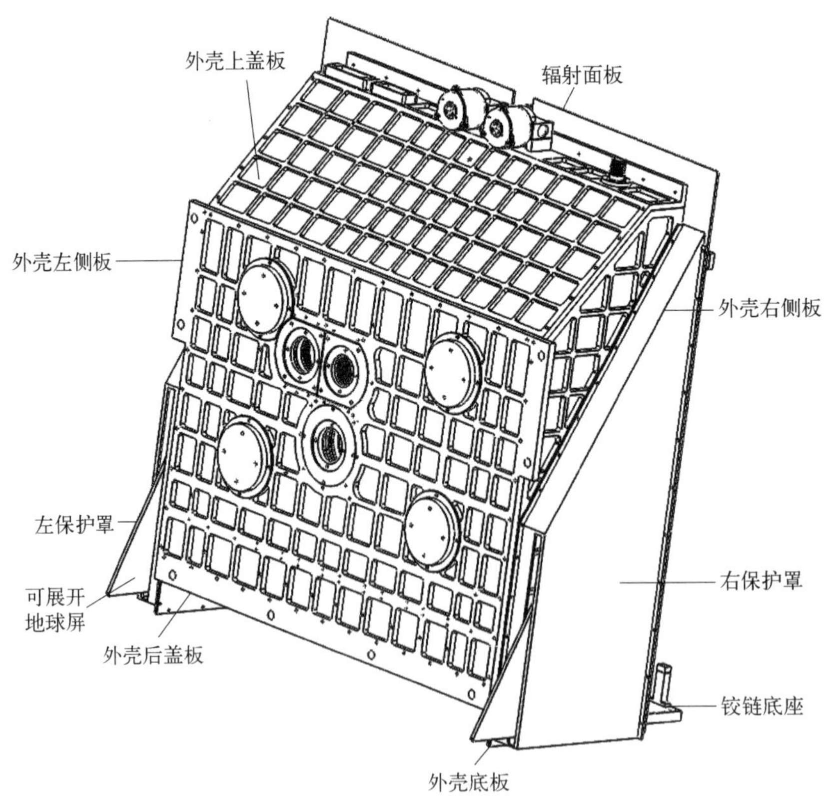

图2.29 太阳同步轨道外壳组件结构示意图

探测器及光学组件才能安装在辐冷上，为了便于装调，光学组件安装件需要单独设计，通过动配合安装在外壳后盖板上，光校后最终满足光路配准的需要。鉴于技术的发展，在太阳同步轨道辐射制冷器中，将地球屏设计为可展开式，在发射前及发射过程中处于关闭状态，用作防污罩，卫星入轨定点后展开到预设位置，用于遮挡地球对辐射制冷器的热辐射，常称为地球屏。此外根据热设计的输入应设计合理的结构便于外壳去污加热器、测温传感器的安装和引线的布置，满足去污、控温和测温的需求。

2.4.5 防污罩及其展开机构设计

防污罩是辐射制冷器中的关键部分，一是为防止地面试验、卫星发射时对辐射制冷器镜面的污染，二是为防止在卫星入轨定点前的各种变轨过程中太阳光照射到二级冷块致使探测器被烧坏。该组件在地面保存和发射及入轨初期处于合拢状态，入轨后在合适的时机经解锁指令开罩，展开到工作状态。因此只有防污罩展开组件展开正常，辐射制冷器才能实现制冷的功能，其结构设计时必须考虑展开的高可靠性。对太阳同步轨道辐射制冷器一般将地球屏做成可展开式，实现关闭时为防污罩，入轨展开后就是地球屏，用于屏蔽来自地球的热辐射和反照阳光。地球同步轨道辐射制冷器的防污罩组件根据结构不同，可以设计成直接抛掉或卷绕式收起或翻转到固定位置等多种结构。

1. 防污罩兼地球屏时结构设计

太阳同步轨道辐射制冷器的防污罩展开组件由地球屏组件、电磁解锁机构、铰链组件、锁定机构、限位检测组件组成。

地球屏组件由地球屏蔽板和左右侧屏组成，一般采用铝合金或蜂窝夹芯板，正对辐射制冷器开口一面要求是镜面，采用抛光镀铝等工艺实现；正对地球一面采用高反射率低阳光吸收率的白漆。其结构外形根据热设计确定。

电磁解锁机构主要用于释放锁紧机构，安装在辐射制冷器的外壳上。设计时为提高释放的可靠性采用双保险设计，即用两个电磁解锁阀带动一个锁销，实现电磁芯一个或两个成功驱动，锁销即能解锁。

铰链翻转机构主要用于驱动地球屏翻转到预定位置，安装在地球屏底板上，驱动元件采用扭簧。一般根据辐射制冷器的大小，可以设计成单轴双扭簧、两轴单扭簧、两轴双扭簧等。图 2.30 是一种两轴单扭簧结构，即由左右两个铰链组件组成，每个铰链对应一个扭簧，安装时必须保障两个铰链轴的同轴度。连接铰链底座与地球屏底板连接。

锁定机构采用双保险设计的球形锁销，安装于地球屏底板，相对于铰链安装面的另一端。球形锁销由两个电磁解锁机构同时锁定。当发出电磁盒解锁指令，电磁盒动作，锁销脱开，地球屏展开到工作位置，如图 2.31 所示。

限位检测组件由限位支架和霍尔器件组成，用于限制地球屏展开位置，同时通过安装在铰链底座上的霍尔器件检测地球屏展开到位情况。

2. 地球同步轨道辐射制冷器防污罩展开组件结构设计

在各种限制既不能翻转又不能抛离的条件下，采用卷绕式结构是一种可选的设计方案。

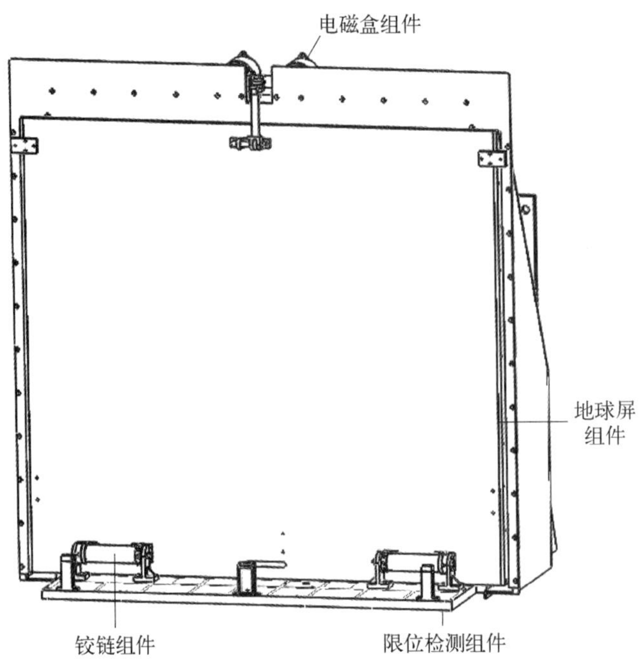

图2.30　合罩状态辐冷模装图

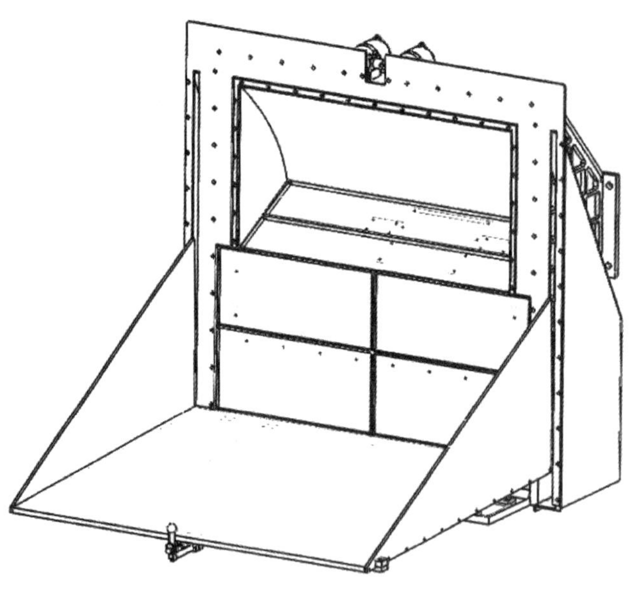
图2.31　开罩状态辐冷模装图

已实现空间应用卷绕式防污罩结构，如图2.32所示，其展开组件由电磁解锁组件、卷动机构、引导杆、防污罩面和限位检测组件六部分组成。

电磁解锁机构和锁定机构参见上节太阳同步轨道辐射制冷器设计，采用同种方案的双保险结构，由两个电磁解锁阀组成，两个活动轴同时动作或有一个动作，均能释放锁定机构的球销成功解锁。卷动机构由卷筒、连接轴、轴承、扭转弹簧、导轨等组成。其中扭簧是驱动元

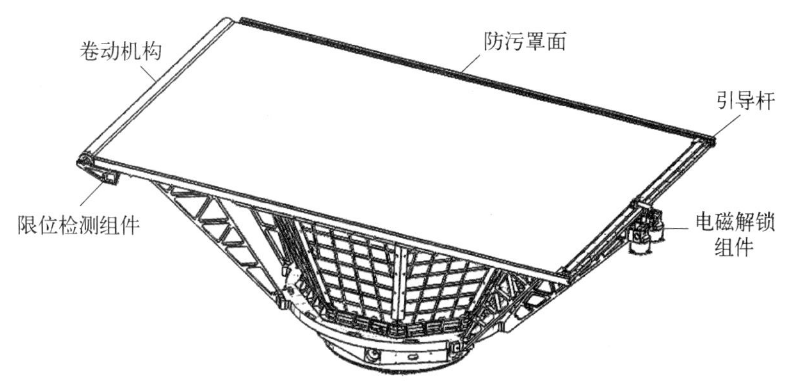

图2.32 防污保护罩展开机构结构示意图

件，扭簧驱动卷筒旋转，从而卷起防污保护罩面。防污罩面采用镀铝聚酰亚胺二次镜复合薄膜。一端固定在滚筒上，另一端固定在引导连接杆上。引导杆主要作用是限制薄膜防污罩面稳定平移，其次还需考虑为锁定机构、定位轴承及位置检测元件等提供安装基础。电磁盒锁定时，防污罩面处于展开状态；当发出电磁盒解锁指令，电磁盒动作，防污罩面在扭力作用下卷到卷筒上。限位检测组件由霍尔器件组成，霍尔器件安装在导轨上检测展开到位情况。

2.4.6 级间隔热组件结构设计

为了减少辐射制冷器的级间辐射漏热，通常在辐射制冷器的不同级之间设置多层隔热和多屏隔热组件。外壳组件和一级组件、一级组件和二级组件之间采用级间杯状支撑或带状支撑进行连接，减少级间的传导漏热。

1. 多层隔热组件结构设计

多层隔热材料在真空环境下有良好的隔热性能，因此广泛运用于航天器热控中。根据具体的部位形状，将隔热材料裁剪缝制为一定形状大小的多层组件安装在相应部位。多层隔热组件由若干个隔热单元组成，每个隔热单元由一层双面镀铝的聚酯薄膜和涤纶丝网组成。一般一级与二级、外壳与一级之间选取20～40单元的多层组件，外壳选15～40单元的多层组件，具体层数由热设计确定。多层组件制作过程中要注意绝缘和接地处理应符合卫星建造规范。

2. 隔热屏组件结构设计

辐射制冷器隔热屏一般推荐2～5层的低辐射表面的薄壁件组合而成，薄壁件常被称为隔热反射屏，经过特殊工艺形成后在表面镀金抛光，隔热屏通过设计支撑与辐射制冷器的本体相连（图2.33）。

3. 级间支撑隔热组件结构设计

级间支撑在辐射制冷器中是下一级组件的主要承力结构，但也是两级之间主要的热传导通路。因此级间支撑的设计是在保证两级之间具有足够的强度和刚度，以满足卫星发射式时的力学条件前提下，以最小化级间漏热为目的，从而实现低的温度和大的制冷量。这两

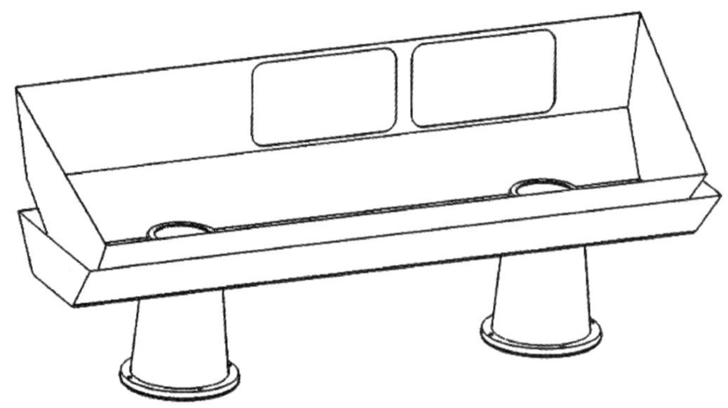

图2.33　二层隔热屏结构示意图

方面的要求是相互矛盾的，因此在设计级间支撑时应给予充分的考虑，使得辐射制冷器满足热学和力学方面的综合性能的要求（付立英，2008）。

以玻璃纤维、硼纤维和克芙拉等纤维增强环氧复合材料由于具有热导率低、比强度高、线膨胀系数小等的特点，是常用的低温设备支撑件。

目前，辐射制冷器级间支撑的材料常选用环氧玻璃钢。是一种由玻璃纤维和环氧树脂按一定的比例经特殊的工艺加工而成的复合材料。环氧玻璃钢中的基体材料采用环氧树脂，是一种热固性树脂材料，在170℃以上可由液态加热固化，选用复合航天和低温应用的低出气环氧树脂。环氧玻璃钢中的主体材料为玻璃纤维，玻璃纤维由熔融玻璃通过小孔拉剂而成，品种可分为E玻璃纤维（无碱玻璃纤维或称电绝缘玻璃纤维）、S玻璃纤维（高强度玻璃纤维）和M玻璃纤维（高模量玻璃纤维），适用于作为结构材料的是S和M玻璃纤维。

环氧玻璃钢的性能与其工艺和纤维的含量等因素有关，所以它们的热学和力学性能因工艺不同而不同（付立英，2008）。同时环氧玻璃钢是各向异性材料，沿纤维方向力学性能较好，垂直于纤维方向的力学性能相对较弱。为此可根据实际的使用需要，把其中的各层纤维布置成不同的方向，扩大使用范围。

目前辐射制冷器中应用较广泛的级间支撑有圆锥状和带状两种结构形式，如图2.34和图2.35所示。这两种形式的支撑有各自的优缺点，设计时根据特定辐射制冷器的结构和漏热要求选用。带状支撑的横截面积小，级间漏热小，抗拉性能较好，抗压、剪切性能较差。采用该种形式的支撑，结构设计时要求支撑带能对称拉紧，保持其只承受拉紧力，为此必须对其施加一定的预紧力，抵抗在发射过程中的振动引起的压应力，适用于轴对称的结构形式。锥状支撑的横截面积和级间漏热较大，能抗一定的拉伸和压缩，并具备优异的抗剪切能力，一般适用于非轴对称的结构形式。

根据不同辐射制冷器的特点和使用要求，可以设计出不同长度和横截面尺寸的支撑。但设计的准则都是相同的，既使外壳和一级、一级和二级之间的漏热尽可能少，同时又能满足卫星发射时的力学环境。

防污染必须在辐射制冷器结构设计中重点关注的，一是要保障各级多层绝热出气通道，需将其内部放出的气体分子直接排向冷空间；二是在其外壳、一级、二级等主要结构件上设

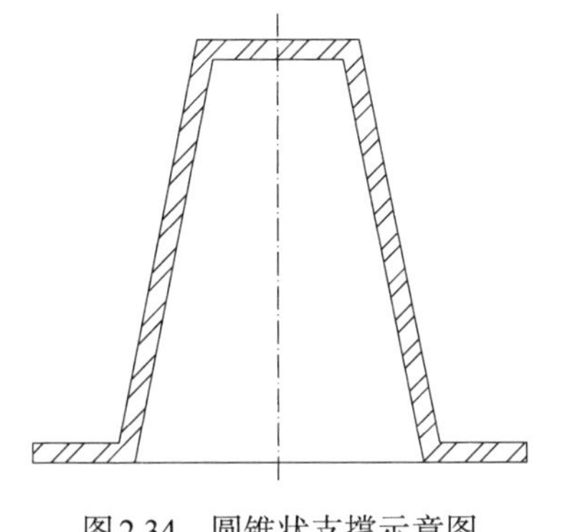

图2.34　圆锥状支撑示意图

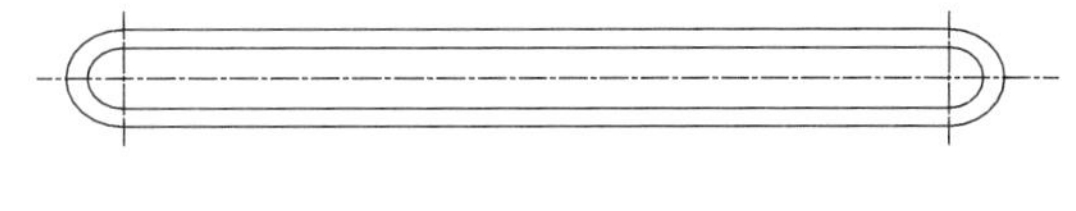

图2.35　带状支撑示意图

置加热去污器，用于地面试验中和入轨初期，对辐射制冷器进行一定时间加热，排除大气中带入的水汽及有机材料的放气；三是在结构设计上，对安装有探测器和光学元件的低温结构，采用冷阱、迷宫密封或直接阻断等结构件，将其与放气源隔离。

2.4.7　结构轻量化与力学分析

辐射制冷器组件设计完成后，需要进行整体结构的轻量化和力学分析，以满足在约束的质量条件下，通过发射时的振动冲击。

辐射制冷器中的主承力件主要是级间支撑和主承力板，因此为达到辐射制冷器产品的轻量化和力学设计要求，必须对两个关键的主承力件进行优化设计，在此基础上进行满足不同发射平台的优化设计。支撑的结构设计已经阐述，对主承力板结合工艺等因素一般采用四边形减轻的方案，以满足轻质高强高刚的设计，典型的四边形主承力板的结构如图2.36所示，在级间支撑及光路等特殊部位进行局部加强处理。四边形主承力板根据其安装方式不同，其最优的拓扑形式也不同，设计时应充分考虑。

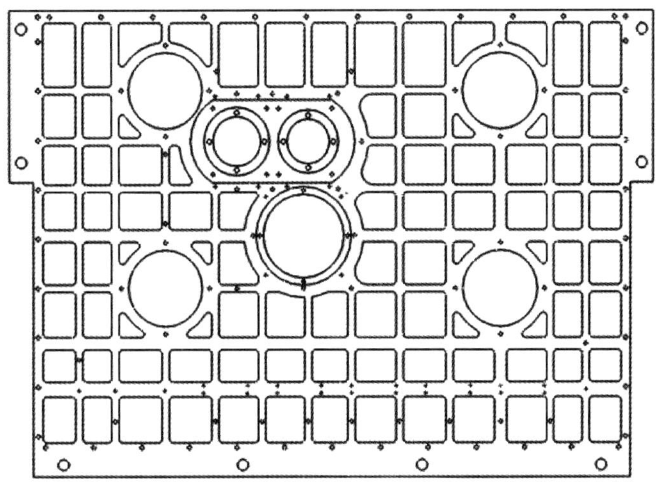

图2.36　四边形主承力板结构示意图

辐射制冷器的结构较复杂,对其进行结构力学分析时采用理论求解方法是不现实的,为此必须采用某种数值方法来求解。目前可用来求解此类问题的方法主要有加权余量法、边界元法、无网格法和有限元法,其中有限元方法是目前应用最广泛、发展最成熟的。

有限元方法是20 世纪中叶在电子计算机诞生后,经计算数学、计算力学和计算工程科学领域共同发展形成的最有效的计算方法。它的基本思想是将连续的求解域离散为一组有限个且按一定方式相互连接在一起的单元组合体。由于单元能按不同连接方式进行组合,且单元本身又可以有不同的形状,因此可以模型化几何形状复杂的求解域。经过40年的发展,不仅各种不同的有限元方法形态相当丰富,理论基础相当完善,而且一批实用有效的通用和专用有限元软件被开发,这些软件已经成功地解决了机械、力学、物理和热学等领域众多的大型科学和工程计算难题(吴永礼,2002)。

用有限元方法分析问题时,不管采用什么具体方法,分析什么样的具体问题,其步骤大致是相同的。现以应用较广的位移法为例将有限元方法的步骤归纳如下。

(1) 求解区域或结构的离散。

离散化从数学意义上讲,就是把连续的微分方程近似化为离散的代数方程。在有限元方法中,是通过区域离散化来实现的。因此,有限元方法的第一步是将求解区域用点、线或面划分为有限数目的单元。在平面问题中通常采用三角形和四边形单元,在三维问题中则是用四面体、五面体和六面体单元。

(2) 选择位移模式。

单元的位移模式又称位移函数,是表示单元内任意点随位置变化的函数式。因为往往采用单元的节点位移来表示,所以又称为位移插值函数。

(3) 推导单元刚度矩阵。

选定单元类型和位移模式以后,单元的形态已完全确定。接着就可以用变分原理来建立单元方程。在位移法中应用最小势能原理,建立单元刚度方程,即联系单元中节点位移与节点力的关系,它实际上是单元中各节点的平衡方程,其系数矩阵称为单元刚度矩阵。即 $[\boldsymbol{k}]^e\{\boldsymbol{u}\}^e=\{\boldsymbol{f}\}^e$,上标$e$代表单元编号,$\{\boldsymbol{u}\}^e$和$\{\boldsymbol{f}\}^e$代表单元的节点位移列阵和节点力列阵,$[\boldsymbol{k}]^e$代表单元刚度矩阵,它的每个元素都反映了一定的刚度特性,即产生单位位移所需施加的力。单元刚度矩阵仅取决于单元形态和材料性质。

(4) 集合单元刚度方程,形成总体有限元方程。

有限元的分析过程是先分后合,即先进行单元分析,建立单元刚度方程后,进行整体分析,把这些方程集合起来形成整个求解区域的刚度方程,称为总体有限元基本方程。集合所遵循的原则是各相邻单元在共同节点处有相同的位移。集合过程包括单元刚度矩阵集合成总刚度矩阵,以及单元节点力列阵集合成总的节点载荷列阵。有限元总体方程在形式上与单元刚度方程相同,但规模大很多,因为它包含所有的节点,即$[\boldsymbol{K}]\{\boldsymbol{u}\}=\{\boldsymbol{F}\}$,式中,$[\boldsymbol{K}]$是总刚度矩阵,$\{\boldsymbol{u}\}$和$\{\boldsymbol{F}\}$代表总的节点位移列阵和节点载荷列阵,此时面力载荷、体力载荷和集中力载荷均已移置到相关的节点上,成为等效节点力。在此基础上,施加位移边界条件,求解总体方程,得到节点位移,再由单元的节点位移计算单元的应变和应力。

辐射制冷器为满足卫星发射过程中的载荷冲击,属于结构动力学范畴。在有限元动力学分析中，通常假定结构的总自由度是一系列节点自由度之和，结构的动力学方程如下所示：

$$[\boldsymbol{M}]\{\ddot{\boldsymbol{u}}\}+[\boldsymbol{C}]\{\dot{\boldsymbol{u}}\}+[\boldsymbol{K}]\{\boldsymbol{u}\}=\boldsymbol{F}(t) \tag{2.77}$$

式中，$\{\boldsymbol{u}\}$是节点位移向量；$\{\dot{\boldsymbol{u}}\}$是节点速度向量；$\{\ddot{\boldsymbol{u}}\}$是节点加速度向量；$[\boldsymbol{M}]$是整体质量矩阵；$[\boldsymbol{C}]$是整体阻尼矩阵；$[\boldsymbol{K}]$是整体刚度矩阵；$\boldsymbol{F}(t)$是时间函数载荷向量。

要求解式(2.77)，需要先计算出质量矩阵、阻尼矩阵和载荷列阵。刚度矩阵和载荷列阵与静力问题相同。质量矩阵有两种算法，一是一致质量矩阵，即用有限元中的位移模式中的形函数矩阵来计算质量矩阵，一致质量矩阵总是正的，但计算比较复杂，计算时间较多；二是集中质量矩阵，即将单元的总质量按某种方法分配在各个节点上，这样总体质量矩阵是对角阵，在计算上比较简单。对于阻尼矩阵有两种表示形式，一是比例阻尼也称瑞利(Rayleigh)阻尼，表示为$[\boldsymbol{C}]=\alpha[\boldsymbol{M}]+\beta[\boldsymbol{K}]$；二是比例阻尼，表示为$\xi_i=\{\boldsymbol{\phi}_i\}^{\mathrm{T}}[\boldsymbol{C}]\{\boldsymbol{\phi}_i\}/\{2\omega_i\}$，其中$\{\boldsymbol{\phi}_i\}$为$i$阶振型列阵。

若结构没有外载，则式(2.77)的右端项为零。在非零的初始条件下，式(2.77)也有非零解，这时结构处于自由振动状态。由于没有外载，方程的解反映了结构本身固有的特性，这就是固有频率和固有振型，或称自振频率和模态。数学上称为特征值和特征向量。

通常，在讨论结构的固有特性时，不考虑阻尼的影响，因此结构自由振动的方程为

$$[\boldsymbol{M}]\{\ddot{\boldsymbol{u}}\}+[\boldsymbol{K}]\{\boldsymbol{u}\}=0 \tag{2.78}$$

假设结构作简谐振动，即

$$\{\boldsymbol{u}\}=\{\boldsymbol{\phi}\}\sin(\omega t+\theta) \tag{2.79}$$

式中，ω为圆频率；θ为初始相位角；$\{\boldsymbol{\phi}\}$为与时间t有关的位移向量，则有

$$\{\ddot{\boldsymbol{u}}\}=-\omega^2\{\boldsymbol{\phi}\}\sin(\omega t+\theta) \tag{2.80}$$

将式(2.79)和式(2.80)代入式(2.78)可得

$$([\boldsymbol{K}]-\omega^2[\boldsymbol{M}])\{\boldsymbol{\phi}\}=0 \tag{2.81}$$

式(2.81)可写为

$$[\boldsymbol{K}]\{\boldsymbol{\phi}\}=\lambda[\boldsymbol{M}]\{\boldsymbol{\phi}\} \tag{2.82}$$

式中，$\lambda=\omega^2$。式(2. 82)是结构动力学的特征值问题，要求得到满足式(2.82)的λ和$\{\boldsymbol{\phi}\}$非零的解。显然由式(2.82)求出的λ和$\{\boldsymbol{\phi}\}$值，只取决于结构自身的刚度矩阵和质量矩阵，它们是结构的固有特征。$\omega=\sqrt{\lambda}$就是自振的圆频率，λ称为结构的特征值，与λ相应的空间振动称为特征向量。

上述特征值问题的求解方法主要包括分块Lanczos法、子空间迭代法、动态能量法和缩减法等。

依据有限元方法已开发出很多相应的软件，目前市场上应用较多的有ANSYS、MSC和Abqus等。采用以上有限元软件，对模型进行合理的简化、零件分配相应的材料属性、划分网格、施加约束和载荷，选用相应的求解器进行求解，最后对结果进行分析，进行多次设计分析的比对，得到相对较优的设计。

2.5 辐射制冷器制造工艺

辐射制冷器结构大多数采用光学零件，以实现热设计要求。有一些特殊的零件采用特殊工艺才能实现其性能要求，本节主要介绍镜面制作、复合材料支撑、黑体和温控表面涂层等的工艺要求，其中镜面分平面镜和曲面镜面。

2.5.1 曲面反射屏加工及工艺

曲面反射屏用于太阳同步轨道辐射制冷器中的一级反射屏和地球同步轨道的太阳屏。前者直接与二级冷块耦合，其表面质量对辐射制冷器二级性能影响较大，同时又可见地球，对一级的性能也有影响，因此要求高反射率，形状有旋转抛物面和抛物柱面两种；后者部分时间能直接看见太阳光，并与一级冷块有热耦合，有时也与二级冷块有热耦合，形状有旋转抛物面和圆锥台曲面。曲面反射屏采用光学模具电铸成型的加工工艺后，镜面再真空蒸镀反射膜和保护膜。

产品加工过程中，要对玻璃模具进行必要的保护和清洗，严格按照规定的工艺流程执行，加强工艺过程控制。反射屏壁厚可以做到0.6～1 mm，增加翻边用于固定安装，翻边厚度可适当增加到1 mm以上。制作完成的发射屏要求无颗粒结晶及裂缝、镜面颜色无色差、边缘整齐、无缺口。

2.5.2 平面镜加工工艺

平面镜主要用于太阳同步轨道辐射制冷器中的地球屏和太阳同步轨道辐射制冷器的太阳屏。地球屏与一级冷块和一级反射屏、外壳辐射板有热耦合，因此地球屏的内表面是高反射率的镜面。

地球屏镜面可以采用铝板镀镍抛光或复制的加工工艺，对选用蜂窝夹芯板结构面积较大的地球屏，可以选用复制或直接粘贴光亮铝箔。

蜂窝夹层结构地球屏蔽板生产加工过程中，外露的嵌条需进行表面光亮阳极化处理，制作镜面的面板要求表面光洁完整，无明显缺陷和划痕。在四边没有嵌条处，必须采用航天产品用低出气环氧胶封闭，蜂窝板四周应有足够放气孔，保证真空条件下放气顺畅，避免变形。

地球同步轨道辐射制冷器中的太阳屏用于屏蔽轨道上的太阳光外热流，与辐射制冷器的一级和二级冷块直接耦合，因此要求器表面高反射率、低吸收率。建议在铝合金基板表面镀镍后，对太阳屏进行光学抛光的加工工艺。

在生产过程中，要求镀镍抛光高光圈，镀层牢固度≥100 g/cm^2；镜面覆盖完整，无气泡，在镜面上缺陷总面积不得大于10 mm^2（边缘除外），单点缺陷最大面积不得大于1 mm^2；零件边缘缺损率小于镜面总面积的万分之一；抛光好的镜表面反射率应一致，不得有目视色差。

镜面的首件产品需要进行液氮冲击试验、湿度试验、镀层牢固度试验和高低温循环试验等考核。

2.5.3 冷块黑体工艺

辐射制冷器中一级辐射体和二级辐射体是实现制冷的主要零件，面向冷空间一面通过粘贴开口蜂窝后喷涂黑漆，以实现辐射率接近1的黑体，从而尽可能多地向冷空间辐射热量，而其背面为减少从外壳和一级来的热辐射又要镀金抛光。此过程要求先抛光镀金，然后粘贴蜂窝和喷黑漆，在粘贴蜂窝和喷黑漆过程中要保护好镀金表面，不得被胶和黑漆污染、不得产生划痕等。

2.5.4 辐射板工艺

辐射板是用于外壳控温，一般在地球同步能看到阳光、太阳同步轨道能看到地球，因此要求表面喷涂高发射率、低阳光吸收率的白漆或粘贴石英玻璃镀银/铝的二次表面镜。

2.5.5 支撑件的工艺

支撑体连接辐射制冷器不同的级，要求具有低的热导率和高的刚度和强度。目前主要应用的有两种结构，一是环氧玻璃纤维复合材料经模压制成的圆锥状支撑，二是由玻璃纤维或芳纶纤维与环氧支撑的带状支撑。

环氧玻璃纤维杯状支撑是由高强玻纤布、环氧树脂制作杯状支撑。制作时采用内外芯模真空挤压成型，再进行机械打孔，用于连接。

支撑产品加工过程中一般要求杯状支撑成品的出气率低、能耐−196℃低温。成品中胶质量含量尽可能少。玻纤布与胶应牢固黏结，胶质均匀。支撑应致密，外观颜色应一致，不得有气泡、缺损和毛刺。

2.5.6 表面涂层要求

1. 抛光镀金

辐射制冷器的大部分零件，为了减少辐射漏热，要求具有低的发射率，一般采取镀金的工艺达到要求。为增加金层与基底的牢固度，需要在金层和基底之间先镀镍，之后抛光，再镀金再抛光，以达到表面设计要求。

抛光镀金的镀金层必须为工业纯金。镀金层的牢固度需满足在+50℃~−196℃高低温下工作的使用要求。辐射制冷器镀金零件表面红外反射率要求≥0.96；在产品镀金和抛光过程中须采取必要措施，防止工件变形。

2. 黑漆/白漆涂层

一级冷块和二级冷块一般通过在辐射面喷涂黑漆的方式提高辐射率。黑漆红外辐射率$\varepsilon_H \geq 0.88$。太阳同步轨道辐冷的外壳散热面一般选用白漆作为表面涂层，由于该散热面在轨会受到地球反射的太阳光照射，因此白漆的太阳吸收率需要尽量低，一般可选用喷涂SR-107白漆，其红外辐射率$\varepsilon_H \geq 0.86$，可见光吸收率$\alpha_s \leq 0.2$。辐冷零件喷涂白漆或黑漆后，其放气率较大，容易产生放气污染，在装机前应开展真空除气试验。

2.6 污染的预防和控制

自20世纪60年代初人类第一次成功发射人造地球卫星到80年代，国内外先后有多颗卫星因污染问题，造成卫星性能部分降低或失效。20世纪60年代后期各国开始对航天器污染机理、污染源、污染影像等进行了理论研究、模拟仿真和空间试验研究，取得了大量的成果。

2.6.1 机理

航天器污染主要有粒子污染和分子污染两种。粒子污染是由航天器发射过程及姿态控制中发动机不完全燃烧物和地面生产活动中的残留物等颗粒状物质，一般是肉眼可见的微米量级的微粒，沉积在航天器表面引起的。分子污染是由航天器使用的有机非金属材料在真空条件下放出的气体分子在航天器表面沉积形成的(李鸿勋，2014)。

辐射制冷器是空间遥感仪器的关键部件之一，其污染机理符合航天器一般污染机理。另外辐射制冷器及航天器使用的多层绝热材料，在地面试验过程中极易吸附空气中的水分，入轨后这些水分也会释放出来形成污染源。辐射制冷器结构多数采用了镜面和热控涂层，均是污染敏感表面，辐射制冷器中安装有探测器及光学组件，污染源会影响其光学表面和光路通道窗口，严重时会影响制冷性能和红外通道性能。在空间环境因素，尤其是在阳光照射或其他高能辐射的作用下，敏感表面会产生光化学反应。例如紫外辐射对污染的固结作用，增加了污染沉积的可能，改变了沉积层的特性，使污染层变暗、颜色加深，给敏感表面带来严重影响。

辐射制冷器设计时必须考虑防污染的设计和污染控制。一般粒子污染可以通过严格的过程控制和环境控制来避免。分子污染可通过设置敏感部位与材料出气路径隔断的特殊设计来阻断污染源。控制污染的主要方法是正确设计辐射制冷器。外部热控制表面，像光学太阳反射镜、白漆、镀银聚四氟乙烯和镜面反射屏蔽都要保持足够高的温度以阻止外部大气中水蒸气凝结。

2.6.2 零部件材料选取与污染防控

材料的放气率是随时间温度和压力而变化的，在辐射零部件材料选取时，尽量选用低挥发性材料，在不可避免选用挥发率相对较高的材料时，需要在使用前进行真空高温烘烤除气处理，以加速材料挥发性成分释放过程，减小辐冷产品污染风险。辐射制冷器零部件材料选取与污染控制要求为：总质量损失（total mass loss，TML）小于1%，可凝挥发物（collected volatile condensable material，CVCM）小于0.1%。除了对TML、CVCM的具体要求外，还需考虑：① 材料放气产物的化学特性和光学特性；② 在宇宙尘埃的撞击和真空环境下产生微粒污染物的特性和材料的稳定性；③ 在电磁辐射和粒子辐射环境影响下的光增强特性；④ 放气材料相对于其他表面，尤其是辐射制冷器表面的几何分布；⑤ 材料在低轨道原子氧环境下的抗氧化特性和抗腐蚀特性等。

2.6.3 结构中的污染屏蔽设计

辐射制冷器污染控制的根本原则是远离污染源。当辐冷内部或周围污染环境不可能完全消除时，控制的方法是要求辐射制冷器对污染的敏感性最小化，控制污染物的排气通道，使污染要远离光学表面，降低污染物在表面凝结的概率。一般可以通过在辐射制冷器光路通道设计冷阱、迷宫式密封或全密闭等方式阻断污染源，控制污染源对光路窗口的污染。

为降低辐冷室内测试或入轨初期被污染的风险，一般在辐冷结构组成上设计有防污罩组件，降低周围环境中污染物进入辐冷内部的风险，并设计主动加热元件，将辐射制冷器加热到周围环境温度或略高于环境温度，保证出气阶段不降温。在卫星入轨后，防污罩关闭状态下辐冷的加热去污一段时间后再展开。

粒子和分子污染物充当入射太阳光的散射中心。污染物停留在镜屏蔽表面时，散射太阳光照射后将会散射到辐冷低温部件，会对其产生热负荷，导致辐冷制冷能力的降低。但是，通过在辐冷结构设计上采用适当的屏蔽措施，控制冷凝和污染物聚合的在关键区域存在的概率，降低太阳光散射对辐冷性能的不利影响。如将屏蔽结构按需要设计为对低温部件形成高散射角，使被散射太阳光在冷级上造成的热负荷最小化。

此外，通过在辐冷本体设计可以向辐冷内部充高纯氮气的接口，通过连续充入高纯氮气的方式维持辐冷内部压强比当地气压高5 Pa以上。高纯氮气要求：氮气纯度优于99.99%，含氧气量（体积分数）小于1×10^{-5}，含水汽量（体积分数）小于5×10^{-6}。控制辐冷内部的对污染物敏感的光学部件的周围环境，使其满足污染防治相关指标要求，可降低辐冷在测试厂房或运输过程中被污染的风险。

2.6.4 辐射制冷器防污染的过程控制

辐射制冷器污染控制要贯穿整个研制过程的始末，包括零部件的生产、存储、组装、试验、运输、发射和飞行等各阶段。

1. 环境控制

辐射制冷器作为对污染敏感的部件，在装配、运输、试验和存储过程中，对环境的洁净度、温湿度有着严格要求，其中对环境洁净度的具体要求应根据其在生产、试验、发射和飞行个阶段可能经受的污染、设计容许的性能降低量和组装、总装公差等来确定，辐射制冷器由污染导致的性能降低指标的预分配，应由型号研制要求具体确定。卫星在地面加工、装配、试验、运输和发射场测试等环境中的污染，一般应不超过辐射制冷器污染引起降低设计指标的20%（尘粒污染）和10%（分子污染）。

环境洁净度等级的定义是按单位面积或体积中污染物的尺寸数量和分布规定的最大允许量划分的等级，如10 000级定义为每立方米空气中直径大于等于0.5 μm的灰尘粒的不超过10 000个（舒伟民，2001）。辐冷在装配过程要求在10 000级以下环境中完成。在卫星厂房内100 000级环境下存放时，必须采取保护措施。环境温度控制在(20 ± 5) ℃，湿度控制在35% ～ 45%，必要时要采取局部加温措施，使其温度高于当地露点温度10℃以上（GJB 2203−94）。

2. 装配和测试及运输过程中的污染控制

辐射制冷器在装配和测试过程中的污染控制，除了操作环境要满足相应的洁净度等级要求之外，对操作人员也要进行产品防污染培训，确保产品装配或测试过程不人为引入污染风险。此外，还要对测试或运输设备采取污染控制措施，确保测试设备本身无污染或不成为污染源，或制定专门的操作过程污染控制工艺流程降低污染风险。

在辐射制冷器装配工序及系统级试验和航天器与仪器集成任务完成后，都要清洁外表面和各敏感表面（即热控表面、镜面等），应在尽可能接近发射时进行清洁工作，用以保证光学系统的性能。试验全过程对辐射制冷器通高纯氮气加以保护。辐射制冷器装星后需要连续通高纯氮气加以保护。在发射塔架上，必要时（如低温、空气潮湿等环境失控）对辐冷器外壳用专用地面加热器实施保护性加热（用直流稳压源），直到卫星发射前1小时撤离（在火箭加注时加热暂停）。

具体污染防控措施可参考如下。

（1）与产品接触人员的防污染控制。

应按洁净室的规定，除尘和更衣后才能进入洁净工作区，头罩、防护物、鞋等防护用品应符合防静电及磨损脱落要求，禁止任何操作人员使用可能导致产品污染的化妆品和药物。进入洁净室内的必要用具也要符合洁净度要求。与污染敏感部件接触或对其进行处理时，应采用规定类型，使用通过检验的手套指套，以及镊子或其他清洁的工具。

（2）试验设备的污染控制。

测试设备和工夹具进入洁净区前，应采取如下的污染控制措施：所有测试设备都应进行除尘处理或清洗表面。测试设备不应降低环境的洁净度等级，测试设备至少要达到目视清洁无尘、无油等；测试过程中若产生污染性气体（如腐蚀性气体、臭氧、水蒸气等）的测试设备，应配置抽气排放系统、低温吸附瓶、吸附剂或隔离罩等。

（3）运输设备的污染控制。

辐射制冷器产品在运输过程中，需采用专用运输包装箱，并配置充装高纯氮气接口，具备温度、湿度和压力参数自动监测功能，包装箱内部材料为低挥发性材料，禁止材料中含有可腐蚀性挥发物成分。辐冷产品装箱前和运输过程中对相应的参数进行记录，确保运输过程的可追溯和可监控。

（4）测试过程的污染控制。

辐冷产品在测试过程中的环境条件，如温度，湿度和气压等，应有连续的监测，悬浮尘粒和有机物污染等，按产品洁净度要求进行定期监测，如果环境条件的变化超出规定要求，则应终止测试，直到重新恢复控制；对污染特别敏感的产品，应备有当空气过滤装置、去湿装置、控温装置发生故障以及停电等紧急情况的应急措施；测试过程中产生的污染性气体、溶剂残留物和颗粒性物质等应及时排放或清除。严禁将污染物趋向清洁的其他产品和测试设备；产品总装测试完毕，在包装前应根据产品性能与质量要求和产品承受的污染程度，按需进行全面或局部最终清洗。

（5）辐冷产品发射入轨后污染控制措施。

卫星发射后光学元部件应该保持足够高的温度，可通过对全部光学元部件进行加热烘烤除气的方式，使其保持在高于周围仪器的环境温度，即辐冷入轨初期需要设置一个加热去污模式，该阶段持续时间不得少于30天，根据其周围卫星平台和仪器结构所用材料，可适当延长加热去污时间，确保辐冷产品及其周围环境有足够的出气时间，将地面阶段可能引入的水汽和材料可凝性挥发物通过加热烘烤的方式充分释放出来，降低其在辐射制冷器降温后对低温敏感表面凝结，而影响制冷性能和光学性能的风险。

辐冷在轨去污加热除气或去除污染不能被视为控制污染的主要方法，卫星在轨运行期间，当辐射制冷器二级冷块温度过高及红外信号衰减到一定程度时，需要对辐射制冷器进行加热去污染。去污加热应被认为是一个污染防治的备份解决方案，污染防治的根本方法还是在于设计源头和产品生产、测试、存储、运输等过程的严格污染控制措施的落实。

2.7 星地兼容探测器杜瓦

一般，辐射制冷器的二级组件上安装有红外探测器，红外探测器需要在低温环境下工作。但是辐射制冷器只适合在冷黑、真空环境下使用，而当仪器在地面调试阶段，需要在大气环境下进行，辐射制冷器并不能工作。因此，在制冷器的第二级上设计了一种星地兼容杜瓦，红外探测器安装在杜瓦的冷平台上。在地面试验时，该杜瓦通过液氮强制制冷和真空系统的作用模拟红外探测器所需要的低于100 K的工作温度，从而保证地面上对红外探测器调试和光校的环境条件。

星地兼容杜瓦是辐射制冷器二级组件的一个零部件，在红外探测器地面试验时对其进行局部制冷。因此，辐射制冷器的结构对这种微型杜瓦系统约束很大。目前地球同步轨道的辐射制冷器设计有杜瓦，需要满足以下要求：在地面制冷时，能使红外探测器达到工作温度（约90 K），热端温度大于273 K，温差达到180 K以上，而辐射制冷器上其他部件（包括二级辐射体）仍然保持常温。辐射制冷器不能结露、结霜，需要使低温部分密闭在真空腔体内。辐冷器在轨工作时，杜瓦与二级辐射体温差小于1 K，两者是一对矛盾；杜瓦冷指的热交换要控制在一定范围内，既要满足地面试验时的大温差，也要保证在轨时的温度均一性。杜瓦在工作时不能振动，否则会影响光学系统成像；杜瓦体积小，与边界热耦合小；杜瓦质量轻，结构稳定；不影响辐冷器二级组件的热学、力学性能。

2.7.1　杜瓦设计

星地兼容杜瓦在风云二号辐射制冷器上首次实现。经过多次的设计和试验，已经攻克了技术难点，研制并完善了这种星地兼容杜瓦系统（图2.37）。探测器安装在杜瓦冷指的冷平台上，杜瓦安装在二级辐射体上，有减振装置提高杜瓦系统的力学性能。

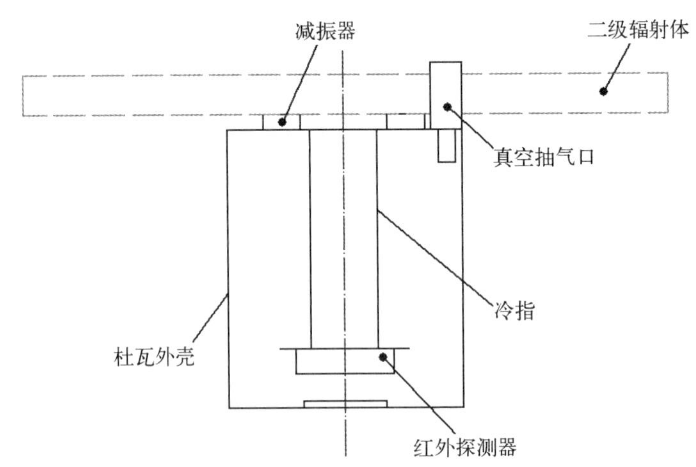

图2.37　风云二号星地兼容杜瓦结构示意图

地面工作时只需使用专用输液设备输入液氮，对杜瓦冷指制冷。杜瓦系统配有抽气口可与真空系统连接，使外壳内探测器所处的腔体保持真空；辐冷内部通氮气保护，二级通过加热保持室温；从而保证光学窗口不会结露、结霜。在轨时由二级辐射体向空间辐射，对杜瓦制冷。

杜瓦冷指外壳为柯伐材料，都是薄壁圆柱结构，尺寸小、厚度薄，外壳厚度均为0.3 mm。杜瓦仅为21 g。外壳和冷指连接是通过激光焊接，密封腔体真空可达到3×10^{-3} Pa。外表面抛光镀金，杜瓦外壳和冷指间形成真空高反射腔体。

杜瓦外壳由柯伐材料制成，柯伐与玻璃封接性能好，便于接线柱绝缘安装，具有良好的低温稳定性，热导率适中，热胀系数较小。探测器安装在杜瓦冷指的冷端，工作时处于真空腔体内。

冷指的热交换形式主要是由冷指的热传导和对外壳的热辐射。其中，热辐射面积小而且表面发射率低，辐射换热远小于热传导。因此，冷指的热传导占主导。在地面试验时，二级辐射体向冷指导热，在轨时，冷指上的探测器向二级辐射体导热。设计的重点在于调整冷指的壁厚、直径和长度，使杜瓦在地面、在轨都能满足温度要求。

地面试验时，杜瓦冷端的热平衡方程为$Q=Q_C+Q_R+Q_S$。

Q表示杜瓦冷端输入的冷量，可以通过输液设备控制，通过液氮流量来调节冷量，平衡时与加热功率近似相等。Q_C表示冷指热端对冷端的导热，大小取决于杜瓦的尺寸、材料和边界温度。Q_R表示杜瓦外壳对冷端的辐射换热，取决于杜瓦的尺寸、表面特性、边界温度。Q_S表示探测器功耗。

风云四号扫描辐射计辐射制冷器在风云二号的基础上，因探测器元数和通道数增加，对星地兼容杜瓦进行了适应性改进设计，结构如图2.38所示。液氮制冷时要求拆除冷块和短路冷链，与液氮制冷配件组合。光校结束后拆除地面液氮制冷配件，装好短路冷链和二级冷块。

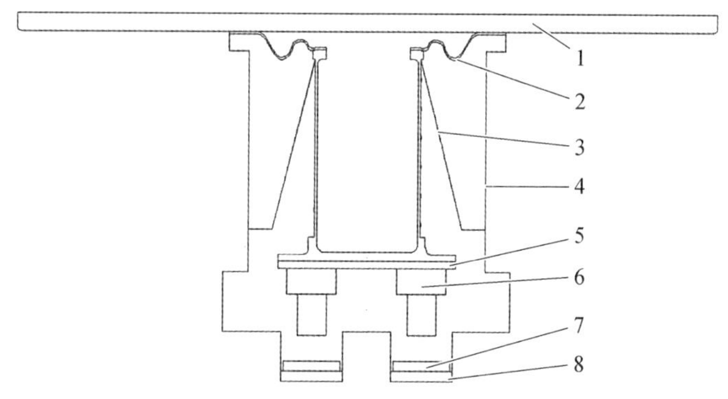

图2.38 风云四号星地兼容杜瓦结构示意图

1—二级辐射体 2—短路冷链 3—支撑 4—杜瓦壳体 5—探测器安装平台 6—探测器 7—制冷窗 8—杜瓦后盖

2.7.2 地面测试技术

地面试验时需要对安装在杜瓦冷指上的探测器进行制冷，输入氮做冷源，并维持杜瓦内部真空。

使用专门的输液设备把液氮输入到杜瓦内。风云二号辐冷器地面测试的系统见图2.39，系统由液氮容器、增压装置、输液管路以及输液枪组成。液氮容器用于储存足够量的液氮，保证光校试验过程中有足够的液氮供应。增压装置可以调节液氮容器的压力，从而调节液氮流量来控制输液枪冷头温度。液氮通过输液管路输送到输液枪，输液枪冷头与杜瓦对接后，将液氮输入到安装探测器的冷指内，使探测器达到制冷温度。其中输液枪靠自重与杜瓦冷指接触。

真空系统与杜瓦抽气口连接，对杜瓦内部抽真空。这里使用的真空系统是低温吸附泵，其特点是无油、无振动、无噪声。

在制冷时，还要对杜瓦系统的边界进行保护，防止部件结露、结霜。在辐冷的一级和二级上进行加热和温度检测，使其边界温度保持室温。还要在辐射制冷器内部通保护气体氮气。风云四号辐冷器地面测试的液氮制冷系统，因冷量需求大杜瓦更加复杂，如图2.40所示，包括辐冷中的探测器杜瓦、地面液氮进出法兰、机械泵、真空检测仪、分子筛吸附泵、液氮容器等。

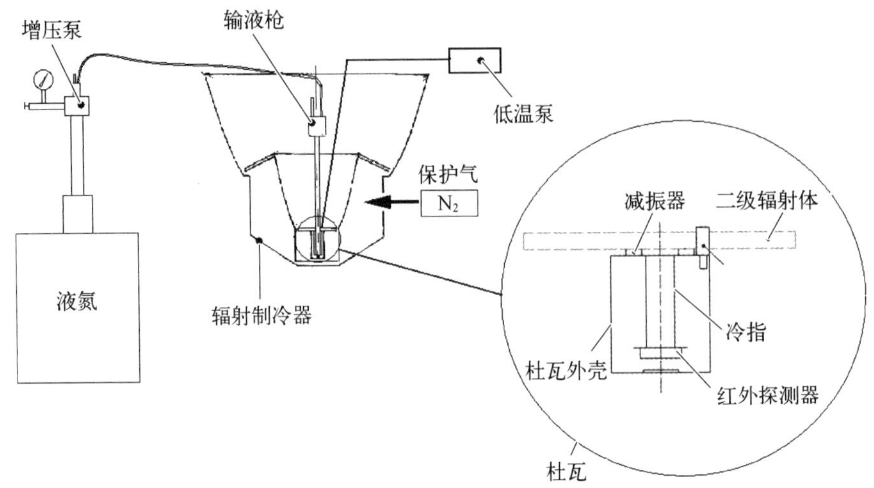

图2.39　风云二号辐射制冷器地面光校低温制冷系统

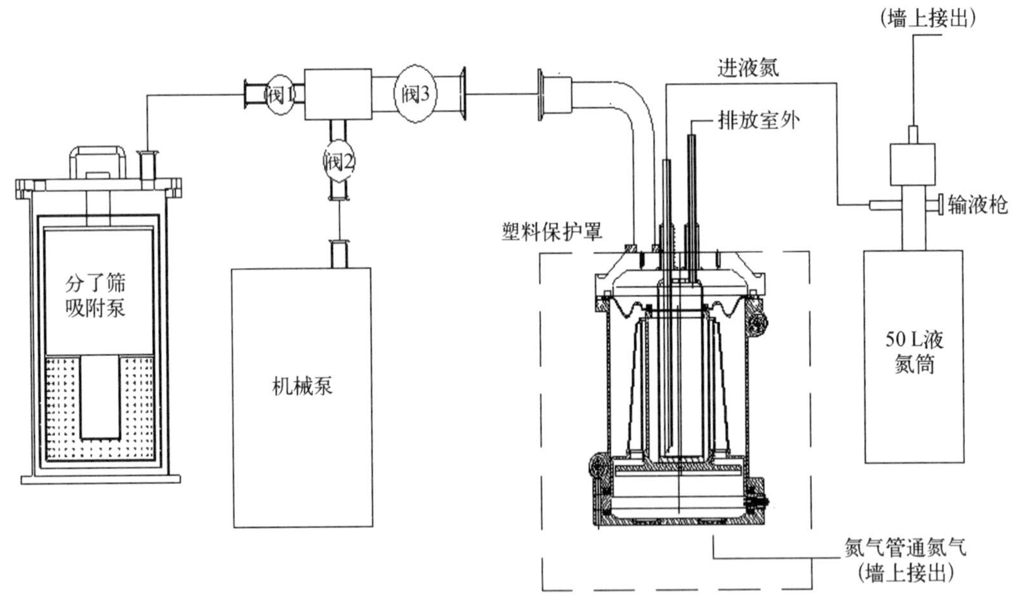

图2.40　风云四号辐冷器地面测试系统

2.8 本章小结

自从20世纪60年代中期美国发射第一颗带有辐射制冷器的实用型气象卫星以来，辐射制冷装置由于其一系列的特点而在空间得到广泛应用，辐射制冷技术仍是空间长寿命飞行器制冷手段的重要选择。本章首次系统地介绍了辐射制冷器技术，首先回顾和展望了空间辐射制冷器的国内外发展现状及发展趋势，论述了辐射散热基本原理、辐射制冷器的基本原理和设计原则，对不同应用环境的辐射制冷器进行分类描述；在重点讲述了热学设计的基础上，介绍了辐射制冷器相关的制作工艺和污染防治相关要求及措施；最后介绍了一项星地兼容杜瓦专用技术。

参 考 文 献

陈国邦.1998.低温工程材料.杭州：浙江大学出版社.

董德平.2000.新一代极轨气象卫星辐射制冷器的研究.上海：中国科学院上海技术物理研究所.

董德平，王维扬，杨晓峰，等.1998.阳光对辐射制冷器应用发展的影响.真空与低温，(2)：74–77.

董德平，吴亦农.陆燕.2006.上海技术物理研究所空间制冷研究现状.上海：2006制冷及低温技术的发展与应用研讨会.

付立英.2008.有限元方法在辐射制冷器结构分析中的应用与开拓.上海：中国科学院上海技术物理研究所.

航天部第七情报网中国制冷学会第一专业委员会.1986.国产材料低温性能数据汇编.

洪国同.1995.空间辐射制冷技术的应用与发展.低温工程，(4)：49–57.

李鸿勋.2014.空间环境污染对空间制冷器的影响.真空与低温，(5)：288–293.

闵桂荣.1991.卫星热控制技术.北京：宇航出版社.

秦元勋.1984.计算物理学.成都：四川科学技术出版社.

舒伟民.2001.卫星的防污染技术.上海航天，18(2)：69–73.

王维扬，董德平.1998.太阳同步轨道辐射制冷技术的发展.真空与低温，(2)：63–68.

国防科学技术工业委员会.1994.卫星产品洁净度及污染控制要求.GJB 2203–94.

吴永礼.2002.计算固体力学方法.北京：科学出版社.

余凯.2000.空间辐射制冷器的发展.红外，(11)：14–19.

Clark B C, Norman T, Rasbach C, et al. 2013. Cryocooler for spaceborne sensors. Reno: 26th Aerospace Sciences Meeting.

Donohoe M, Sherman A, Hickman D. 1975. Radiant coolers—theory, flight histories, design comparisons and future applications. Pasadena: 13th Aerospace Science Meeting.

Ghaffarian B, Kohrman R, Magner A. 2006. Thermal performance of the CrIS passive cryocooler. Cryogenics, 46(2): 158–163.

Jesé M Ortiz, Miguel Vélez-Reyes. 1978. Advanced very high resolution radiometer. Fort Wayne: Final Engineering Report, Jan. 1973–Dec. 1976 ITT Aerospace/Optical Div.

NASA. 1970. Design of a dual patch multielement radiant cooler. N71–10606.

Whitaker S. 1978. Fundamental principles of heat transfer. Physics Today, 31(1): 77–79.

第3章 空间机械制冷机技术

3.1 概　　况

低温是确保红外探测器、γ射线探测器及X射线探测器在低背景噪声下高灵敏度工作的关键。因此，为了使实现具备科学研究、导弹防御、勘测侦察功能的多种探测器长时间运行工作，现今的航空航天工业界一直在寻求能够长年工作的空间低温制冷方法。自1957年10月苏联发射第一颗Sputnik Ⅰ卫星后，研究者就积极地探索低温制冷的方法，确保未来各种不同光谱区间下精密、灵敏的探测器能适应低温工作环境。起初，获得低温的方法一种为携带低温流体随探测器上天，另一种为利用4 K太空冷背景进行辐射制冷，但这两种方式都不尽如人意。低温储罐制冷系统庞大复杂，带来发射成本的增加，且一旦低温流体被消耗殆尽，制冷系统就不再工作，限制探测器的长寿命运行；被动辐射制冷方式虽然可靠性高，可以长时间开机运行，但其最低制冷温度较高，不能很好地满足探测器的进一步需求。自那时起，全世界的航空航天工业界就开展了广泛的研究，并诞生了各类型制冷机（包括斯特林制冷机、VM制冷机、J-T制冷机和脉管制冷机等），如图3.1所示。本节就空间机械制冷机的发展进行简要介绍。

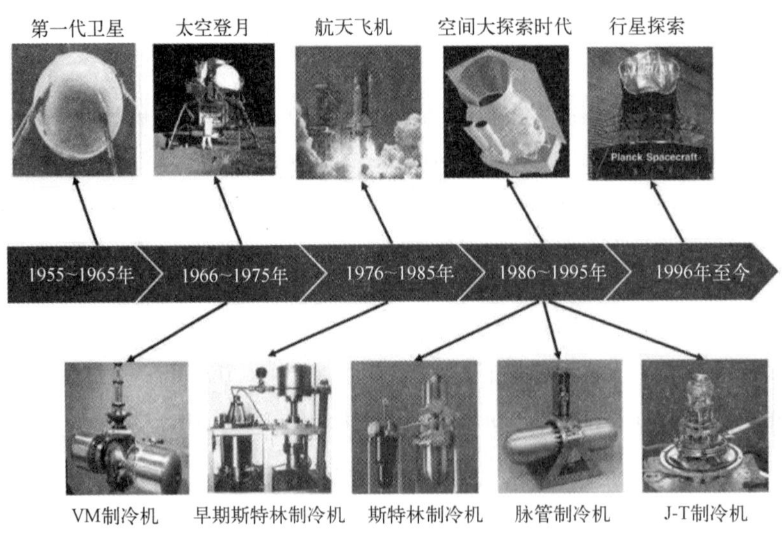

图3.1　空间制冷机发展历程

在空间探索的早期，空间应用常见的机械式制冷机包括逆布雷顿制冷机、VM制冷机、J-T制冷机、斯特林制冷机，表3.1给出了20世纪60～80年代各研究机构开发的各类型空间机械制冷机，其中以美国为主，虽然苏联在此时期航天活动频繁，但公开报道星载机械制冷机应用的消息很少。

表3.1　早期空间用制冷机（Timmerhaus and Reed，2007）

年代（年份）	国家	单　位	应用（卫星/探测器）	结构（单双级，直线/同轴）	性能（输入功制冷量@温度）	运行情况	参考文献
20世纪60年代	美国	Hughes和Philips实验室		三级VM制冷机；Philips在菱形驱动双向旋转轴减振；Hughes使用对置式活塞减振	2 700 W 0.3 W@11.5 K 10 W@33 K 12 W@75 K	6 000 h	Cygnarowicz and Sherman, 1971；Leo, 1970
1971年	美国	LMSC	RM-19	Malaker斯特林制冷机	40 W 2 W@100 K	1 000 h	Timmerhaus and Reed, 2007
1971年	美国	Hughes	SESP 71-2	单级VM制冷机	427 W 3.5 W@60 K 0.15 W@13 K	1 179 h	Nast and Murray, 1976
1979年	美国	Philips实验室	γ射线探测器	二级飞利浦菱形驱动斯特林制冷机（四台）	30 W 0.3 W@77 K, 1. 5 W@160 K	4 700 h；7 200 h；13 000 h；16 020 h	Naes and Nast, 1981, 1980
1985年	美国	霍尼韦尔国际公司（Honeywell）	ATMOS	CTI战略性斯特林制冷机	—	—	Farmer et al., 1987

从表3.1中可以看出，此阶段各单位研制空间机械制冷机的技术尚不成熟，制冷机工作寿命普遍不长，制冷机的寿命限制了卫星的运行寿命，为满足航天技术对小型低温制冷机的迫切需求，西方国家投入了大量的资源进行长寿命斯特林制冷机的研制，重点突破制冷机的长寿命和高可靠性。Phillips实验室首先提出了线性谐振压缩机和无摩擦间隙密封的概念，提高压缩机的工作寿命。20世纪70年代末，英国牛津大学成功研制了牛津型长寿命斯特林制冷机（Davey, 1990）。他们采用了直线电机驱动方案，结构更简单，首创板弹簧支撑方式保证活塞与气缸壁的动态非接触间隙密封，消除了磨损，解决工质气体泄漏污染控制等关键技术，使制冷机的工作寿命和可靠性得到了显著提高，为斯特林制冷机的空间应用提供了可能。在此之后，各单位采用牛津型斯特林制冷机技术研发的各类空间机械制冷机大量应用于空间探索任务之中。表3.2列举了此时期长寿命牛津型斯特林制冷机的空间应用。

表3.2　牛津型斯特林制冷机空间应用

年份	国家/地区	单位	应用（卫星/探测器）	结构（单双级，直线/同轴）	性能输入功制冷量@温度	运行情况	参考文献
1991	欧洲	卢瑟福实验室	沿轨扫描辐射计（ATSR-1）	牛津型	1 W@80 K	75 300 h*	Bradshaw et al., 1986；Bradshaw, 1985

续表

年份	国家/地区	单位	应用(卫星/探测器)	结构(单双级,直线/同轴)	性能输入功制冷量@温度	运行情况	参考文献
1992	英国	牛津大学	NASA的高层大气研究卫星(UARS)	牛津型	1 W@80 K	—	Bradshaw, 1985
1994	英国	TI(Texas Instruments)	STRV−1b	战术型斯特林制冷机(tactical Stirling cooler)	0.2 W@80 K	3 000个运行周期	Glaser et al., 1995
1995	欧洲	卢瑟福实验室	ATSR−2	牛津型	—	112 000 h*	Collaudin and Rando, 2000
1995	美国	Hughes	STS−77	标准空间斯特林制冷机(standard space cryocooler Stirling cooler)	2 W@65 K	—	Sugimura et al., 1995
1999	英国	BAe	美国空军的先进研究与全球观测卫星(ARGOS)	80 K的斯特林制冷机	—	24 000 h*	Kawecki, 1995
1999	日本	富士电机,三菱公司	先进星载热辐射与反射辐射计(ASTER)	牛津型	富士电机:1.2 W@70 K 三菱公司:1.2 W@70 K	富士电机:119 400 h 三菱公司:115 200 h*	Kawada et al., 2003
2000	英国	—	空间技术研究卫星(STRV−2)	DRS1 W/80 K斯特林循环战术型制冷机	1 W/80 K	—	Stubstad et al., 1999
2000	英国	TI(Texas Instruments)	空间技术研究卫星1d(STRV−1d)	DRS1 W/80 K	1 W/80 K	—	Kenny and Pollock, 2001
2001	英国	BAe	奥丁(Odin)观测卫星	80 K的斯特林制冷机	—	—	Murtagh et al., 2002
2002	美国	Sunpower	Ramaty高能太阳光谱成像仪(RHESSI)	M77B型斯特林制冷机	4 W@77 K	120 000 h*	Boyle et al., 2003
2002	英国	Astrium	先进沿轨扫描辐射计(AATSR)	50～80 K的低温制冷机	1.1 W@65 K	88 200 h*	European Space Agency, 2004a
2002	英国	Astrium	被动大气探测中的迈克尔孙干涉仪	50～80 K的低温制冷机	—	10 a	European Space Agency, 2004b

续表

年份	国家/地区	单位	应用(卫星/探测器)	结构(单双级,直线/同轴)	性能输入功制冷量@温度	运行情况	参考文献
2002	英国	Astrium	γ 射线光谱仪	50～80 K的斯特林低温制冷机	—	10 a	Briet and Serene, 2005
2004	美国	Ball公司	HIRDLS	60 K牛津型斯特林	—	80 000 h	Lock et al., 2006
2006	日本	住友重工	AKARI	双级斯特林	100 W (@200 K) 0.2 W@20 K	—	Shinozak et al., 2011; Sato et al., 2009; Nakagawa et al., 2007
2009	日本	住友重工	SMILES	双级斯特林+J-T	1m W@4.5 K 20m W@20 K 30m W@100 K	7 800 h	Otsuka et al., 2010
2013	美国	Ball公司	TIRS	双级斯特林	2.5 W@35 K 10 W@85 K	—	Marquardt et al., 2012
2015	日本	住友重工	ASTRO-H	双级斯特林+J-T	50 mW@4.5 K	—	Sato et al., 2012

注: * 表示数据统计截至2013年10月。

从表3.2可以发现,采用牛津型板弹簧支撑、动态间隙密封技术的空间机械制冷机已经能够较好地满足人类开展空间活动的长寿命要求,但对于更低温区(<30 K)的两级牛津型斯特林制冷机,其运行寿命仍然偏低。此外,美国Sunpower公司采用气浮轴承技术配合板弹簧支撑开发的MT-F和CT-F系列紧凑型斯特林制冷机被多次应用于空间任务,截至2015年5月,已有53台CT-F制冷机在轨运行(Sunpower,2016)。

另外,以色列Ricor公司制造的旋转式斯特林制冷机通过工艺控制,解决曲柄连杆机构驱动活塞运动的磨损问题,能够保证较高的运行寿命和可靠性,且在体积和质量方面具有明显优势,并在小型、微型或深空旅行飞行器上取得应用(Bonsignori et al., 1997; Priest et al., 1995)。

1964年, Gifford和Longsworth偶然中发现脉管制冷效应(Gifford and Longsworth, 1964),从此,一种新结构形式的斯特林型制冷机——脉管制冷机进入人们的视野。脉管制冷机的最大特点是结构简单,没有处于低温下的运动部件,因而运行可靠,振动小,寿命长。然而,由于脉管制冷机的致命弱点——热力学效率低,原型机的最低制冷温度只能达到124 K(Gifford and Kanke, 1967),因而自1963年被发明以来,一直未获得应用。直到1984年,苏联学者Mikulin在原型脉管的热端引入小孔及气库,取得了突破性的进展,从而把脉管制冷机的研究推入一个新时期,受到了全世界的重视。1986年, Radebaugh等提出的焓流调相理论(Radebaugh et al., 1986),加深了人们对脉管制冷机制的理解,该理论普遍为人们所接受,各种新颖的脉管调相器接踵而出,脉管制冷机进入蓬勃发展阶段。美国诺斯罗普·格鲁门航天系统公司(The Northrop Grunman Aerospale Systems, NGAS,前TRW)、美国国家标准与技术研究院(National Institute of Standards and Technology, NIST)

和洛克希德·马丁空气系统公司等是用于空间及军事技术的高频脉管制冷机的主要研制者，美国在高频脉管制冷机实用化研究方面投资最大，研究成果也最多，近些年开展的空间探索活动已广泛采用脉管制冷机技术，如表3.3所示。

表3.3　空间用脉管制冷机

年份	国家/地区	单位	应用(卫星/探测器)	制冷机结构	制冷量@制冷温度	运行情况(在轨时)	参考文献
1998	美国	NGST(TRW)	IMAS	单级直线	3 W@80 K	—	Ross and Boyle, 2006; Chan et al., 1999
2000			MTI	单级直线	2.25 W@65 K	119 000 h*	Chan and Nguyen, 2000
2000			Hyperion	微型单级直线	0.53 W@80 K	111 000 h*	Chan et al., 1993
1998			CX	微型	150 K	139 000 h*	Tward et al., 1999
2000			MTSAT	单级直线	11.75 W@67 K	—	Tward et al., 2001; Tomlinson et al., 1999a
2002			IMAS（SBIRS-Low）	两级均为直线型，平行布置	2.16 W@35 K+ 17.5 W@85 K	—	Raab et al., 2003
2002			AIRS	单级直线	1.63 W@55 K	99 000 h*	Chan et al., 1997
2004			TES	单级直线	1.0 W@57 K	80 000 h*	Raab et al., 2001; Ross and Green, 1997
2005			MTSAT（JAMI）	单级直线	65 K	72 000 h*	Raab et al., 2003
2007			—	两级同轴	14.1 W@85 K 2.1 W@35 K	—	Jaco et al., 2008
2010			—	两级同轴	1.55 W@35 K	—	Nguyen et al., 2010
计划推迟			JWST	三级脉冲管+J-T，前两级同轴型，第三级U型	75 mW@6.2 K 241 mW@ 21.7 K	—	Petach et al., 2011
1998		LM-ATC	—	单级U型	0.5 W@77 K	—	Kotsubo et al., 1999
1998			—	单级直线型	9.66 W@77 K	—	Kotsubo et al., 1999

续表

年份	国家/地区	单位	应用(卫星/探测器)	制冷机结构	制冷量@制冷温度	运行情况(在轨时)	参考文献
2000	美国	LM-ATC	—	单级U型	0.3 W@65 K	—	Nast et al., 2001
2002			—	单级U型	2.7 W@80 K	—	Nast et al., 2003b
2005			—	单级同轴	1.6 W@77 K	—	Olson et al., 2006
2002			—	双级均为U型,气耦合	0.79 W@35 K	—	Nast et al., 2003a
2005			—	三级均为U型,气耦合	0.2 W@10 K	—	Olson and Davis, 2006
2007			—	四级均为U型,气耦合	0.0035 W@5 K	—	Nast et al., 2006
1999		NIST	—	单级同轴	18.8 W@90 K	—	Marquardt and Radebaugh, 2000
2007		Sunpower		CPT60−A2单级同轴型	2.1 W@60 K	—	Wilson and Fralick, 2007
2003	欧洲	CEA/AIR LIQUIDE/ESA/CNES	—	单级U型	1 W@80 K	—	Trollier et al., 2004
2007			—	单级同轴	1.5 W@80 K	—	Tanchon et al., 2008
2010			—	EQM03单级同轴	2.68 W@50 K	—	Tanchon et al., 2010
2009			—	两级气耦合U型	300 mW@20 K	—	Timmerhaus and Read, 2007
2014			—	两级气耦合同轴	3 W@121.1 K 1 W@41.3 K	—	Charles et al., 2014
2003	日本	爱信精机	—	SPR−02A单级直线型	3.2 W@80 K	—	Kushino et al., 2005
2003	日本	富士电机	—	CZX1AOZ1单级直线型	3.3 W@80 K	—	Kushino et al., 2005
2003	日本	大金	—	Modified WE-SP2000单级U型	6.8 W@77 K	—	Hiratsuka et al., 2004
2015	中国	理化所	高分四号	同轴	3 W@80 K	在轨半年	蔡京辉等, 2016

注: * 表示为数据统计截至2013年10月。

从近些年国内外空间机械制冷机的发展来看，以美国为代表的西方国家的机械制冷机技术斯特林制冷机与脉管制冷机并重，制冷机型谱化、标准化。在未来深低温领域，两级以上采用多级脉管或斯特林+脉管的方式进行制冷，对比两级斯特林制冷机，牺牲部分效率来满足长寿命要求。

3.2 斯特林型制冷机

空间机械制冷机常用机型包括斯特林制冷机和斯特林型脉管制冷机。1860年Kirk利用逆斯特林循环制冷原理研制了一种制冷机，制冷循环包括两个等容过程和两个等温过程，其理论热力学效率等于逆卡诺循环效率，该种制冷机被称为斯特林制冷机。斯特林制冷机是一种回热式制冷机，之后又用脉冲管替代了斯特林制冷机的运行部件排出器，形成了斯特林型脉管制冷机。

3.2.1 制冷原理

与蒸汽压缩式制冷循环类似，斯特林制冷循环同样需要用压缩机驱动并压缩制冷机中的工质。不同的是，在斯特林制冷机的整个循环工作过程中，工质发生交变流动，并且未发生相变：工质在压缩腔中被压缩机压缩为高压高温气体，内能升高，热量同外部交换后，工质温度降低，流经系统内部的回热填料后，工质本身的温度进一步降低，但仍然具有做功能力，在膨胀腔中膨胀制冷，膨胀后的气体返回时再次流经回热填料，温度逐步升高，回到未被压缩的状态。

斯特林制冷循环的热力学循环过程如图3.2所示，图中给出了斯特林制冷机的p–V图、P–s图及工作容积变化图。从图中可知，状态从1开始，压缩活塞和膨胀活塞分别处于压缩腔和膨胀腔的右止点。缸内气体压力为p_1，容积为V_1，温度为T_a，循环过程如图3.2所示。

（1）等温压缩过程1—2：压缩活塞运动，膨胀活塞不动，气体被等温压缩，压力升高到p_2，容积减小至V_2。等温压缩过程的放热量即压缩功（取正值），即

$$Q_a = \left| \int_1^2 p\mathrm{d}V \right| = mRT_a \ln \frac{V_1}{V_2} \tag{3.1}$$

（2）等容放热过程2—3：压缩活塞和膨胀活塞同时向左运动，腔体中的气体体积保持不变，$V_2=V_3$。气体通过回热器时，热量被填料吸收，温度从T_a降至T_c，压力从p_2降至p_3。由于该换热过程发生在系统内部，与外界并无热量交换，因此与整个循环的能耗和功耗无关。

（3）等温膨胀过程3—4：温度为T_c的气体在膨胀腔中等温膨胀，膨胀产生的冷量通过冷端换热器与产生热负荷的热源进行热交换，假设气缸内的气体为理想气体，那么该过程的理论制冷量等于膨胀功，即

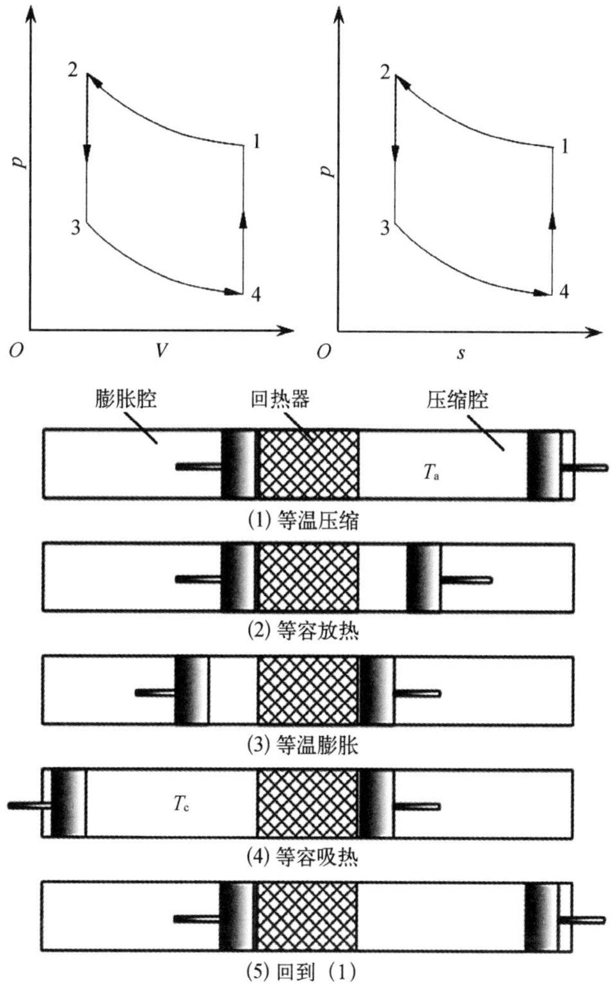

图3.2 理想斯特林制冷热力学循环示意图

$$Q_c = \int_3^4 p\mathrm{d}V = mRT_c \ln \frac{V_4}{V_3} \tag{3.2}$$

（4）等容吸热过程4—1：气体经过膨胀后，流经回热器，并吸收回热器储存的热量，温度再次升高至T_a，压力增至p_1，压缩活塞和膨胀活塞分别回到压缩腔与膨胀腔的右止点，$V_4=V_1$。

经过上述分析可知，斯特林制冷循环只会在压缩及膨胀过程与外界发生能量和功的交换，回热过程属于系统内部的换热。因此，循环所消耗的功等于压缩气体消耗的功减去膨胀过程的膨胀功，在p–V图中为四条线围成的图形的面积，即

$$W = Q_a - Q_c = mRT_a \ln \frac{V_1}{V_2} - mRT_c \ln \frac{V_4}{V_3} = mR(T_a - T_c) \ln \frac{V_1}{V_2} \tag{3.3}$$

循环的制冷系数为

$$\varepsilon = \frac{Q_c}{W} = \frac{T_c}{T_a - T_c} \tag{3.4}$$

式(3.4)表明,斯特林制冷循环的理论制冷系数等于相同冷热源温度的逆卡诺循环制冷系数。实际上,斯特林制冷机中的压缩活塞和膨胀活塞的运动并非如上述分析所示的跳跃、不连续的,而是大致以简谐运动规律进行,即呈现出连续的正弦规律变化。气体压缩过程也无法实现压缩前后的温度保持不变,实际情况更多的是以绝热压缩代替。另外,回热器以及换热器中死容积的存在会对热力过程产生非常明显的影响,最后,工质与回热器填料之间的传热温差以及流动阻力也会导致一些不可逆的损失。因此,实际的斯特林制冷循环比理想循环更为复杂(陈国邦和汤珂,2010)。

根据驱动方式的不同,斯特林型制冷机可分为两种类型:一类由热声压缩机驱动,将热能转化为机械能,此压缩机无任何机械运动部件,使整机系统更为可靠和长寿命运行,但其结构尺寸较为庞大,一般应用于地面项目,不适合作为空间低温制冷装置;另一类由机械压缩机驱动,可分为旋转式压缩机和直线型压缩机。旋转式的传动部分采用曲柄连杆,运动部件的相互磨损和对制冷工质的污染,使制冷机的工作寿命受到限制;而直线型压缩机具有体积小、振动低、噪声低、效率高、可靠性高和寿命长等特点,因此由直线型压缩机驱动的斯特林型制冷机成为近几十年来热门的空间低温制冷装置。

斯特林制冷机按驱动方式可分为单驱动控制和双驱动控制。单驱动斯特林制冷机中,直线电机驱动压缩机、膨胀机推移活塞的运动是靠气动力来保证的,结构如图3.3所示。这种控制方式的优点是控制简单、制冷机体积小、降温速度快,主要作为战术制冷机;主要缺点是寿命短,当运动磨损后,气动力、阻尼和活塞运动发生变化,最终导致制冷机的性能降低。双驱动控制是压缩活塞和推移活塞都有各自的直线电机,它们的运动分别由控制系统来控制,结构如图3.4所示。因此在各种环境条件下长期运行时,这种结构形式均能严格保证两活塞的运动规律、行程大小以及两者之间的位移相位差,使制冷机的效率高、工作寿命长和可靠性高(刘冬毓,2006)。

斯特林型脉管制冷机具有低温端没有运动部件、结构简单、可靠性高等特点,在抗电磁干扰、降低振动和长寿命方面有明显的优势。自研发以来,其主要的基本结构没有发生较大的变化,主要的变化在于脉管热端调相机构,经历了基本型、小孔型、双向进气型、惯性管型、双活塞型和主动气库型等发展,如图3.5所示。

脉管制冷机内部的交变运动过程较为复杂,对于其机理存在不同的解释。先后出现了表面泵热理论(Gifford and Longsworth, 1966)、焓流调相理论(Radebaugh et al., 1986)、热力学分析(Mikulin et al., 1984)、热声理论(Swift, 2002; Watanabe et al., 1997; Yuan et al., 1997; Xiao, 1995a, 1995b, 1995c; Ward and Swift, 1994; Rott, 1980)、热力学非对称理论(Liang et al., 1996a, 1996b, 1996c)等方法,其中被人们普遍接受且应用最为广泛的是焓流调相理论。图3.6为脉管制冷机冷端换热器部分的能流平衡图。

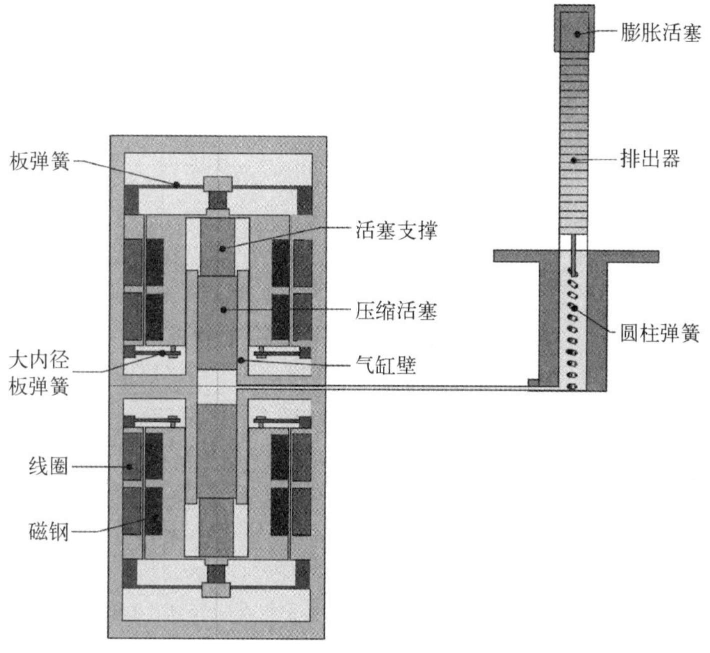

图3.3　气动分置式制冷机

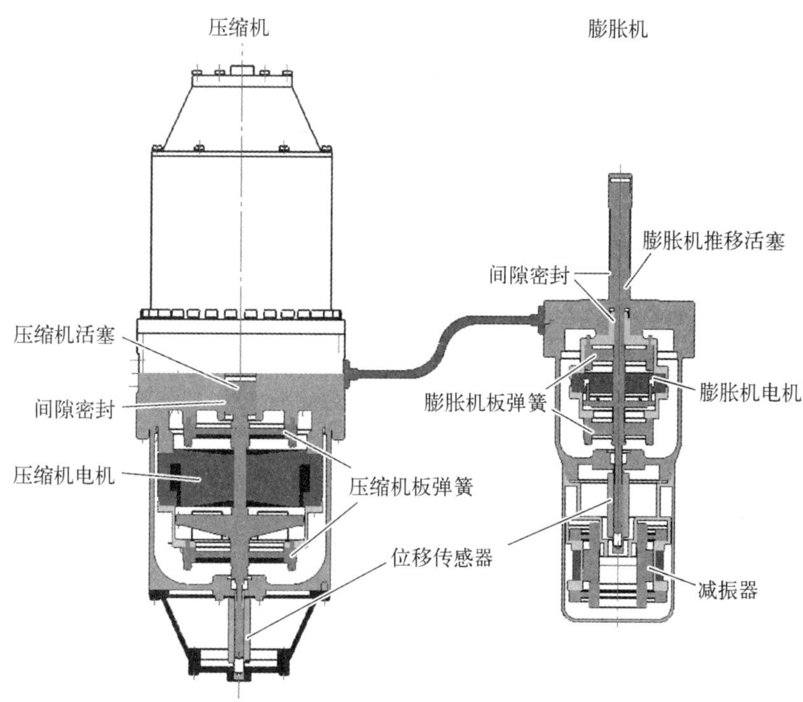

图3.4　双驱式分置式制冷机

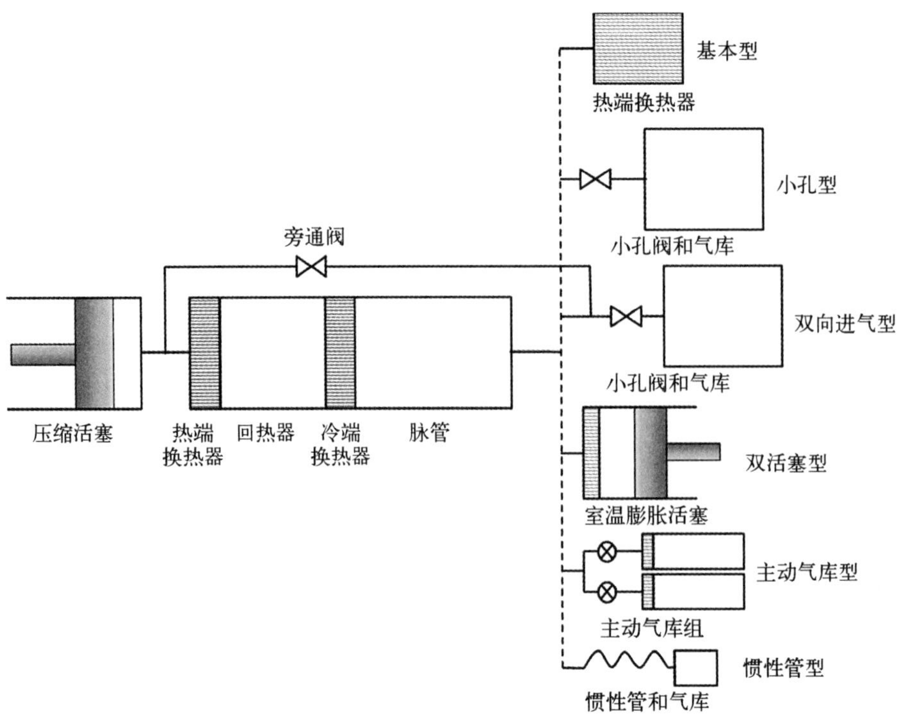

图3.5　不同结构的斯特林型脉管制冷机

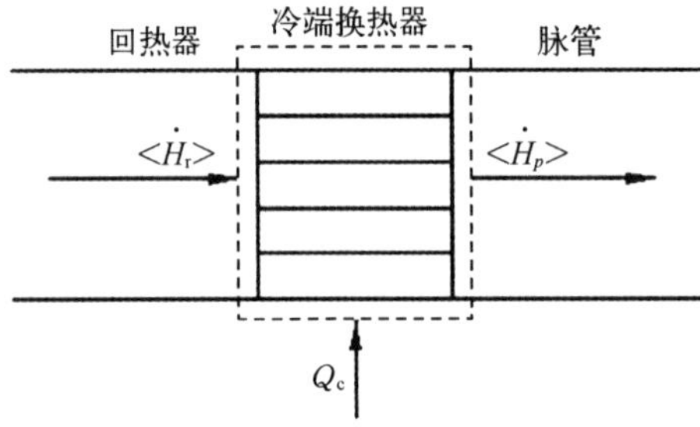

图3.6　脉管制冷机冷端换热器能流图

对于虚线框控制体应用第一定律得

$$\dot{Q}_c = <\dot{H}_p> - <\dot{H}_r> \tag{3.5}$$

式中，$\dot{Q}_c$为冷端换热器吸热量（即制冷量）；$<\dot{H}_p>$为进入脉管的时均焓流；$<\dot{H}_r>$为回热器流经冷端换热器的时均焓流。对于理想回热器，回热器损失为零，即

$$<\dot{H}_r> = 0 \tag{3.6}$$

则

$$\dot{Q}_c = <\dot{H}_p> \tag{3.7}$$

由以上分析可知，脉管制冷机的理论制冷量等于进入脉管的时均焓流。脉管制冷机中的热力学过程本质是一个交变过程，需用时均焓流才能揭示其热力学本质，即一个循环周期内的平均能流效应，回热器冷端焓流可表达为

$$<\dot{H}_p> = \frac{1}{\tau}\int_0^{\tau} \dot{m}h\mathrm{d}t \tag{3.8}$$

对于理想气体，有

$$h = c_p T \tag{3.9}$$

$$T = \frac{p}{\rho R} \tag{3.10}$$

代入式(3.10)，即

$$<\dot{H}_p> = \frac{1}{\tau}\int_0^{\tau} \dot{m}c_p T\mathrm{d}t = \frac{c_p}{\tau}\int_0^{\tau} \dot{m}\frac{p}{\rho R}\mathrm{d}t = \frac{c_p}{\tau\rho R}\int_0^{\tau} \dot{m}p\mathrm{d}t \tag{3.11}$$

式中，$\dot{m}$、c_p、T、h、ρ、R和p分别为工质的质量流、比定压热容、温度、比焓、密度、摩尔气体常量和压力。假设p和$\dot{m}$都做正弦变化，则

$$\dot{Q}_c = \frac{c_p}{\tau\rho R}\int_0^{\tau} \dot{m}p\mathrm{d}t = \frac{|p|c_p|\dot{m}|}{2\tau\rho R}\cos\theta \tag{3.12}$$

式中，$|p|$和$|\dot{m}|$分别为压力波幅值和质量流幅值，θ为压力波与质量流的相位差（$\theta>0$表示质量流领先于压力波）。

由式(3.12)可见，理论制冷量不仅与压力波幅值及质量流幅值有关，还与两者之间的相位差相关，当相位差为零时，制冷量最大，但当相位角为$\pi/2$时，制冷量为零。焓流调相理论是为解释小孔型脉管制冷机的工作机理所提出，其取代了斯特林制冷机中排出器的功能，为脉管制冷机提供了合适的相位，且同样适用于双向进气型、惯性管型等。

相位理论(Storch and Radebaugh, 1988)揭示了制冷机内部质量流与压力波的关系，与焓流调相理论是紧密相关的，它们是制冷机复杂机理分解为两方面的简化分析方法，相辅相成。

3.2.2 回热器

回热器是斯特林制冷机中的核心部件，承担冷热流体周期性换热的任务。在回热器内部工作的流体介质与储热材料进行热量交换，当热流体流过回热器时，热量由热流体释放给储热填料，当冷流体由相反方向流过回热器时，储存在储热填料中的热量再被工质流体回收，利用流体在回热器中的振荡和回热器中固体工作介质的周期性存储及释放热能的功能，一个循环完成热量从低温端到高温端的泵送。回热器结构相对单一，一般采用多孔或者叠式结构。多孔回热器是在一段通道内填充多孔性金属材料作为储热材料（如金属丝网或小金属球），叠式回热器是在一段通道内层叠堆积一系列金属板作为储热材料（也有用非金属

固体材料的)(李奥,2011)。

回热器是斯特林制冷机的关键部件,对制冷机的性能起决定性影响。引入回热器效率对回热器进行定性分析,即净制冷量与热端声功的比:

$$\eta = \left(1 - \frac{<\Delta p\dot{V}>_{\mathrm{h}}}{<p\dot{V}>_{\mathrm{h}}}\right)\left(\frac{Z_{\mathrm{c}}T_{\mathrm{c}}}{Z_{\mathrm{h}}T_{\mathrm{h}}}\right)\left(1 - \frac{<\dot{H}>_{p}}{<p\dot{V}>_{\mathrm{c}}}\right)\left(1 - \frac{\dot{Q}_{\mathrm{reg}}}{\dot{Q}_{\mathrm{gross}}} - \frac{\dot{Q}_{\mathrm{cond}}}{\dot{Q}_{\mathrm{gross}}} - \frac{\dot{Q}_{\mathrm{pt}}}{\dot{Q}_{\mathrm{gross}}}\right) \tag{3.13}$$

式中,$<\Delta p\dot{V}>_{\mathrm{h}}$为压降引起的回热器热端声功损失(内部阻力引起的压力降所导致的损失);$<p\dot{V}>_{\mathrm{h}}$为回热器热端声功;Z_{c}为冷端的压缩因子;Z_{h}为热端的压缩因子;$<\dot{H}>_{p}$为焓压降损失(实际气体影响);$<p\dot{V}>_{\mathrm{c}}$为回热器冷端声功;$\dot{Q}_{\mathrm{reg}}$为回热器非理想换热损失(由气体与填料的换热不充分导致的损失);$\dot{Q}_{\mathrm{cond}}$为导热损失(由回热器填料、回热器和脉冲管的管壁引起的热传导损失等);$\dot{Q}_{\mathrm{pt}}$为脉冲管不可逆膨胀引起的损失;$\dot{Q}_{\mathrm{gross}}$为回热器的毛制冷量。式(3.13)中等号右边第一项为回热器压降影响;第二项为回热器冷热端温度变化及实际气体可压缩性导致的声功减小;第三项为实际气体焓流影响;最后一项由回热器和工质共同决定(李姗姗,2011)。理论分析和实验结果均表明,斯特林制冷机的各项不可逆损失中,回热器损失占较大的比例(Taylor et al., 2008; Orlowska and Davey, 1987)。

为了减少回热器损失,提高制冷性能,对回热器填料提出了相应的要求:填料的比热容大,使得填料的蓄热能力强;填料的轴向热导率小,以减少轴向导热损失;填料孔隙率大,以减少压降损失,满足气体流动或压力波传播的需要;填料的换热面积大,导热扩散系数大,以增强工质和填料间的热交换。

在回热器内,气体的导热损失和填料的导热损失一般不是太大,相对于在回热器内的损失,只占较小的一部分,回热器内的主要损失是换热损失和流阻损失(Taylor et al., 2008)。以丝网填料为例,丝网填料的孔隙率为

$$\varphi = 1 - \frac{n\pi d}{4} \tag{3.14}$$

丝网填料的当量直径为

$$D_{\mathrm{h}} = \frac{\varphi d}{1 - \varphi} \tag{3.15}$$

雷诺数定义:

$$Re = \frac{M_{\mathrm{s}} D_{\mathrm{h}}}{\mu} \tag{3.16}$$

式中,雷诺数正比于当量直径D_{h}和气体流通量M_{s}。随着目数增大,填料的当量直径减小,雷诺数减小(吴亦农,2002)。

流动阻力系数(边绍雄,1991;王惠龄,1986;李晓静和丑一鸣,1984)一般可按式(3.17)定义:

$$f = a + \frac{b}{Re^{n}} \tag{3.17}$$

式中,a、b、n均大于0,可以看到,丝网目数增加时,相应的雷诺数将减小,使得气体流过阻力增大。

对换热的影响(刘冬毓,2006):

$$h_t = \frac{1.047\lambda\left(\frac{M_s}{\mu}\right)^{0.536} Pr^{\frac{1}{3}}}{D_h^{0.434}} \tag{3.18}$$

式中,n为丝网目数;d为丝径;μ为黏性系数;Pr为普朗特数。

当量直径增大,气流的雷诺数增加,摩擦系数减小,流阻减小。当量直径越小,对流换热系数越大,传热增大,换热损失越小。要降低流阻损失,就要选择当量直径大的丝网;要增强换热,就必须减小丝网的当量直径。因此,填料在换热特性和流阻特性存在矛盾,实际设计回热器时需要综合考虑填料的选择。

一般能够用于低温回热器的换热材料主要是金属类材料,例如,磷青铜、不锈钢、金属铅等比热容较大但热导率不太大的金属材料。根据填料的结构组成方式,填料又可以分为丝网类、颗粒类和多孔介质类。其中最常见为前两类填料,如图3.7所示。

随着温度的降低,铅和不锈钢的体积与比热容都随着温度呈T^3减小(阎守胜,1985)。从图3.7所示,在30 ~ 300 K金属填料的体积与比热容都比氦气的大。而且在50 K以下,铅的比热容要比磷青铜、不锈钢都大,应该更适合作为回热器的换热填料,能使制冷机的性能提高。不过铅的硬度非常低,无法加工成丝网的形式,只能加工成铅球的形式进行填充。金属铅作为30 ~ 100 K换热材料时,一般制作成小球状,如图3.7右侧所示,空隙率一般为0.36 ~ 0.39(范炳燕,2010),会造成较大的流阻损失,因此并不一定能使制冷机的性能提高。

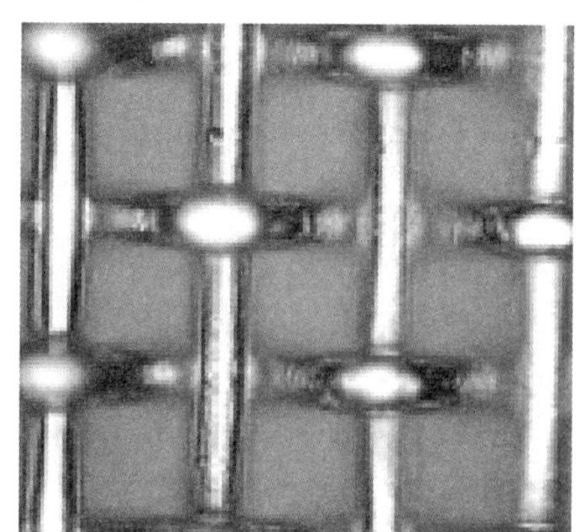

图3.7 不同类型的换热填料

目前在国际上兴起的一种解决办法就是在细的不锈钢丝网或铜丝网上镀铅(Koetting et al., 2006),不过鉴于工艺技术的成熟度,这么细丝径的丝网尚无法加工。所以在该温区附近的换热填料一般不选择金属铅作为换热材料。磷青铜和不锈钢的比热容相差不大,但是磷青铜的热导率要远大于不锈钢,如图3.8所示,所以30 ~ 100 K温区的填料应该优先考虑不锈钢丝网。

而对于液氢温区至液氦温区多采用磁性材料，主要利用当磁性物质相变时，伴随着熵的急剧变化，其比热容出现异常增大的现象，回热器蓄热能力得到增强。

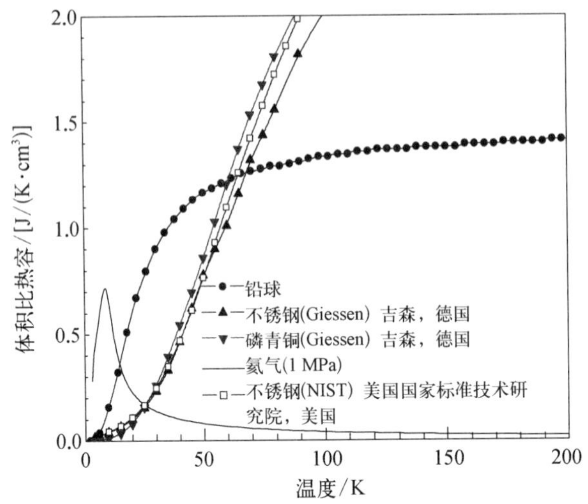

图3.8　填料与氦气的体积比热容

回热器损失中的非理想换热损失和压降损失与回热器的质量流的幅值成正比关系（Radebaugh, 2000），即回热器的平均质量流越小，损失越小。根据相位理论，回热器内部一维质量守恒方程为

$$\frac{\partial}{\partial x}\left(\frac{\dot{m}}{A}\right)=-\frac{\partial \rho}{\partial t} \tag{3.19}$$

理想情况下，工质为理想气体，回热器为等温模型，即

$$\rho=\frac{p}{RT} \tag{3.20}$$

对回热器长度方向进行积分，整理可得

$$\dot{m}_{\text{reg-h}}-\dot{m}_{\text{reg-c}}=\frac{V}{RT_{\text{ave}}}\frac{\mathrm{d}p}{\mathrm{d}t} \tag{3.21}$$

式中，$\dot{m}_{\text{reg-h}}$为回热器热端质量流；$\dot{m}_{\text{reg-c}}$为回热器冷端质量流；T_{ave}为平均温度；$\mathrm{d}p/\mathrm{d}t$为回热器中压力的一阶导数。理想情况下，冷端制冷量与$\cos\theta_c$（θ_c表示为冷端压力波与质量流的相位差）成正比，即$\theta_c=0°$时，制冷机的理论制冷量最大，此时压力波与质量流同相。但由式(3.21)可知，此时回热器热端质量流幅值较大，回热器的平均质量流幅值增大，损失增加。当压力波和体积流同相的位置在回热器中部时，回热器内部的平均流量最小，损失最小，回热器效率最高。理论研究表明，当回热器冷端的质量流落后于压力波30°左右时，回热器效率较高。

NIST基于相位调相理论和守恒原理的有限差分方程开发的Regen3.3（Gary et al., 2008）是目前对回热器进行设计的专业软件。该软件在计算过程中根据现有压缩机特性、文献资料和工程需要，初步给定冷端参数（质量流、相位角、压比）、运行参数（频率、平均压力）、回热器结构参数(长度、截面积)、回热器填料参数(孔隙率、水力直径)以及计算限制条件,通过寻求最佳回热器COP和所需制冷量,最终计算得到回热器的最佳结构尺寸和运行参数。

3.2.3 换热器

根据前述斯特林循环基本特征,制冷机中存在两处换热部件与外界发生热交换,主要依靠对流换热将热量从工作流体传递到换热器的内表面,再由换热器将冷量传至外壁以冷却相关器件。通常把室温端换热器称为热端换热器,用以冷却压缩机出口处的高压高温气体;把低温段换热器称为冷端换热器,将工作气体在冷端的膨胀制冷量对外输出,冷却红外焦平面等被冷器件。

在考察换热器的性能时,定义换热器的换热效率为(Barron,1999)

$$\varepsilon = \frac{Q}{Q_{\text{ideal}}} \tag{3.22}$$

式中,Q为实际换热器的换热量;Q_{ideal}为理想换热器无温差下的换热量。

此外,还引入无量纲数NTU(传热单元数)来表征换热器换热性能的优劣。

$$\text{NTU} = \frac{A_s \bar{U}}{c_{\min}} \tag{3.23}$$

$$\frac{1}{A_s \bar{U}} = \left[\left(\frac{1}{A_s \bar{h}}\right)_c + \left(\frac{1}{A_s \bar{h}}\right)_h\right] \tag{3.24}$$

式中,A_s为换热面积;$\bar{U}$为时均总传热效率;$c_{\min}=\text{Min}(c_h, c_c)$。

NTU越大,换热器换热效率越高。

换热器的压降损失包括流道进出口的扩张、收缩变化引起的损失以及流道内的摩擦阻力(摩阻)损失,各项压降损失可表示为(Kays and London,1984)

$$\Delta P_{收缩} = \frac{U^2}{2\bar{\rho}}(1 - \sigma^2 + K_c) \tag{3.25}$$

$$\Delta P_{扩张} = \frac{U^2}{2\bar{\rho}}(1 - \sigma^2 - K_e) \tag{3.26}$$

$$\Delta P_{摩擦} = \frac{U^2}{2\bar{\rho}} \frac{4L}{D_h} f \tag{3.27}$$

式中,U为气体流速;σ为流道截面积占比;K_c为压缩损失因子;K_e为膨胀损失因子;D_h为流道水力直径;L为流道长度;f为摩擦因子。

换热器性能关系到制冷机整机性能。影响换热器性能的两个主要因素为换热面积和流动阻力,对于换热器部件,要求换热热阻尽可能小,避免无效空体积,从而流体流经换热器压降损失小。但这些流动传热需求往往相互矛盾，要求高效换热，则带来换热面积增大，造成换热器长度的增加，带来压降损失的增加，这就需要对换热器部件在热力学和流体力学上综合考虑设计（Mohanta and Atrey，2009）。

目前常用的换热器形式主要有丝网填充式（丝网式）、狭缝式、表带式等形式（董文庆，2011），如图3.9所示。换热器材料选用紫铜、无氧铜等高热导率材料加工制作，法液空曾对不同类型的换热器从死气容积、压降、紧凑性和流场均匀性四个角度进行了性能分析（表3.4），研究表明，狭缝式换热器是最好的选择（Tanchon et al., 2006）。

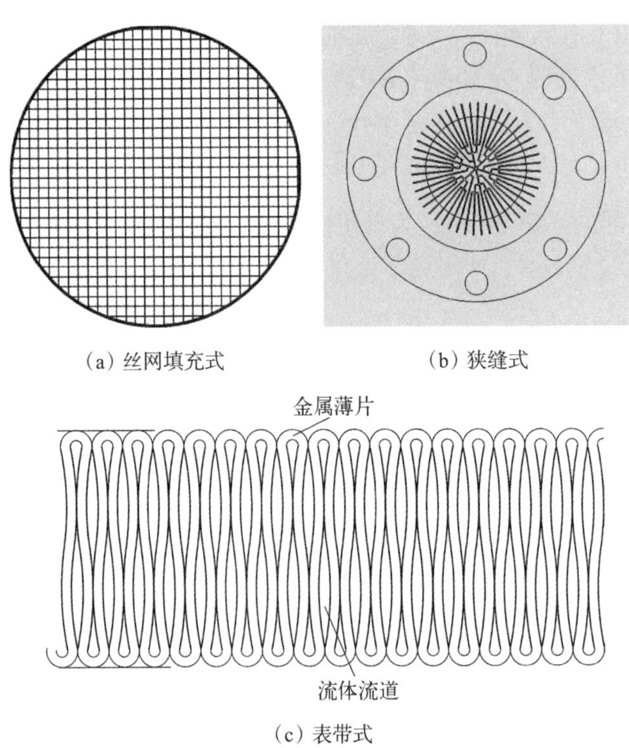

（a）丝网填充式　（b）狭缝式

（c）表带式

图3.9　几种不同热端换热器形式

表3.4　不同类型换热器性能比较（Tanchon et al., 2006）

对比项目 \ 换热器类型	表带式换热器	丝网式换热器	狭缝式换热器
死体积损失	2	2	1
流阻损失	1	3	1
紧凑程度	1	1	1
导流效果	2	1	4
制造成本	2	1	3
选择方案	3	2	1

注：1为最优；4为最差。

目前，斯特林型脉管制冷机的热端换热器较多以狭缝式为主，该种结构特点是狭缝与换热器为一体结构，气流直接与狭缝的壁面进行对流换热，并且通过肋片将热量以导热方式从紫铜体内部传导至换热器的外表面，此种结构减少了分块结构中狭缝与外部换热器之间的接触热阻。通过线切割的方式可以加工直线型狭缝流道（狭缝宽度一般为0.15 ～ 0.3 mm），该种换热器集成度高，并且有效地减少换热器内的死容积和流动阻力损失。

与丝网式换热器不同，狭缝式换热器虽然没有内部固体导热的接触热阻，但狭缝式换热器的加工难度大、成本高。

脉管制冷机冷端换热器连接着回热器以及脉管，要同时发挥换热与导流层流化的效果，一般采用丝网填充进行导流，配合狭缝式换热器进行换热。对于直线型冷指，一般情况下回热器外形尺寸（内径）与脉管尺寸（内径）不相同，因而在回热器与脉管直径的气体流道中存在变截面，需要冷端换热器进行过渡，冷端换热器主流道纵向剖面形式多为梯形结构，如图3.10所示。

对于同轴型脉管制冷机冷端换热器的优化设计，围绕在强化冷头气体与冷端换热器壁面及填料之间的对流换热，减少冷头转弯阻力损失，降低气流在同轴脉管冷端的急剧转弯引起的紊流扰动，实现进入脉管冷端气流的充分层流化，同时还要考虑蓄冷器与脉管的装配特点。

此外，可根据不同形式换热器的特性进行组合使用，朱恩宝和王小军发明了一种同轴脉管制冷机组合式冷端换热器结构，如图3.11所示（朱恩宝和王小军，2009）。此种冷端结构组合使用了狭缝式换热器与丝网式换热器，综合狭缝式换热器低热阻与丝网式换热器低流阻、高换热效率的优点，且无需附加导流器，加工制造方便，此类多种换热器形式的组合使用方式值得低温制冷机设计人员借鉴参考。

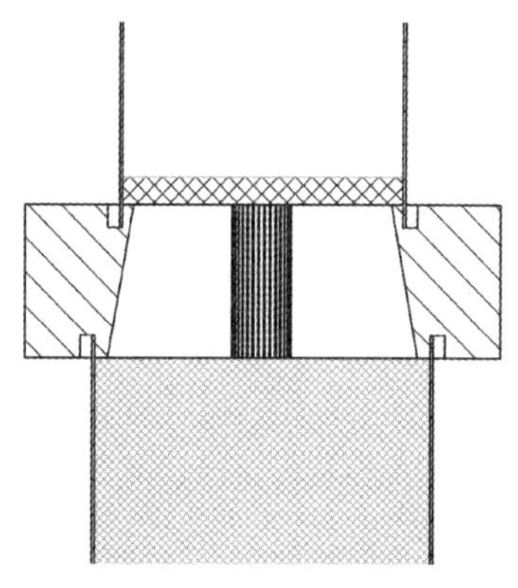

图3.10　一种斯特林制冷机冷端换热器

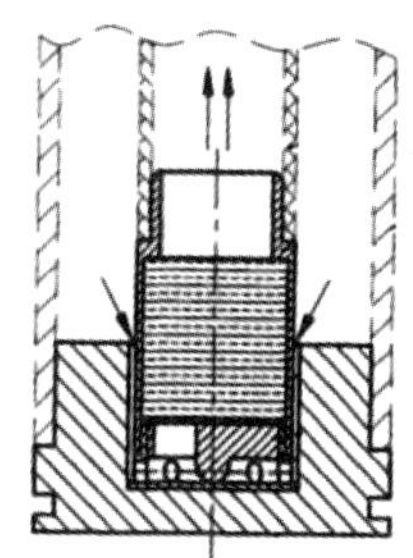

图3.11　一种同轴脉管制冷机组合式冷头结构

3.2.4　脉管

脉管制冷机的脉管是一个简单的空管子，利用自身的薄壁管和内部的空容积将冷端与室温端隔开，并配合后面的调相机构共同优化回热器内部气体的相位关系，起到重要的辅助作用（Barron，1999）。

根据相位理论,脉管内部能量守恒公式为

$$\frac{\partial}{\partial x}[\dot{m}c_pT] = -\frac{\partial}{\partial t}(\rho ATc_v) \tag{3.28}$$

理想情况下,工质为理想气体,在脉管内经历了绝热过程,即

$$\rho = \frac{p}{RT} \tag{3.29}$$

$$\gamma = \frac{c_p}{c_v} \tag{3.30}$$

整理能量守恒公式可知:

$$\frac{\partial}{\partial x}[\dot{m}\gamma RT] = -\frac{\partial}{\partial t}(pA) \tag{3.31}$$

对脉管长度方向积分,整理得

$$\dot{m}_{\text{pt-h}} = \frac{T_{\text{c}}}{T_{\text{h}}}\dot{m}_{\text{pt-c}} - \frac{V}{\gamma RT_{\text{h}}}\frac{\text{d}p}{\text{d}t} \tag{3.32}$$

式中,$\dot{m}_{\text{pt-h}}$表示脉管热端质量流;$\dot{m}_{\text{pt-c}}$表示脉管冷端质量流;dp/dt表示脉管中压力的一阶导数;γ为绝热膨胀系数。

一般认为脉管这样的容性元件的内部,气体的压力是处处相等的,如图3.12所示。而容积效应将使前后的质量流之间存在一定的相位差。

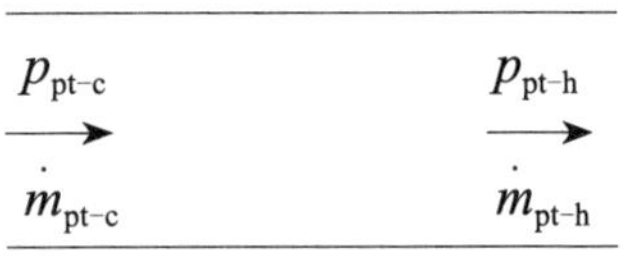

$p_{\text{pt-c}}$ → $\dot{m}_{\text{pt-c}}$　　$p_{\text{pt-h}}$ → $\dot{m}_{\text{pt-h}}$

图3.12　脉管流动状态分析模型

脉管冷热端的压力波为

$$p_{\text{pt-c}} = p_{\text{pt-h}} = p_0 + |p|\sin(wt) \tag{3.33}$$

冷端处质量流量为

$$\dot{m}_{\text{pt-c}} = |\dot{m}_{\text{pt-c}}|\sin(wt + \theta_{\text{c}}) \tag{3.34}$$

$$\dot{m}_{\text{pt-h}} = |\dot{m}_{\text{pt-h}}|\sin(wt + \theta_{\text{h}}) \tag{3.35}$$

根据式(3.32)~式(3.35),可得热端相位角和冷端相位角关系式为

$$\tan\theta_{\text{h}} = \tan\theta_{\text{c}} - \frac{wV|p|}{\gamma|\dot{m}_{\text{pt-c}}|RT_{\text{c}}\cos\theta_{\text{c}}} \tag{3.36}$$

$$\tan\theta_c = \tan\theta_h + \frac{wV|p|}{\gamma|\dot{m}_{pt-h}|RT_h\cos\theta_h} \tag{3.37}$$

其中，一般$\theta_c<0$，从式（3.36）和式（3.37）可以看出，$\theta_h<\theta_c<0$，即冷端质量流相位领先于热端处的质量流，从物理过程解释，由于脉管元件自身的容积效应，延迟了出口的质量流，造成了热端处质量流相位的滞后。在固定的θ_c=30°下，随着频率的增加，θ_h增大，即调相机构入口的角度增大，对调相机构提出更高的要求。

而脉管自身存在的损失主要可归纳为四种（Radebaugh，2000）：气体与壁面的周期性换热所造成的膨胀效率下降（Rawlins et al.，1994）；不完全层流化所造成的冷热气流混合；气体与壁面的二次流损失；气体工质由绝热过程到等温过程所引起的端效应损失。这些损失将显著降低脉管的效率。

在理想脉管中，气体与壁面不存在热交换，属于绝热部件。但实际情况下，脉管中的气体与壁面间的强制对流换热无法避免。气壁间无换热时，壁面的温度分布仅由导热决定，在周期内能保持恒定的温度。气体在传输焓流时必然存在较大的温度波动，与当地壁面间存在瞬间的温差。由此而导致的瞬间换热将降低气体工质的温度波动振幅，使得焓流传输能力下降（Mohanta and Atrey，2009）。

理想的脉管中，气体分层流动，各层气体之间不存在混合，即不产生熵产。实际的脉管实现层流化是十分困难的，冷热气体之间存在着一定的混合。另外，冷热端气体的密度差异导致脉管受重力场影响，偏离理想的角度，同时产生自然对流，进而加剧冷热气流的混合（Mohanta and Atrey，2009）。

脉管中气体沿某一边界流动，因受到横向压力的作用，产生了平行于边界的偏移，则靠近边界的气体层由于速度较小，就比离边界较远的气体层偏移得厉害，这就导致了叠加在主流之上的二次流。

在对脉管进行设计时，为保证脉管内部气体为绝热过程和减少损失，一般主要设计的两个参数为脉管半径（远远大于工质气体的热渗透深度）和体积（脉管内部假想的气体活塞体积必须小于脉管体积）。

3.2.5 相位调节器

斯特林制冷机中，推移活塞由压缩机产生的周期性压力波驱动，推移活塞及其支撑弹簧组成一个受迫振动系统，通过设计使推移活塞的运动比压缩活塞总是超前一个相位角，达到较高的制冷性能。斯特林脉管制冷机的引入主要是在斯特林制冷机的基础上，取消了其低温端的运动部件，即排出器。因此斯特林脉管制冷机中必须附加有效的调相机构来补偿被消除的排出器的功能，获得较高制冷效率（陈国邦和汤珂，2010）。

Gifford和Longsworth（1964）发现，当交变的压力波流经一根空心管子时，管子封闭端会发热，管子轴向上存在较大的温度梯度，将其与回热器组合，将封闭端冷却至室温时，在管子的另一端获得了冷效应。这就是基本型脉管制冷机（董文庆，2011）。他们指出，气体微团由脉冲管冷端向热端运动时，气体微团被绝热压缩，温度升高，向管壁放热，以达到热平衡。然后气体微团从热端向冷端运动，气体微团绝热膨胀，温度降低，从管壁吸热，再次达到热平衡，即表面泵热理论。但对于基本型脉管制冷机，其脉管冷端封闭，缺乏调相方法，导致制冷效率低下。为提高脉管制冷机的制冷效率，在脉管制冷机中需添加高效的调相机构，包括小孔型、双向进气型、双活塞型、主动气库型和惯性管型等。

1986 年，美国的Radebaugh等对苏联的Mikulin等（1984）提出的小孔型脉管制冷机方案做了进一步的改进，其在基本型脉管制冷机热端换热器后增加了调节阀和气库，使用氦气作为制冷工质，获得了60 K的无负荷温度（Radebaugh et al., 1986）。但表面泵热理论无法解释小孔型脉管制冷机的工作机理，NIST的Radebaugh（1986）提出的焓流调相理论解释了调相型脉管制冷机冷效益的机理，即调相机构的存在，能调节脉管内的质量流和压力波的相位差，从而产生冷效益。

1990 年，西安交通大学朱绍伟等提出了双向进气型脉管制冷机（Zhu et al., 1990）。在压缩机的出口和脉管的热端换热器出口增加一个双向进气阀，即将一部分来自压缩机的高压气体直接引至脉管热端。双向进气阀的引入可减少通过回热器的气流量，脉管热端的压力波领先于质量流，使得回热器损失减小，提高脉管制冷机的效率，获得更优的制冷效应。但其带来的直流和温度不稳定现象对制冷机的性能产生了很大的负面影响（陈厚磊，2008；朱恩宝和王小军，2009）。

双活塞型脉管制冷机的基本原理是将处于斯特林制冷机膨胀机低温气缸内的排出器移至室温下，使得调相能力增强，但是增加了运动部件，一定程度上降低了紧凑性。

主动气库是由三对小孔–气库的组合而成的，其中三个气库分别为高压气库、平均压力气库和低压气库。压缩过程中，高压气体通过小孔进入高压气库；膨胀过程中，低压气库的气体通过小孔进入脉管；平均压力气库用于压缩和膨胀过程的后期。这样的机构减少了小孔阀造成的压差损失，但控制各阀门的开闭较复杂，降低了紧凑性和可靠性（陈国邦和汤珂，2010）。

在众多的调相机构中，惯性管利用管内振荡气体的惯性作用来调节质量流和压力波的相位差，具有调相范围广且不增加功耗、紧凑性和可靠性高等特点，是空间用脉管制冷机应用较为广泛的一种调相方式（Rawlins et al., 1994）。

惯性管内工质的质量守恒方程为

$$-\frac{\partial p}{\partial x}=\frac{\dot{m} f_{\mathrm{r}} \mid \dot{m} \mid}{2 r_{\mathrm{h}} \rho_{0} A_{\mathrm{g}}^{2}}+\frac{\partial}{\partial x}\left(\frac{\dot{m}}{A_{\mathrm{g}}}\right)+\frac{\partial}{\partial x}\left[\frac{1}{\rho_{0}}\left(\frac{\dot{m}}{A_{\mathrm{g}}}\right)^{2}\right] \tag{3.38}$$

质量守恒方程为

$$\frac{\partial}{\partial x}\left(\frac{\dot{m}}{A_{\mathrm{g}}}\right)=-\frac{\partial \rho}{\partial t}=-\frac{1}{RT}\frac{\mathrm{d}p}{\mathrm{d}t} \tag{3.39}$$

式中，x是流动方向的坐标（设从压缩机至气库为正向）；f_{r}是Darcy摩擦因子；r_{h}是水力半径；A_{g}是垂直于流动方向的气体横截面积；t是时间。

式(3.38)的右边第一项表示流阻；第三项在A_g变化剧烈的时候才重要；第二项对于小孔型脉管制冷机一般可以忽略，因为小孔型脉管制冷机频率和质量流率一般很低，这时压降与质量流量(或体积流量)相同；在高频和质量流较大的情况下，此项不能忽略，这时压降增加了一个超前质量流量项90°的分量，该项代表了惯性影响，是由交变流动惯性作用而引起的，类似于电学中的感抗项，使得惯性管入口质量流在一定程度上落后于压力波。式(3.39)表明部件容积(气体体积)的存在使得部件质量流变化领先于压力波90°，这与所需的质量流落后于压力波的相位关系相背离，其代表了容性影响，类似于电学中的容性。但由于惯性管的体积一般很小，此项影响不大。

良好的回热器相位关系要求质量流落后于压力波约30°，绝热良好的脉管所占的相角跨度为20°～40°，因此需要调相机构调节的相位在50°～70°。惯性管中的惯性效应，使得惯性管入口可获得较大的相位差，使得通过回热器的质量流幅值减小，回热器损失减小，提高整机性能。

基于与实验吻合较好的简化湍流热声模型，上海技术物理研究所绘制了部分单段及双段的惯性管设计图表，其中图表中的频率、充气压力、压比、惯性管尺寸和气库容积等参数选取的都是理论设计中较为常见的(李姗姗，2011)。鉴于篇幅限制，本书只列出在不同惯性管组合下，当f=45 Hz、p=3.25 MPa、V_{res}=250 cm^3、Pr=1.10时，惯性管入口体积流阻抗幅值与惯性管入口体积流及压力波的相位角(正值表示惯性管入口体积流落后于压力波)的关系，如图3.13和图3.14所示。

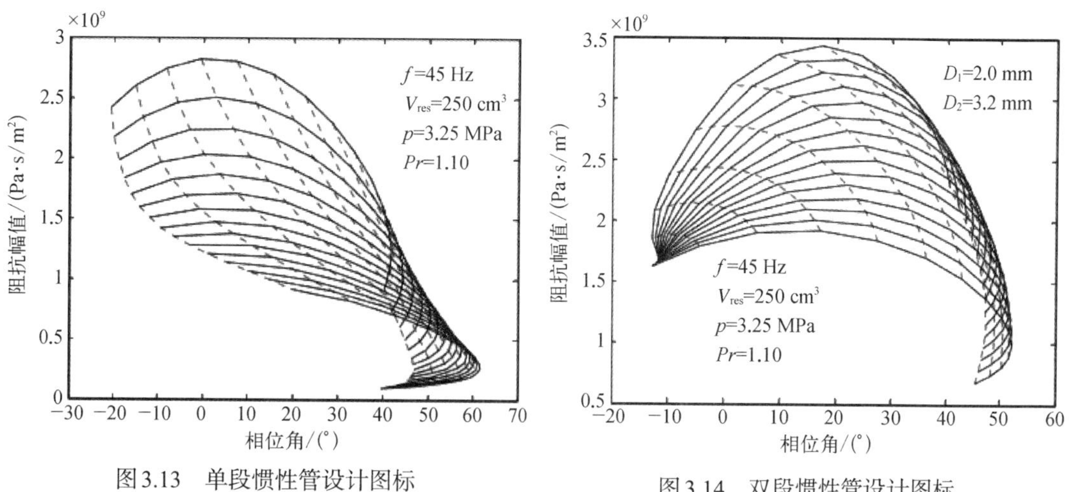

图3.13　单段惯性管设计图标

图3.14　双段惯性管设计图标

3.2.6　线性压缩机

随着航天领域中红外焦平面探测器以及低温光学的广泛使用，对高效、长寿命制冷器的需求不断增加，尤其在高精度对地探测、深空探测、空间站生物样品低温存储试验等国家大型航天项目中有着广阔的应用(Davis et al., 2001)。而压缩机的设计性能直接影响着制冷机的高效率和长寿命，线性压缩机技术是机械制冷机长寿命的关键技术。

传统压缩机由旋转电机带动曲柄连杆机构驱动，活塞与膨胀活塞之间的相位角靠机械结构保证，压缩机内部采用油润滑，活塞与气缸之间的密封采用轴承接触密封。压缩活塞在运行过程中侧向力的存在，使得这种压缩机结构比较复杂、振动和噪声较大、运动部件的磨损严重、制冷工质存在污染和泄漏问题，这些都使制冷器的可靠性和寿命受到限制（许国太等，2008）。与传统压缩机相比，线性压缩机由往复式直线振荡电机驱动，活塞与气缸结构由悬挂板弹簧组件和间隙密封共同组成，整体结构紧凑，体积轻便，因为省去了油密封，所以工质洁净度高，降低了污染性，进而大大提高了压缩机的可靠性和寿命。

线性压缩机是制冷机的压力波发生器，其属于电磁-机械-声三部分的耦合系统，当外部激励线圈通入交流电后，在线圈内部产生的交变磁场与永磁体的恒定磁场相互耦合作用下，活塞动子组件受到轴向交变电磁力，而在压缩气缸中做往复直线运动，受活塞运动的影响，压缩腔内气体工质交替发生着压缩与膨胀过程，进而产生周期性的压力波，在所驱动的冷指中产生制冷效应（熊超，2013）。

双活塞对置式线性压缩机的基本结构如图3.15所示，主要包括往复式直线电机、板弹簧支撑结构、运动活塞和气缸等。直线电机固连活塞并带动活塞做往复直线运动，活塞由径向刚度较大的板弹簧支撑，活塞与气缸之间形成气体间隙密封，能够实现无油润滑。为减小振动，可以将两个电机相对布置，在主体结构中采用两个完全对等的运动及支撑结构来相互抵消自身产生的机械振动，该项技术是实现线性压缩机低振动的可靠保障，使得整个制冷机运行平稳，能更好地满足空间应用对低温制冷机长寿命和高可靠性的要求。

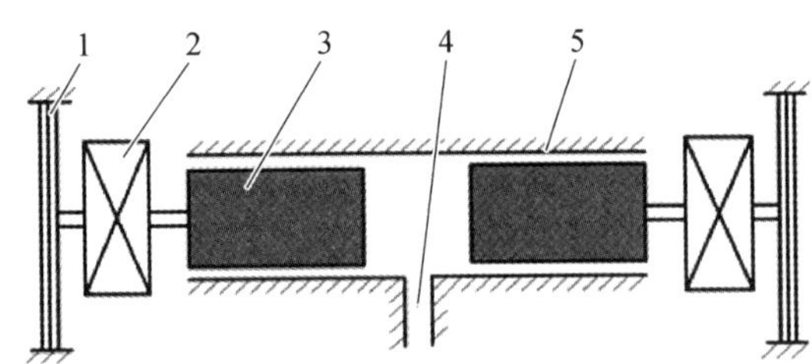

图3.15　双活塞对置式线性压缩机结构示意图
1—板弹簧支撑结构；2—直线电机；3—运动活塞；4—排气孔；5—气缸

1. 直线电机

直线电机相当于线性压缩机的心脏，其性能的优良直接关系到压缩机性能的好坏，因此选择和设计一种合适的电机尤为重要。直线电机按照电磁驱动方式可以分为：动圈型、动铁型及动磁型。表3.5为三种常用电机形式的结构和优缺点。

动圈型直线电机，其励磁采用永久磁铁提供，运动线圈通过支撑件与活塞、弹簧连接在一起，置于强磁场中。运动线圈通以交流电，在磁场中就能切割磁力线，推动气缸中的活塞做轴向往复运动。当系统的共振频率与交流电源频率一致时，就能以最小的电磁力来驱动活塞在要求的行程范围内运动。

动铁型直线电机，其励磁由静子上励磁线圈产生，动子用铁芯材料做成，通过支撑件与活塞、弹簧连接在一起，置于磁场中。当励磁线圈通以交流电，就能产生交变的磁场，从而吸引铁芯轴向运动，进而推动气缸中的活塞往复运动。

动磁型直线电机其驱动直线电机静子由内外铁芯组成，外铁芯上缠绕着环形的励磁线圈，在端部形成磁极，动子由永久磁铁组成，通过支撑件与活塞、弹簧连接在一起。工作磁场由两部分组成，一部分是由励磁线圈产生的交变磁场，一部分是由永久磁铁产生的恒定磁场，在两个磁场的相互作用下，产生轴向的驱动力，进而推动活塞往复直线运动。

表3.5 电机常用结构及比对

类别 项目	动圈型	动铁型	动磁型
结构示意图	板弹簧；上轭铁；运动线圈；下轭铁；永磁体磁钢；压缩活塞；N；S	非磁性导杆；轭铁；线圈；动子铁芯；弹簧	内轭铁；磁钢；线圈；外轭铁；电机中心线；AC；N；S
组成部件	板弹簧；上轭铁；运动线圈；下轭铁；永磁体磁钢；压缩活塞	非磁性导杆；轭铁；线圈；动子铁芯；弹簧	内轭铁；磁钢；线圈；外轭铁
优点	(1) 电机结构简单、动子质量轻、共振频率高； (2) 空载时不存在轴向电磁偏置力，动圈上不存在径向力和扭矩； (3) 磁场能够提供稳定的磁通，不存在磁滞损耗	(1) 动子质量较大、共振频率低； (2) 与相同体积的其他电机相比，能产生较大的驱动力，压缩比也较大	结构紧凑、体积小、动力大、电机效率高、污染小，尤其是适用大功率工况
缺点	(1) 因电机的轴向磁密气隙较短，当电机的振幅过大时，电机的线圈有很大一部分处于磁通量较小的区域，导致电机的平均电磁推力较小，在振幅范围内推力不均匀，从而限制了它在大功率方向的发展； (2) 线圈作为电机的动子部件，则不可避免地存在飞线问题，在高频下做往复直线运动的线圈易发生飞线疲劳断裂，限制了它在长寿命和高可靠性领域的应用	电机的动子易产生较大的径向力，无法回到平衡位置，且偏离量会越来越大，影响电机的最大输入功（潘贤耀和余水全，1993）	(1) 电机磁路复杂，需考虑永磁铁的非线性磁导、磁场的边端效应、铁芯的磁滞和涡流损耗，增加了直线电机设计和开发的难度（Sung et al., 2006）； (2) 动子部件存在无负载的轴向和径向电磁偏置力，给电机的运行带来了不利影响，也使得电机装配更难，对板弹簧的径向刚度提出了更高的要求

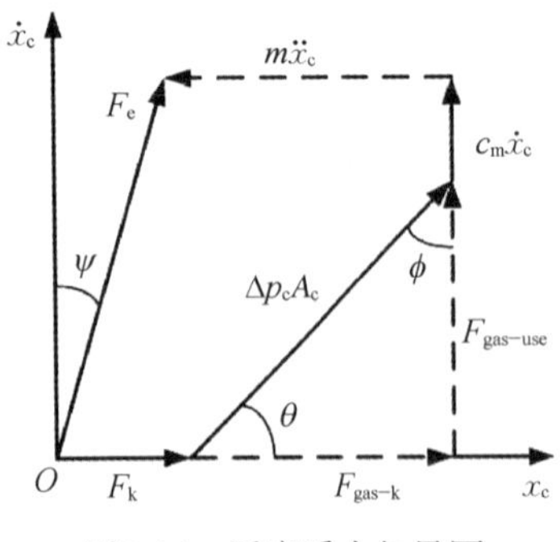

图3.16　活塞受力矢量图

直线电机为压缩机提供驱动力，冷指侧为压缩机提供负载，两者之间的匹配对制冷机整机性能的影响至关重要。以活塞为例分析两者的相互关系，图3.16为活塞受力矢量图。其中，F_e为驱动电磁力；F_k为弹簧回复力；F_{re}为活塞运动时受到的机械阻尼力；F_{gas}是活塞两端气体力相互作用的合力。θ为压力波与活塞位移之间的相位角，ψ为电磁力与活塞速度之间的相位角。

根据压缩机受力矢量图可以得到活塞运动的微分控制方程：

$$m\ddot{x}_c + F_{re} + F_k + F_{gas} = F_e = F_0\sin(\omega t) \tag{3.40}$$

式中，F_0为电磁力的振幅；ω为角频率。将活塞表面所受的气体力在横轴（位移方向）和纵轴（速度方向）进行分解，可以得

$$F_{gas-k} = \Delta p_c A_c \cos\theta \tag{3.41}$$

$$F_{gas-use} = \Delta p_c A_c \sin\theta \tag{3.42}$$

式中，F_{gas-k}为等效气体弹簧力；$F_{gas-use}$为等效气体阻尼力。等效气体弹簧力与弹簧类似，在压缩机运行过程中只储存和释放能量，等效气体弹簧刚度近似为

$$k_{gas} = \frac{|F_{gas-k}|}{X_c} = \frac{\Delta P_c A_c \cos\theta}{X_c} \tag{3.43}$$

等效气体阻尼力同机械阻尼力类似，消耗电功，并产生有用的压缩机出口声功，产生制冷量，近似的等效气体阻尼系数为

$$c_{gas} = \frac{|F_{gas-use}|}{\dot{x}_c} = \frac{\Delta P_c A_c \cos\theta}{\omega X_c} \tag{3.44}$$

通过以上分析，可以得到活塞瞬态运动控制方程式如下：

$$m\ddot{x}_c + c\dot{x}_c + kx_c = F_0\sin(\omega t) \tag{3.45}$$

式中，c为压缩机阻尼系数，即机械阻尼系数和气体阻尼系数之和；k为压缩机弹簧刚度，即板弹簧刚度、电磁弹簧刚度和气体弹簧刚度之和。

另外，线性压缩机在动态稳定运行状态下，动子活塞与压缩气缸之间有一层连续的氦气工质存在，其阻力与相对运动的速度成正比。当活塞以低速在氦气内运动时，部分氦气会从狭窄的密封间隙通过，这种阻尼可以看作黏性阻尼，黏性阻尼可以看作线性阻尼，属于压缩机机械阻尼中的一部分，其对压缩机自身性能和整机耦合有重要的影响。

活塞受力矢量图揭示了驱动力(电磁力F_e)和负载力之间的关系,即在一定负载力下,电磁力F_e与速度$\dot{x}_c$的夹角ψ为零时,压缩机达到整个动力系统的谐振状态,此时制冷机系统的制冷效率最高。

2. 板弹簧支撑结构

板弹簧在线性压缩机中起着重要的作用。首先,它提供运动活塞的弹性回复力,使其做往复运动,且在最大的运动行程范围内,板簧所受的应力均应小于材料的疲劳应力;其次,它对运动活塞起着径向支撑作用,每片板弹簧具有很高的径向刚度,对活塞有很好的径向支撑作用,使活塞在运行过程中始终处于中心轴线位置,保持活塞与气缸壁的间隙动密封,大大减少了活塞与气缸壁间的磨损,提高了压缩机的寿命和可靠性。为使板弹簧获得上述功能,板弹簧具有较为复杂的型线,因此设计和加工有一定的难度。

在板弹簧的设计中要考虑的主要有型线类型、轴向刚度、径向刚度及型线首尾端应力集中部位开槽的优化("泪珠"形状优化)。常见的板弹簧型线主要有圆渐开线型、阿基米德螺旋线型及三角直线臂型等,不同型线下的轴向刚度和径向刚度也不同,因此对板弹簧型线进行优化设计对材料的选择和加工措施进行更进一步的研究是确保弹簧能够接近刚性地支撑运动部件,同时又不会在超长的运行寿命中产生疲劳等严重后果。在具体设计过程中,通常采用大型有限元分析软件,对板弹簧的轴向刚度、径向刚度、固有频率等力学特性进行研究,通过改变其型线和厚度等,得到完全满足工程条件的设计方案。

由于压缩中运动活塞与气缸间的间隙尺寸均在微米级别,因此对板弹簧结构的支撑有很高的精度要求。由于板弹簧型线相当复杂,板弹簧的材料又是不锈钢,只有用精密线切割加工,才能满足高尺寸精度、高光洁度的要求。为满足要求,首先,板弹簧必须具有很高的平整度,与板弹簧固定的组件面也必须具有很高的平整度,由此保证板弹簧面与活塞中心轴线很好的垂直;其次,板弹簧和活塞轴之间必须保证很高的配合精度,确保活塞运动时与板簧中心的相对静止;最终保证活塞沿着直线运动,活塞与气缸间无磨损。

板弹簧轴向刚度测试主要采用数显弹簧拉压试验机完成。该试验机负荷测量采用数字显示,克服了人眼的读数误差,位移测量采用标尺与游标尺指示(小负荷用数字显示),去掉了负荷传感器的变形引起的位移,使位移准确。位移显示采用标尺与游标尺指示,具备微调功能。试验力采用数码管数字显示。弹簧用专用的固定支架安装于试验机上。利用软件对试验数据进行线性拟合,最终筛选出线性度在0.99以上的板弹簧产品,用于压缩机样机装配。

3. 间隙密封

在线性压缩机中,为减少磨损,在气缸和活塞之间使用间隙密封。间隙密封中的流动运动较为复杂,间隙密封是一种动态密封,在间隙密封区域内,由于两表面的相对运动,促使气膜流动。在密封区域形成的气体润滑膜,避免了两密封表面的接触,确保密封性能。

由间隙密封原理可知,利用间隙两端压力差阻止流体泄漏,其数值大小不应大于气膜层间内摩擦力。但是,由于两表面之间存在相对运行,在密封两端压力不相等时泄漏是不可避免的。为减少泄漏损失及摩擦功耗,选择合适的密封结构、密封长度及密封间隙等具有重要意义。

工程上间隙设计值在10 μm左右，也可以在间隙密封结构表面开不同的沟槽，从而提高间隙密封性能。目前常用的是直线密封和迷宫结构，分别如图3.17和图3.18所示。

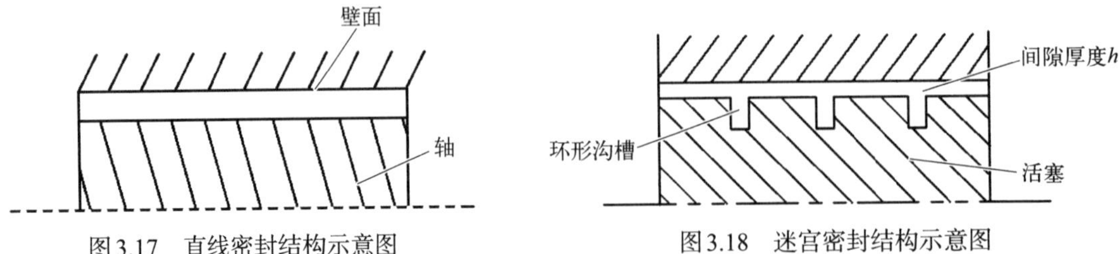

图3.17　直线密封结构示意图　　图3.18　迷宫密封结构示意图

间隙密封设计基于流体密封理论，利用计算流体动力学（computational fluid dynamics, CFD）研究不同密封结构对间隙密封性能的影响。在此基础上，分析不同结构参数及运行工况对间隙处工质泄漏量的影响，进而确定最优的结构参数和合适的运行工况。

在间隙密封的加工工艺上，需要保证相关零件的形位精度，尤其是活塞轴外表面与气缸内表面的同轴度，在装配上，通过模具控制关键部位的尺寸偏差在合理的极限公差范围内。

对于装配完成的间隙密封，需要通过一定的工艺手段进行装配质量的评判，目前用到的手段主要包括无损探伤和简谐振动分析两种。无损探伤方式主要是通过透视监测活塞与气缸间隙的精准度和一致性，该方式对监测设备精度具有较高的要求，一般用在批量化生产的产品上；简谐振动分析是将活塞动子看作质量-弹簧-阻尼系统，通过观测其在外部激励下的振动来相应地判断间隙密封的装配好坏，该方式操作方便，检测成本低，通常用于研发样机。

4. 压缩机效率评估

线性压缩机是根据其所驱动的冷指的性能要求进行匹配设计，其效率受到冷指负载影响，通常情况下，对制冷机稳定运行过程中压缩机的效率进行评价时，考虑了电机中的铜损耗、铁芯损耗、摩阻损耗以及由气体压缩膨胀引起的不可逆损耗，该压缩机效率称为PV功转化效率，即压缩机出口输出的PV功与总输入电功的比值，用η_{PV}来表示，其表达式为

$$\eta_{PV} = \frac{P_e - P_{Cu} - P_{Fe} - P_f - P_{rev}}{P_e} \times 100\% \tag{3.46}$$

式中，P_e为压缩机稳定运行过程中的输入电功；P_{Cu}为铜损耗；P_{Fe}为铁芯损耗；P_f为摩阻损耗；P_{rev}为由气体压缩膨胀引起的不可逆损耗。

铜损耗计算式为

$$P_{Cu} = I^2 R \tag{3.47}$$

式中，I为通过励磁线圈的电流的有效值；R为励磁线圈的电阻。计算时，应结合铜线的电阻率随温度的变化率，按电机实际工作温度下的电阻值进行计算。

线性压缩机中的内外轭铁位于交变磁场中，并被反复磁化，它们的B-H关系曲线为磁滞回线，由磁滞特性引起的能量损耗即为磁滞损耗P_h。由于轭铁既是导磁体又是导电体，当处于交变磁场中时，在轭铁内会产生自行闭合的感应电流，即为涡流，涡流在轭铁中产生焦耳

热损耗，叫作涡流损耗P_{eddy}。上述两种损耗组成铁芯损耗$P_{Fe}=P_{eddy}+P_h$。

如不计饱和影响，由正弦电流所激励的交变磁场中的内外轭铁涡流损耗的经验公式为（胡庱生和胡敏强，2009）

$$P_{eddy} = k_e V f^2 \tau^2 B_m^2 \tag{3.48}$$

式中，k_e为轭铁的涡流损耗系数；τ为轭铁的叠片厚度。

磁滞损耗能量的经验公式为

$$P_h = k_h V f B_m^n \tag{3.49}$$

式中，k_h为内外轭铁的磁滞损耗系数；f为输入线圈交流电的频率；B_m为磁化过程中的最大磁通密度；指数n与轭铁材料的性质有关，其数值为1.5～2.0，一般估算时取2.0。对于大功率线性压缩机，可采用硅钢叠片结构使得电机的铁芯损耗得到较好的抑制。

在工程实际应用过程中，铁芯损耗的值很难通过上述公式进行精确计算，一般采用实验测量或数值模拟的方法来确定铁芯损耗的大小。综上所述，电机效率可以表示为下列公式：

$$\eta_e = \frac{P_e - P_{Cu} - P_{eddy} - P_h}{P_e} \tag{3.50}$$

压缩机机械损耗是由运动活塞与气缸之间的机械摩擦以及气体的黏性阻尼效应引起的，其主要受零件加工精度、整机的装配工艺和运行环境的影响，其可以用来衡量一台线性压缩机在装配方面的精密程度。

气体压缩膨胀引起的不可逆损耗受冷指负载影响较大，相同的压缩机配不同的冷指负载，其热力学工况不同，损耗值也不同。进行压缩机设计时，PV功转化效率可通过RC负载法进行理论分析，也可以通过热动力联合仿真设计进行数值模拟。样机测试时可通过活塞位移信号和冷指入口的压力波信号的实测值获得实际的冷指入口PV功值，最终获得样机的实际PV功效率。

3.3 长寿命技术

3.3.1 机械制冷机失效模式分析

空间用机械制冷机由于具有不可维修性，较地面用制冷机，其寿命要求长，一般要求达到5年以上，因此长寿命技术是近年制冷机研究的一大热点。除去由材料和工艺等变异造成的早期失效，影响制冷机长寿命运行的失效模式主要有四种：磨损、气体污染、泄漏、疲劳。

1. 磨损

磨损主要产生于压缩机活塞和气缸、膨胀机排出器和气缸之间的摩擦。牛津型斯特林制冷机采用了线性电机驱动、板弹簧支撑、间隙密封等"无摩擦"技术，其动力学设计如图3.19所示，理论上活塞受力均沿轴向，且活塞与气缸之间无固体接触，因此从设计上消除了磨损的影响（Carrington et al., 1995）。但是Ball公司的试验却发现事实并非这样（Meijers et al., 2002），该试验通过在活塞中心安装径向位移传感器来监测制冷机全速运行时密封间隙的变化情况，发现板弹簧的有效支撑并不能避免磨损发生，还必须考虑其他的一些变异因素。传感器的输出结果表明，气缸内作用在活塞上的气体力并非完全是轴向的，而是具有径向分力，从而导致活塞的径向漂移；气体力幅度越大，活塞的径向漂移也越大。试验表明，作用在活塞上的径向力是活塞行程、充气压力和制冷机运行时间的复杂函数。除了合理选择充气压力和密封间隙，零件加工工艺和装配工艺也是减少制冷机磨损的关键因素。

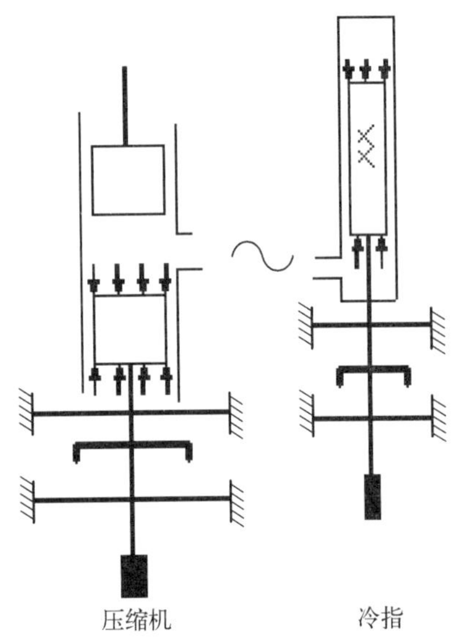

图3.19　牛津型斯特林制冷机动力学框图

磨损造成的危害很难估计，因为它对制冷机的失效形成一种正反馈（Boyle et al., 2003；Mand et al., 2001）：密封间隙磨损所产生的碎片，将会加重相对运动部件之间的磨损；磨损导致密封间隙增大，进而增大了气体的泄漏损失和压力损失；同时，产生的碎屑对蓄冷器造成污染，阻塞蓄冷器通道，增大流阻，降低制冷机性能。

根据磨损产生的机理，可以判定磨损主要发生于制冷机寿命预测浴盆曲线的前端部分，随着制冷机的运转、磨损的产生、密封间隙的增大，活塞与气缸之间接触的概率将越来越小，磨损对制冷机性能的影响也将越来越小，这种失效特点也是空间斯特林制冷机不同于地面战术斯特林制冷机的主要特征之一。

为此，通过选用合适的耐磨材料和板弹簧设计，控制制冷机的装配工艺，并进行必要的前期磨合筛选，可以有效地减低磨损对制冷机运行寿命的危害。

2. 气体污染

气体污染是制冷机所有失效中最难解决的一种失效模式，它困扰了制冷界几十年，而不幸的是，迄今它依然是制冷机的主要失效模式之一，尤其对于低温区长寿命的制冷机（杨宝玉等，2007；Castles et al., 2001；Mand et al., 2001）。气体污染的产生，主要源于内部材料的吸气与解吸、气体扩散和泄漏等导致的双向污染，使得工质氦气纯度下降。关于气体污染的来源途径及关键控制措施，在文献（Castles et al., 2001）中有详细阐述。

制冷机运行时，数十毫米长的蓄冷器内部存在巨大的温差（60 ～ 300 K），在这个温区范围内，可凝性气体杂质在达到其饱和压力或温度值后将开始凝结或凝固，以一定的形式分布在丝网内部。气体杂质在蓄冷器网片上凝结后，将堵塞丝网内的部分通道，这样，原来流经该通道的气体就必须从其他通道流过，进而加大了其他通道的压力损失，减小了蓄冷器的有效换热面积，并增大了氦气与丝网之间的换热热阻，进而降低制冷性能（Otsuka et al., 2010）。由于污染在蓄冷器内部的微观凝结过程完全不可视，且蓄冷器内部存在周期性的冷热交变流，因此在第4章将对该部分进行探索性解释。

通过对制冷性能进行实时监测发现，气体污染在蓄冷器内部凝结后，制冷性能将发生衰减，且该衰减形式遵循一定的规律。对于该衰减规律模型的研究有助于评价制冷机内部污染状况，并实现对性能衰减的拟合外推，有利于评价污染失效。

针对制冷机内气体污染的研究，涉及了气体杂质成分及含量分析、除气净化工艺、由污染导致的制冷性能衰减规律、气体杂质在蓄冷器内部的凝结分布形态及受污染后蓄冷器物性参数的变化等工作，其中，气体杂质在蓄冷器内部的凝结机理分析是最难的。

对于制冷机的气体污染，国外开展了大量研究工作。Yuan等（2003）通过用气体色谱仪对整机进行分析，发现制冷机内部的污染成分主要有：氮气、氧气、二氧化碳、甲醇、丙酮、甲烷等，其中甲醇和丙酮主要是在零部件清洗阶段所带入的（部分学者的研究表明，零件清洗阶段带入的主要为乙醇和丙酮，这主要取决于所选用的清洗液）；进一步研究发现，一定时间之后，丙酮和甲醇可以完全分解为甲烷，这也是后期在部分气体成分分析中没有发现丙酮和甲醇的原因。

对甲醇（乙醇）和丙酮分解的分析，有助于判定制冷机内部污染的临界含量。在丙酮和甲醇完全分解为甲烷之后，甲烷含量急剧增加，由分子结构可知，1 mol的丙酮可以分解为2 mol的甲烷，1 mol的甲醇可以分解为1 mol的甲烷。气体污染成分的含量通常用体积分数来表示，根据气体分子的物理性质，通过摩尔质量和摩尔密度可以折算出其摩尔体积，进而也就可以把分解前的丙酮、甲醇含量转化为分解后的甲烷含量。由表3.6可知，丙酮、甲醇、甲烷的摩尔体积非常接近，因此，体积分数为1×10^{-4}的甲醇等效为相同体积分数的甲烷，体积分数为1×10^{-4}的丙酮可等效为体积分数为2×10^{-4}的甲烷。如果先前控制各污染气体的体积分数均不超过1×10^{-4}，则寿命后期的甲烷体积分数应不超过3×10^{-4}。国外部分杂质气体含量的试验分析结果也支持上述分析。关于制冷机内部污染气体临界量的问题，将在第4章中结合试验数据进行进一步分析。

气体污染是由于其凝结后改变了蓄冷器的物性参数，因此流阻和热阻发生改变，进而影响制冷性能。当蓄冷器内部不存在温度梯度时，即停机后，制冷机内部污染成分将全部转化为气体，在浓度差作用下重新均匀分布，在一定的静置时间之后，或者通过重新净化充气，性能可以大幅回复，即气体污染失效不同于机械磨损失效，气体污染失效具有可回复性，而机械磨损失效不具有可回复性。气体污染的这个典型行为特征，将有助于判别污染失效，并以此设计污染的量化考核试验，该部分研究将结合第4章中的整机制冷性能随污染衰减规律试验和污染强制添加试验，及第5章中的针对污染单一失效的宏观寿命评价方法进行阐述。

对于长寿命制冷机，解决污染问题的关键在于前期工艺的处理，内部材料在使用前必须进行烘烤除气，尽量减少有机/环氧材料的使用，并对源气进行净化提纯，净化充气管道，对整机进行充气置换（Castles et al., 2001）。结合上海技术物理研究所目前所选用的制冷机内部关键非金属材料，其放气规律分析、整机寿命试验后的气体分析、烘烤除气工艺优化的研究详见第4章，该章同时分析了杂质气体对制冷性能的影响规律，并对气体杂质在蓄冷器内部的传输凝结机理进行了探索研究。

表3.6 丙酮、甲醇和甲烷的分子物理性质

气体种类	分子式	摩尔质量/(g/mol)	密度/(g/cm^3)	摩尔体积/(cm^3/mol)
丙酮	CH_3COCH_3	58	0.006 5	8 923
甲醇	CH_3OH	32	0.003 6	8 888
甲烷	CH_4	16	0.001 8	8 796

表3.7 寿命试验后气体含量分析

气体成分 \ 体积分数	A(Olson et al., 2006)	B(Olson et al., 2006)	C(Nast et al., 2006)
CO_2	1.36×10^{-4}	1.89×10^{-4}	0.70×10^{-4}
CH_4	2.25×10^{-4}	1.26×10^{-4}	1.44×10^{-4}

3. 泄漏

泄漏主要指，制冷机密封措施不好，造成工质的泄漏和双向污染。制冷工质气体氦气是仅次于氢气分子的最小分子，具有极强的渗透性；泄漏主要发生于密封接口、焊缝和电缆插烧结处。

泄漏率是衡量制冷机密封性能优劣的指标，国际上通常用两种方式来表示泄漏率：体积流量和压力体积流量，对应的单位分别为$10^{-6}\ m^3/s$和$Pa\cdot m^3/s$，其中，前者为美国工业标准，后者为欧洲工业标准。上海技术物理研究所选用的氦质谱检漏仪中的泄漏率用压力体积流量表示($Pa\cdot m^3/s$)，因此关于临界泄漏率的分析如下。

由气体状态方程可知：

$$PV = mRT \tag{3.51}$$

式中，V是制冷机总内容积；P、m、R、T分别为工质氦气对应的压力、质量、摩尔气体常量和温度。

泄漏率的压力体积流量q定义如下：

$$q = \frac{d(PV)}{dt} \tag{3.52}$$

对于制冷机总内容积，式(3.52)可表示为

$$q = V\frac{dP}{dt} \tag{3.53}$$

测得制冷机的压力体积流量q后可以得出制冷机内部的压力损失和质量损失：

$$\begin{aligned} \frac{dP}{dt} &= \frac{1}{V}q \\ \frac{dm}{dt} &= \frac{1}{RT}q \end{aligned} \tag{3.54}$$

q是充气压力P的函数，不同的充气压力P对应不同的泄漏率，随着泄漏的进行，制冷机内充气压力降低，理论上泄漏率将会减小；实际工作中，制冷机内部气体的泄漏量只占气体总量很小的一部分，因此可以用式（3.54）做近似衡量。

当制冷机内容积为1.4 L，充气压力为1.2 MPa，泄漏率取为1×10^{-7} Pa·m^3/s时，根据式（3.54），制冷机内压力和质量的变化如图3.20所示，泄漏率与制冷机内容积对压力损失的影响分别如图3.21、图3.22所示。

结合制冷机在不同充气压力下的制冷机性能试验可以发现，充气压力只有降到一定程度时才会对制冷机性能造成明显影响，如图3.23所示，充气压力在1.17～1.21 MPa范围内时，2 W@80 K制冷机不仅可以满足性能要求，且性能波动很小；若此时制冷机容许泄漏率为1×10^{-7} Pa·m^3/s，制冷机内部容积为1.4 L，则制冷机泄漏0.3 kg气体需要约13年，完全可以满足现有的工程项目要求；试验同时表明，泄漏主要影响制冷机寿命后期性能。

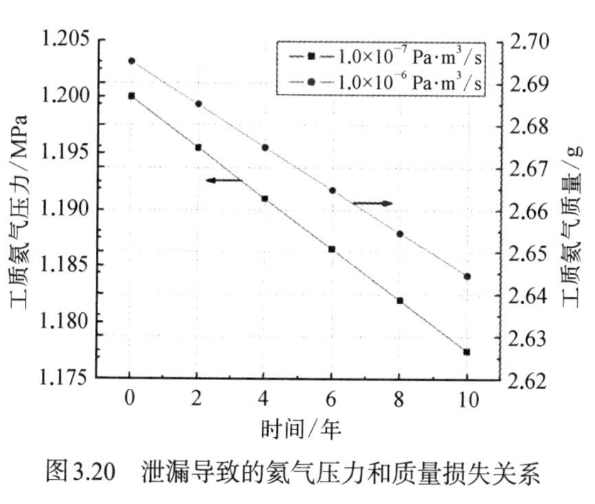

图3.20 泄漏导致的氦气压力和质量损失关系

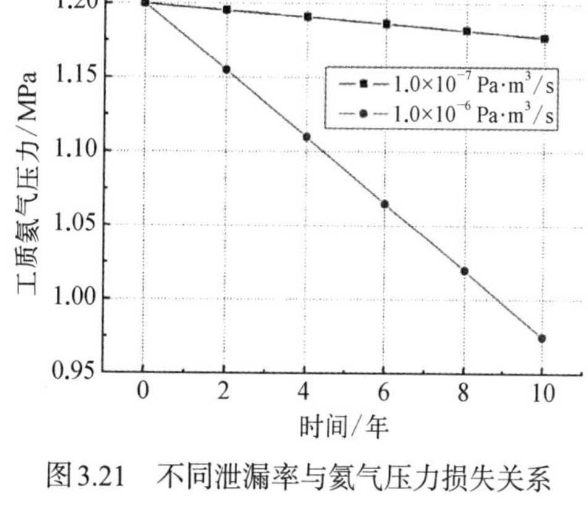

图3.21 不同泄漏率与氦气压力损失关系

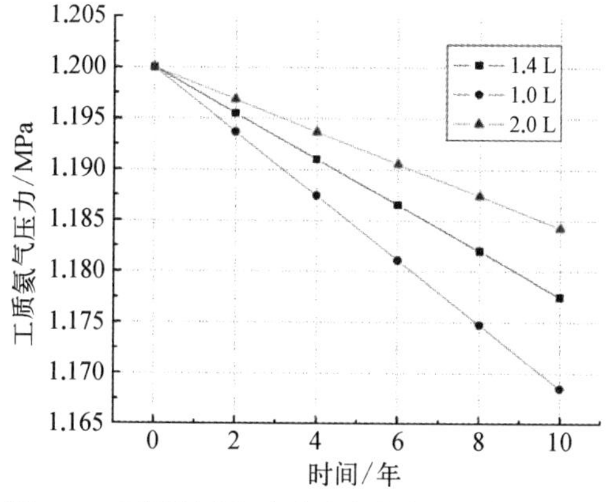

图3.22 不同制冷机内容积与氦气压力损失关系

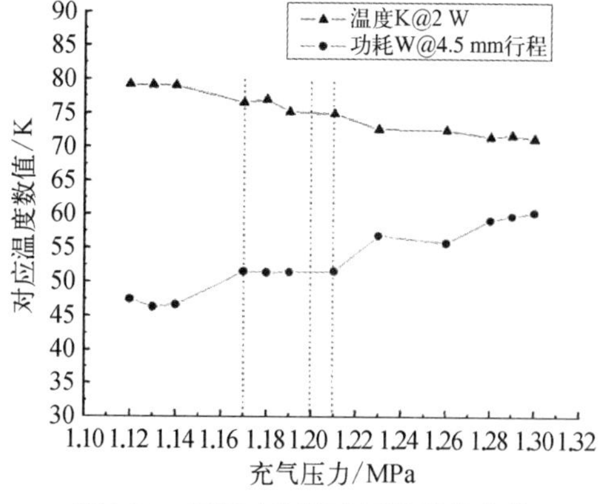

图3.23 不同充气压力下的性能曲线

结合图3.20和图3.23，当制冷机内容积约为1.4 L，寿命要求在10年之内时，可以把1×10^{-7} Pa·m^3/s作为考核泄漏单一失效的判据；图3.21和图3.22表明，对于不同型号制冷机（不同内容积），临界泄漏率不唯一，需要根据实际运行寿命要求、制冷性能随充气压力的变化、工质氦气压力损失与时间的关系综合得出。

考虑到制冷机应用的典型环境温度范围−20 ～ 40℃，通过用软金属O形圈代替非金属密封圈，制冷机的密封完全可以靠工艺来解决，图3.24为工艺改善前后整机泄漏率的对比，可见，目前的封装工艺已完全可以满足临界泄漏量（1×10^{-7} Pa · m^3/s）的要求。此外，可通过热循环试验和机械振动试验，对比泄漏率的变化，进行工艺筛选。

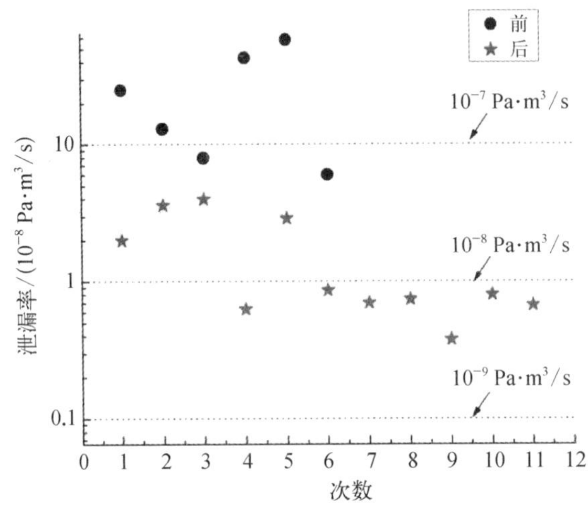

图3.24　工艺改善前后整机泄漏率对比

4. *疲劳*

疲劳主要指电机引线失效和板弹簧疲劳失效。电机引线接点处如果受力，也会导致疲劳断裂。在改进引线设计之后，采用螺旋形绕线、骨架支撑的结构，轴向受力主要作用于塑胶套管上，电机引线接点处完全固定，不再受疲劳周期应力，目前电机引线的可靠性主要取决于制作工艺。

对于板弹簧，理论上所受应力小于其疲劳极限应力时可工作无限次，因此在设计阶段必须开展应力分析（Mullie et al., 2005；Abhyankar et al., 2004；Benschop et al., 2003；Kawada et al., 1997；Kiyota et al., 1997），确保弹簧的使用应力远低于其疲劳应力，从而保证足够的工作寿命。Abhyankar等（2004）指出，板弹簧除了按经典的N–S曲线设计、进行有限元模拟分析，还必须注意到所查到的材料疲劳曲线本质上是个批量统计数据，因此还必须考虑到批与批之间的变异，进行应力强度干涉分析；因此，考虑到选材和加工过程中的变异，为了剔除批次板弹簧中的早期失效产品，必须开展疲劳筛选试验，提高板弹簧的使用可靠性。Mullie等（2005）和Benschop等（2003）指出，批量板弹簧的疲劳筛选试验中，循环次数应不低于10^7次（周期疲劳次数），以验证有限元模拟分析的结果；制冷机设计时，固定行程，使得最大使用应力远低于疲劳应力。Kiyota等（1997）则要求板弹簧疲劳寿命试验的循环次数应不低于10^9次，使用应力安全系数取为2。

在开展板弹簧的疲劳筛选试验或疲劳寿命试验时，值得注意的是，决定板弹簧疲劳应力的关键因素是行程，而与频率无关。因此在试验中可以根据材料的疲劳应力曲线，增大行程，使得板弹簧所受应力大于其名义应力，缩短试验时间，验证其疲劳特性。Wilson和Fralick（2007）指出，在进行疲劳应力筛选试验时，板弹簧的行程超过规定行程的30%，试验循环次数大于10^7次，通过该试验的板弹簧，可认为已具备了在名义运行条件下足够的可靠性；在制冷机装配后，整机进行至少100小时的前期磨合试验（大于10^7次循环）来达到无磨损的稳定运行状态。Raab等（2001）指出，通过增大板弹簧的行程，在50 Hz频率下，5×10^7次疲劳应力筛选循环可在288小时（12天）内完成，通过试验的板弹簧才可被用于整机装配。

图3.25　板弹簧疲劳寿命试验装置

上海技术物理研究所采用的板弹簧中，在有限元设计基础上，有10片板弹簧被用于疲劳寿命试验，测试装置如图3.25所示，板弹簧在名义使用条件下运行，截至2009年4月，疲劳试验循环次数已超过85亿次，折合为制冷机在运行频率45 Hz下的运行时间，不低于52 000小时，该试验仍在进行中，充分验证了该型板弹簧设计的可靠性。

3.3.2　失效模式控制技术

空间机械制冷机内部一般采用高纯氦气作为工质，氦气相对分子质量非常小，极易从制冷机内部往外渗透泄漏。泄漏是制冷机固有的一个问题，关键是通过密封设计，使得在制冷机的有效工作寿命期内，泄漏不足以引起制冷性能的失效。不同型号制冷机所能承受的泄漏程度不同，取决于制冷机本身的设计。试验证明，对于斯特林制冷机，充气压力从工作充气压力泄漏0.3 kg/cm^{2}时，制冷机性能波动很小。制冷机内部容积按照1.4×10^{-3} m^{3}计，若此时制冷机容许泄漏率为1×10^{-7} Pa · m^3/s，则制冷机泄漏3.0×10^4 Pa气体需要约13年，完全可以满足现有的工程项目要求。因此可以把1×10^{-7} Pa · m^3/s作为考核泄漏单一失效的判据。目前采用全金属焊接的制冷机泄漏率可小于1×10^{-8} Pa · m^3/s，采用金属丝密封圈密封的制冷机泄漏率可小于0.5×10^{-8} Pa · m^3/s。此外制冷机需要进行温度热循环试验和机械应力振动试验，监测其泄漏率的变化，确保制冷机在使用环境条件下均能满足泄漏率要求。

空间斯特林制冷机的压缩机采用无油润滑的间隙密封技术，即通过板弹簧使活塞悬空在气缸内部，活塞往复运动时与气缸之间不发生摩擦磨损。通过多片板簧叠加安装，可以获得较大的径向刚度，控制活塞的径向跳动，从源头上控制磨损。为保证采用板弹簧支撑时活塞与气缸间达到无磨损的间隙密封，压缩活塞细长轴、膨胀活塞细长轴、压缩气缸、膨胀气缸等精密零件的形位公差均需要控制在丝级（1丝＝0.01 mm）以内，压缩气缸、膨胀气缸内部要求达到类似镜面的光洁度，活塞表面采用自润滑材料，以有效地减少活塞在气缸内运动时的磨损。除了零件本身需要精密加工，保证精度要求，制冷机的精密装配非常重要。为了确保装配精度，装配过程中需要对制冷机的装配阻力进行在线实时测试，称为Q–test测试，即装配后，给活塞一个瞬时激励，通过位移传感器监测活塞在该瞬时激励下的正弦位移衰减波。若活塞和气缸之间摩擦力大，则活塞受到的黏滞阻尼力大，活塞的位移衰减波数少，如

图3.26(a)所示。若活塞和气缸之间摩擦力小,则活塞受到黏滞阻尼力小,活塞的位移衰减波数多,如图3.26(b)所示。

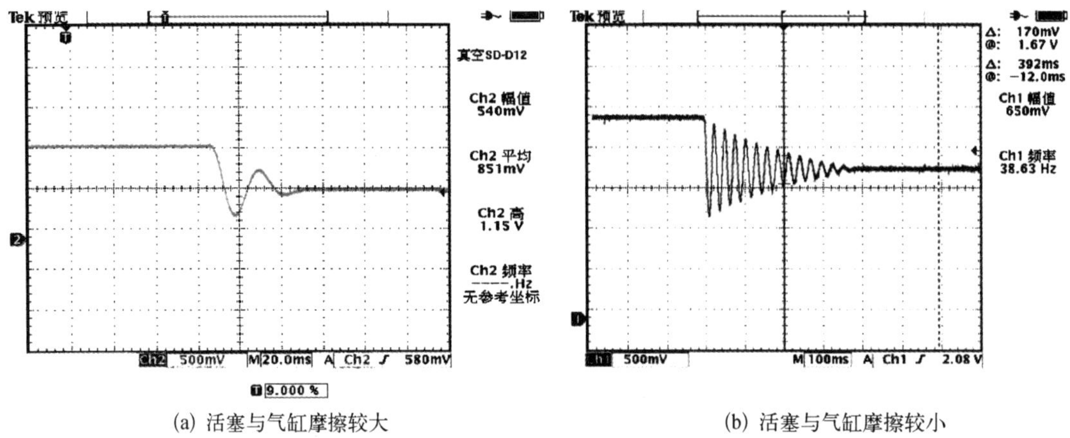

(a) 活塞与气缸摩擦较大　　(b) 活塞与气缸摩擦较小

图3.26　活塞位移衰减波形图

经过大量工艺数据的验证表明,对于压缩机,当波数大于8个时认为摩擦阻尼可忽略不计;对于膨胀机,当波数大于4个时认为摩擦阻尼可忽略不计。因此,设定压缩机装配和膨胀机装配的质量控制点:压缩机Q-test波数不少于8个,膨胀机Q-test波数不少于4个。

同时,为保证制冷机在全温区范围内都能达到无摩擦磨损状态,制冷机在装配组装完成后将进行高低温下的直流拉偏摩阻试验。该试验方法主要是基于活塞的受力平衡开展的。当制冷机内部为真空时,活塞的受力分析如图3.27所示。

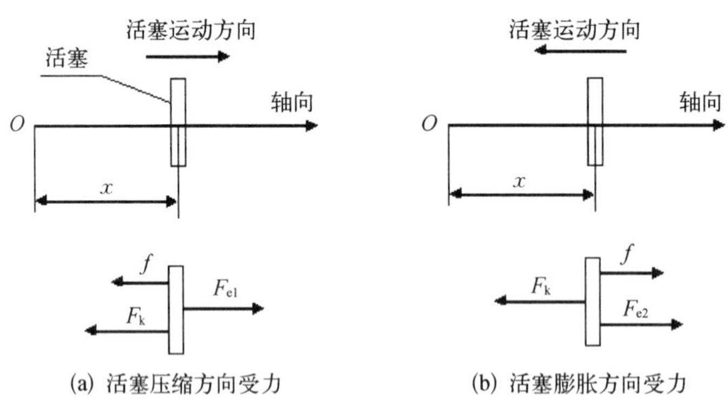

(a) 活塞压缩方向受力　　(b) 活塞膨胀方向受力

图3.27　活塞在真空下的受力分析

当活塞往压缩方向运动时,其受力平衡方程为

$$F_{e1} = F_k + f \tag{3.55}$$

当活塞往膨胀方向运动返回同一点时,其受到的摩擦力大小不变,方向改变,而受到的板弹簧回复力不变,其受力平衡方程为

$$F_{e2} + f = F_k \tag{3.56}$$

可得

$$F_{e1} - F_{e2} = 2f \tag{3.57}$$

由此可知,当活塞所受的摩擦阻力为零时,驱动活塞在任何方向上往压缩方向和往膨胀方向运动时所需的电机力均一致。利用上述结论,对压缩机施加一个微小步进的电机力,监测此时的位移响应,若不存在摩擦阻力,则在相同驱动力下的压缩方向和膨胀方向的位移点是一致的。

基于上述分析,将制冷机抽真空后放入高低温试验箱,分别在高温和低温下对制冷机进行12 h保温,然后利用步进电源分别在压缩方向和膨胀方向对制冷机活塞施加一个微小驱动力,测试制冷机的位移在微小驱动力下的响应,试验装置如图3.28所示。

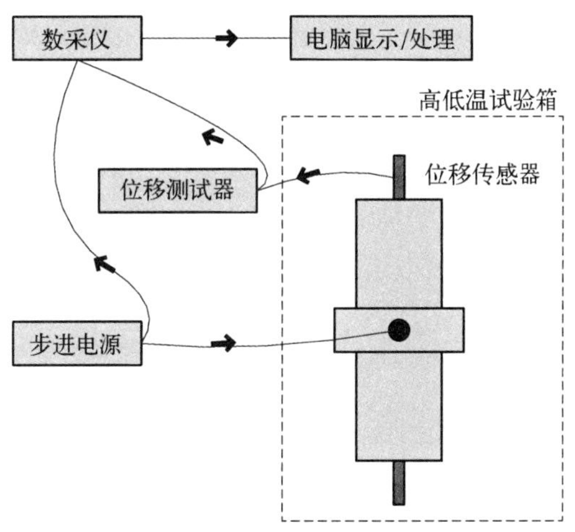

图3.28 摩阻试验装置

活塞无摩阻时测得的压缩方向和膨胀方向位移响应曲线基本重合,活塞有摩阻时测得的压缩方向和膨胀方向位移响应曲线存在偏移,如图3.29所示。通过摩阻试验,可以对装配后的制冷机进行装配摩阻筛选,剔除存在摩阻的制冷机。通过上述试验后的制冷机将确保完全进入无磨损状态。

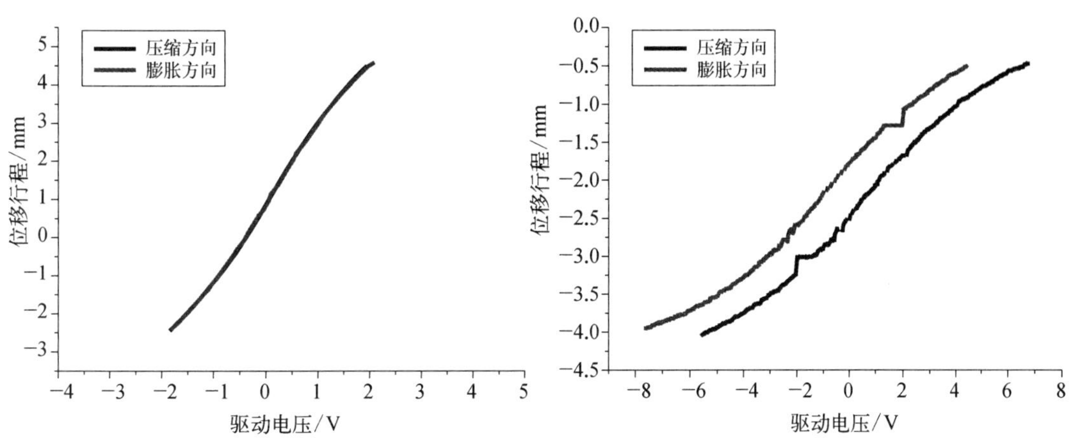

图3.29 位移响应曲线

牛津型斯特林制冷机若采用动磁结构，则疲劳件只有板弹簧，若采用动圈结构则可能的疲劳部件为电机引线和板弹簧。如今的电机引线的设计不同于以往的飞线设计，是螺旋状带骨架支撑的引线结构，增长了引线长度，在活塞位移相同的情况下，单位长度引线的摆幅很微小，且节点处几乎与引线平行，消除了节点应力；外套骨架不仅有支撑的作用，更有保护引线的作用，因此电机引线及节点所受的应力非常小，可以避免疲劳失效。

对于板弹簧的设计，其轴向刚度需满足系统动力学匹配的要求，而其径向刚度需满足支撑活塞直线运行的要求。目前采用的板弹簧型线有多种，借助有限元模拟进行分析，可以选择不同的型线，在确保其弹性刚度前提下，通过设计消除应力集中，使其最大使用应力远低于其材料的疲劳应力，最终从理论上保证板弹簧达到无疲劳的无限寿命。

对上述三种失效的分析表明，可以通过弹簧设计、封装、精密加工与精确装配工艺及相关检测措施解决疲劳、泄漏和磨损产生的失效问题。

为了使整机达到一个良好的设计运行状态，对整机开展磨合筛选试验。对制冷机开展数百小时的温度循环开机试验，试验期间辅以开关机试验来模拟实际的任务剖面。通过筛选考核剔除由操作不规范和零件不合格产生的早期失效所导致的在泄漏、疲劳和磨损三方面对制冷机寿命的影响。

污染是无法避免的，制冷机的工质是高纯氦气，而内部零件特别是非金属材料零件会随着时间不断地释放水汽、氮气和其他高分子气体等杂质气体，由于低温泵效应，制冷机其余部分处的杂质气体将在温度梯度和浓度梯度的作用下，不断流向蓄冷器，可凝性杂质气体在达到其饱和凝结温度时将固化，进而改变蓄冷器的流阻和热阻，影响制冷性能。

制冷机内影响制冷性能的关键放气材料主要有：电机胶、活塞衬套、蓄冷器外壳等非金属材料。兰州空间技术物理研究所对制冷机里所用的星用非金属材料80℃下的出气成分测试分析如图3.30所示，主要成分为水汽、酒精和丙酮。各种材料放气量随时间的变化规律为初期快速上升，后期趋向饱和，数据拟合显示，符合e的负指数关系。

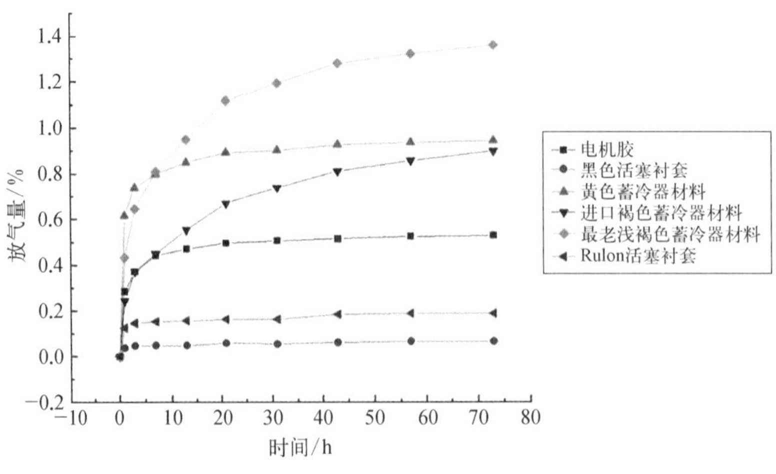

图3.30　80℃下各材料的放气量

针对制冷机内主要放气成分(水汽、酒精和丙酮),进行了主动污染添加试验,即通过主动添加一定量的污染物研究制冷机制冷性能的衰减。试验装置见图3.31。

试验中以水汽为代表,共开展了四组单次试验,如图3.32所示,四组单次试验中水汽体积分数分别为本底、2×10^{-4}、4×10^{-4}和7×10^{-4},总试验时间累计约3 900 h。试验数据表明:四组单次试验中的性能退化均呈现前期衰减速率快、后期缓慢、最终趋于稳定的现象,为典型的e的负指数退化规律,与材料出气模型相似;随着污染物含量的增高,性能退化速率和退化幅度显著增快,且退化速率变化最明显的区间应该位于体积分数为$0\sim2\times10^{-4}$,这与诸多文献报道的临界污染含量为1×10^{-4}相符。

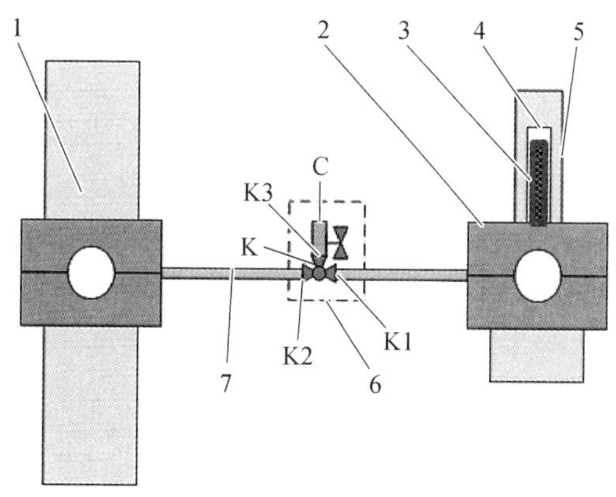

图3.31 制冷机主动污染添加试验装置示意图

1—压缩机;2—膨胀机;3—回热器(蓄冷器);4—冷指;5—真空室;6—微型高压阀;7—中间连管;K1、K2、K3—开孔接口;K—三通阀;C—污染容器槽

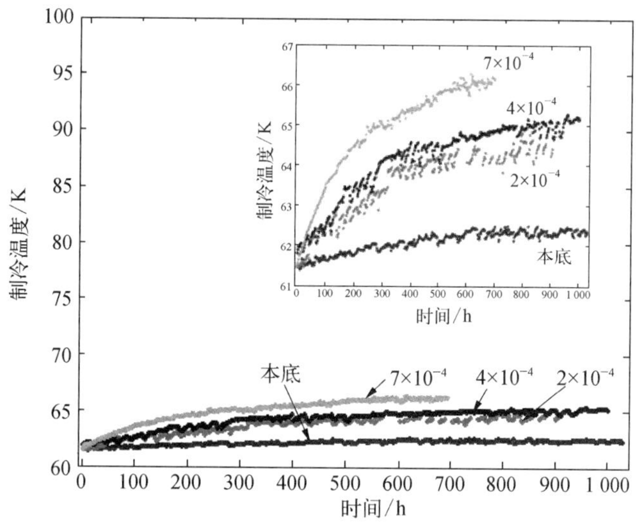

图3.32 不同水汽体积分数下制冷性能变化曲线

上述主动污染添加试验证明,针对污染单一失效的制冷机性能衰减模型可表述为

$$T(t)=T_0+A\left[1-\exp\left(-\frac{t}{B}\right)\right] \tag{3.58}$$

式中，T为t时刻的冷头温度，单位为K；t为运行时间，单位为h；T_0、A、B均为待定参数，可由最小二乘法拟合确定，其计算方程如下：

$$\begin{cases} \sum_{i=1}^{n}\left[T_i - T(t_i;T_0,A,B)\right]\dfrac{\partial}{\partial T_0}T(t_i;T_0,A,B) = 0 \\ \sum_{i=1}^{n}\left[T_i - T(t_i;T_0,A,B)\right]\dfrac{\partial}{\partial A}T(t_i;T_0,A,B) = 0 \\ \sum_{i=1}^{n}\left[T_i - T(t_i;T_0,A,B)\right]\dfrac{\partial}{\partial B}T(t_i;T_0,A,B) = 0 \end{cases} \tag{3.59}$$

式中，(t_i, T_i)为原始数据点；i=1，2，…，n，为对应数据点。

式(3.58)中，拟合模型中三参数的物理意义分别为：T_0为拟合初始制冷温度；A为制冷温度的最大衰减幅度；B为制冷温度衰减所对应的时间常数，可以用$1/B$来表示衰减速率。

由此得到牛津型斯特林制冷机由污染导致的性能衰减与运行时间之间的对应关系，式(3.58)的特点是：该方程由两项组成，第一项为冷头初始温度；第二项为由污染物的积聚导致的制冷温度的衰减；当$t\to\infty$时，第二项趋于A，即制冷温度的最大温升；在污染物的影响下，制冷温度随时间呈上升趋势，并最终趋于饱和。这和材料放气特性是相同的：污染物的释放是呈e的负指数衰减的，即其释放是有穷尽的。

为减少制冷机污染气体对性能的影响，需要严格控制制冷机内部污染源，特别是严格控制非金属材料的使用量，制冷机内部零件均采用金属材料，严格控制电机胶的使用量，通过表面处理减少零件的表面疏松度，减少零件气体吸附量。同时，引入高温烘烤除气工艺，对零件、组件、部件进行高温烘烤真空除气，结合整机级高纯度的氦气充装工艺，确保制冷机内部的残余气体量不会使制冷机性能发生明显衰减。

上述制冷机在低泄漏、无磨损、无疲劳、低污染的工艺控制上，使制冷机寿命周期内的性能不发生明显衰减，此外，制冷机在工程应用时，应充分考虑性能余量，使其覆盖整个寿命周期内可能发生的性能衰减，确保制冷机在轨运行寿命指标的满足。

3.3.3 制冷机可靠性考核方法

空间用制冷机寿命要求长，产品造价高昂，若借鉴工业产品进行平均失效前时间(MTTF)考核，则考核周期长、子样数多、代价高，因此空间制冷机的寿命考核比较特殊。国外在制冷机寿命考核方面开展了较多研究，Bhatia(2002)介绍了韦布尔函数在制冷机设计阶段寿命预测中的应用；Walker等(1988)分别基于指数分布和韦布尔分布函数，给出了制冷机寿命的计算方法；Chan等(1990)和Glaister等(1999)讨论了制冷机冗余备份时的系统可靠性问题，并建立了可靠性模型，给出了系统可靠度的计算方法；Shah等(2004a，2004b，2004c)假设各部件失效服从指数分布，对制冷机可靠性进行了评估；Thieme和Schreiber(2005)基于韦布尔(Weibull)分布模型对制冷机可靠性进行了评价，计算出了制冷机的特征寿命；Shibai(2004)按照“MTBF=累积运行时间/失效数”来评价制冷机寿命，3年的制冷机现场使用数据显示，该型制冷机的统计平均故障间隔时间（mean time between failure, MTBF）近似为常数，验证了该统计方法的可行性；Kopasakis等（2001）根据关键零部件的可靠度，由串联模型得出制冷机整机的可靠性；Wood（2003）和Dong等（2000）通过分析不确定度，利用统计方法建立模型，综合给出产品可靠性和失效概率分布。总结制冷机的寿命考核方法，一般有如下几种考核方法。

（1）针对零部件开展寿命测试，如对运动部件（板簧、飞线、电机、活塞轴组件）开展部件级的测试，通过零部件的测试，给出其失效概率分布和MTBF。

（2）在常规实验室对制冷机开展寿命试验，直至失效，最终分析失效信息，采取相关措施来控制失效，以增强其使用可靠性。

（3）常规实验室对制冷机进行连续寿命试验，根据其性能参数（制冷温度、制冷量、输入功耗等）的衰变关系，分析或外推评价其寿命周期内性能的变化。对制冷机模拟在轨工况下的连续开机试验，即制冷机在热真空变环境温度下连续开机，根据其性能参数（制冷温度、制冷量、输入功耗等）的衰变关系，分析或外推评价其寿命周期内性能的变化。

（4）加速应力试验，在不改变制冷机失效机理的前提条件下，对制冷机施加超过正常应力范围的应力，使制冷机发生加速性能衰减，之后拟合在外推名义使用条件下的制冷机性能。

这里以上海技术物理研究所开展的几种寿命考核试验为例进行介绍。

1. 板弹簧寿命试验

板弹簧（板簧）是制冷机中可能发生疲劳的零件，为验证该零件的可靠性，对疲劳件板簧进行专项寿命试验。所抽取的试验件需要具有代表性，例如，与验证项目中所用板簧同设计、同材料、同工艺、同批次等。

板簧寿命试验设备一般有两种：一种是采用特定的板簧疲劳试验机；另一种是利用制冷机的运动部件开展板簧试验。

板簧疲劳试验机是一种特制设备，采用辅助柱弹簧和电机实现主轴的往复运动，板簧安装并固定在主轴上，可以获得一定频率范围和一定行程范围内板簧的往复运动，如图3.24所示。该种试验设备由于其辅助柱弹簧的寿命低于被试板弹簧的寿命，试验过程中会因辅助柱弹簧损坏而需要中断试验，进行维修。

中国科学院上海技术物理研究所是较早开展板簧疲劳试验的单位，在板簧疲劳试验机上进行的板弹簧高频疲劳试验累计已达1.2×10^{10}次往复运动。

另一种开展板簧试验的试验设备借鉴了制冷机运动部件往复运动的实现方法，将受试板簧通过轴、直线电机及轴系零件安装并固定在制冷机机座上，机座安装在试验台上，其中轴系的活塞与气缸间的间隙很大，不存在摩擦磨损。试验过程中，通过交流电源驱动直线电机带动板弹簧在固定的频率下做往复运动，模拟板簧工作状态。通过调节该设备的最大交流电源输出电压，对板弹簧行程进行调节，板簧行程应为设计最大行程。该种试验设备充分利用了斯特林制冷机长寿命往复运动的实现方案，真实模拟了板簧的安装及工作状态。

板簧寿命试验装置如图3.33所示。

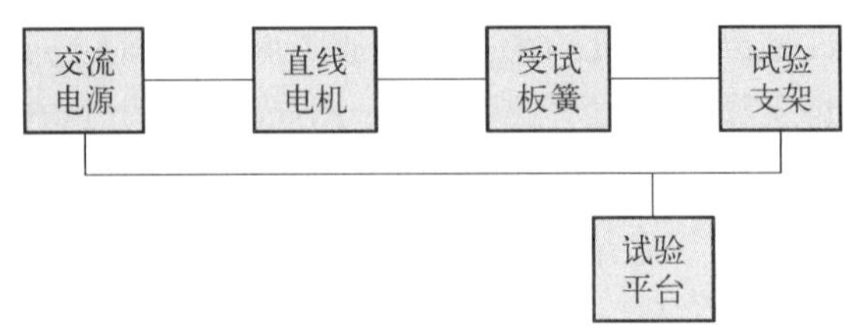

图3.33　板簧寿命试验示意图

图3.34　制冷机板簧寿命试验台

试验台实物照片如图3.34所示。

中国科学院上海技术物理研究所于2013年2月起利用该种试验设备开展了板簧疲劳试验，截至2017年2月7日，累计运行已超过7.1×10^9次往复运动，可以认为受试板簧已经进入无限寿命阶段。

2. 实验室桌面寿命试验

实验室常规寿命是将制冷机置于实验室大气环境，采用风冷或水冷对制冷机进行散热，制冷机用电控箱进行驱动控制，制冷机冷头施加额定的热负载，制冷机以非温控方式或温控方式运行，通过专用的监控设备监测制冷机的输入电参数、冷头温度、压缩机及膨胀机行程、散热面温度等的实时数据。非温控方式时电控箱控制制冷机以固定的行程运行，主要监测制冷机冷头温度随时间的衰减；温控方式时电控箱根据反馈调节制冷机的行程大小，确保制冷机冷头工作在额定温度，主要监测制冷机输入功率随时间的增加。

截至2017年2月7日，上海技术物理研究所在多个工程项目中开展了实验室桌面寿命试验，共计10台套子样，各台套子样桌面寿命试验的时间总计超过40万小时，其中累计开机时间最长的制冷机已经运行了超过86 000 h，如表3.8和图3.35所示。

实验室桌面寿命试验虽然在大气环境中进行，不能完全模拟星上的散热状态，但其运行成本低，可以给出制冷机在恒定散热面温度下长期运行时制冷机性能衰减的趋势，对于研究制冷衰减规律有非常重要的意义。

表3.8　上海技术物理研究所开展的桌面寿命试验

项 目 名 称	子样数/台套	寿命时间/h	制冷机类型
“十五”预研	1	86 836	双驱动斯特林制冷机
XP2W0205	1	58 521	双驱动斯特林制冷机
XP2W0206	1	58 158	双驱动斯特林制冷机
6W0202	1	15 280	双驱动斯特林制冷机
6W0203	1	24 717	双驱动斯特林制冷机

续表

项 目 名 称	子样数/台套	寿命时间/h	制冷机类型
SXX-9B	1	40 587	双驱动斯特林制冷机
SXX-4	1	21 531	气动斯特林制冷机
短波同轴型制冷机	1	37 944	同轴型脉管制冷机
扫描直线型制冷机	1	33 792	直线型脉管制冷机
风云四号桌面寿命件1	1	12 240	双驱动斯特林制冷机
风云四号桌面寿命件2	1	12 288	双驱动斯特林制冷机
总 计	11	401 894	

图3.35 实验室制冷机桌面寿命试验

3. 真空罐内1∶1寿命试验

对于一些高轨道运行的载荷，在轨运行时制冷机散热面变化较大，一年有一个大波动，每天也有一个小波动，而制冷机性能是随散热面温度的波动而波动的，常温大气下已经无法反映星上制冷机的运行状态，因此需要在真空条件下模拟制冷机在轨时的散热状态，开展1∶1连续开机寿命试验。

制冷机的1∶1寿命试验是将制冷机置于真空罐内，制冷机表面包多层，只从散热面处与外界发生热交换，采用热管散热，散热面模拟星上的交变温控条件，制冷机在真空变温环境下连续开机。

真空罐内1∶1寿命试验需要专门的真空控温系统为受试制冷机提供真空环境和变温条件，其设备原理图如图3.36所示。利用真空设备对罐体抽真空模拟星上真空环境，如图3.37所示。制冷机散热面通过热管与罐体内冷板连接，如图3.38所示，利用温控设备对制冷机散热面进行温控，模拟制冷机星上温度环境。图3.39是某项目制冷机的散热面温度剖面图，制冷机以168 h为一个周期，温度从−25℃变化到25℃。驱动制冷机的控制电路箱放在罐外，制冷机冷头以温控模式运行，监控设备实时监控制冷机运行时的输入电压、电流、功率、制冷机行程、冷头温度、散热面温度等运行状态参数。

真空罐内1∶1寿命试验可以模拟星上制冷机的运行环境，开展较真实运行条件下的制冷机连续开机寿命试验，获得制冷机在真空下交变散热面温度时的功率-时间曲线图，推算制冷机的衰减规律，为预测制冷机在轨性能衰减模型提供数据依据。

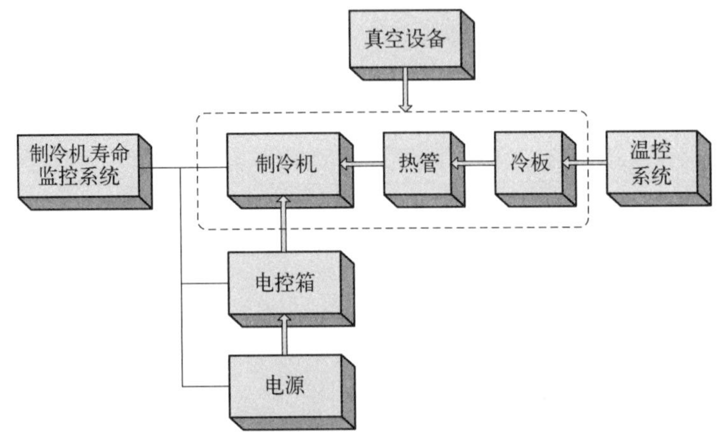

图3.36　真空变温设备

图3.37　真空变温设备

图3.38　制冷机在真空变温设备内部的安装情况

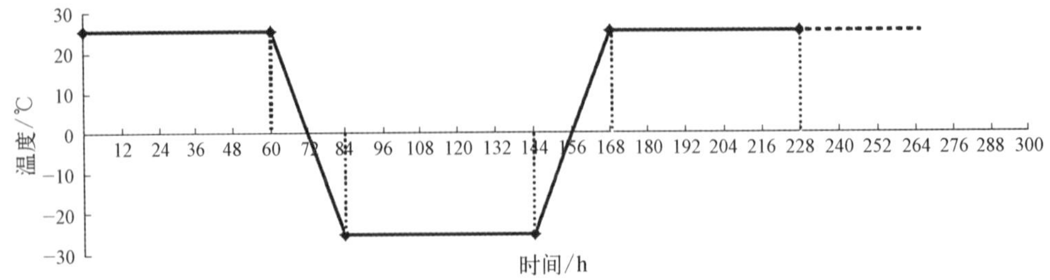

图3.39　制冷机散热面温度剖面图

4. 制冷机污染加速试验

制冷机污染加速试验是针对污染单一失效模式开展的高温应力下制冷机加速寿命试验。试验设备如图3.40所示，由高低温试验箱、真空泵、交流驱动电源、数据采集和监控系统等组成。

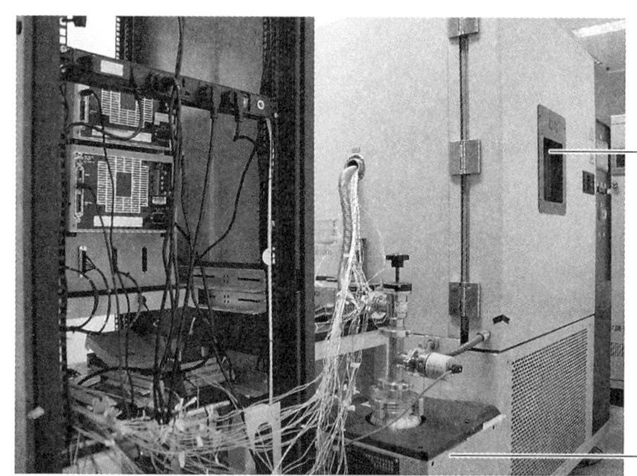

(a) 制冷机污染加速试验环境保障装置

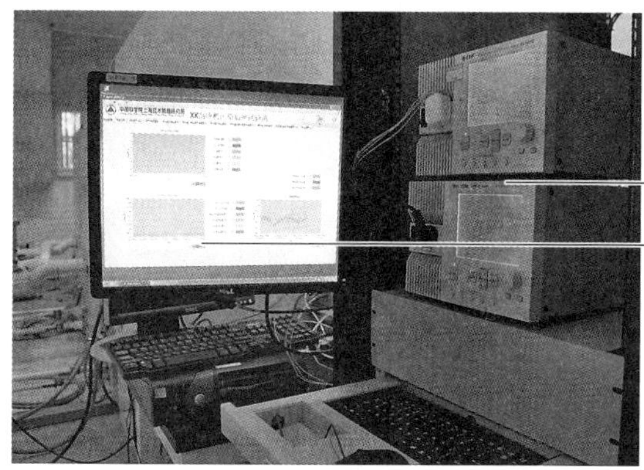

(b) 制冷机污染加速试验测控装置

图3.40　污染加速试验设备

如图3.41所示，一台某型号直线型单级脉管制冷机在高低温试验箱中准备进行试验，试验中制冷机与真空泵相连，使制冷机冷头处于真空状态，高低温试验箱为制冷机提供环境温度条件，试验过程中制冷机的压缩机采用直接风冷，脉管大、小热端通过热管和散热板来扩大散热面后风冷，冷指大端采用两根热管散热，冷指小端采用一根热管散热。

图3.41　某型号直线型脉管制冷机样品

试验中通过施加不同的高温散热面温度获得制冷机不同的性能衰减曲线，其中高

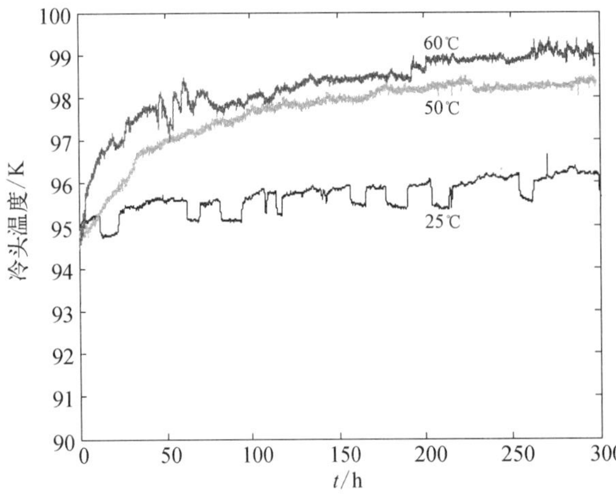

图3.42　不同环境温度下制冷机冷性能退化曲线

温散热面温度应力范围的选取应确保在该温度下制冷机的性能衰减机理没有变化，即在该温度下制冷机没有引入额外的泄漏、疲劳和磨损，仍有污染为单一失效模式。图3.42是某型号制冷机在25℃、50℃和60℃下的性能退化曲线，随着温度的增加，制冷机退化趋势加剧。

通过数据分析可以建立产品的寿命与应力间的数学关系，即加速模型。由于试验中采用温度作为加速应力，因此加速模型采用阿伦尼乌斯（Arrhenius）模型。阿伦尼乌斯模型表达式为

$$\eta = \exp\left(\alpha + \frac{\beta}{T}\right) \tag{3.60}$$

式（3.60）两边同时取对数，可变换为$\ln\eta=\alpha+\beta/T$，此时阿伦尼乌斯模型变换为线性方程，式中的η为产品的特征寿命，α、β为阿伦尼乌斯模型待定参数。

利用$T(t)=T_0+A[1-\exp(-t/B)]$可获得不同温度下制冷机的失效寿命时间，代入阿伦尼乌斯线性方程中，利用极大似然估计法求出不同温度下的未知参数α、β，可获得不同温度下的产品的特征寿命η，从而推算出在高温应力条件下的加速因子$\tau_{S_i\sim S_0}$，即正常应力水平下某种寿命特征与加速应力水平下相应寿命特征的比值，$\tau_{S_i\sim S_0}=\eta_0/\eta_i$，$\eta_0$为正常应力水平下产品的特征寿命，$\eta_i$为在加速应力$i$下的特征寿命，加速因子$\tau_{S_i\sim S_0}$一般大于1。

3.3.4　制冷机可靠性评价技术

航空航天红外遥感探测技术的快速发展，促进了空间用制冷机在任务上的广泛应用，但由于空间任务的特殊性，也对其运行可靠性提出了很高的要求，目前空间用制冷机的设计寿命一般为5～10年。随着制冷机设计寿命的增长，及应用平台对其可靠性要求的增高，迫切需要一种适用的寿命考核体系，来评价制冷机与任务之间的匹配性。

1. 可靠性评价研究思路

针对制冷机的可靠性评价，国内外均开展了诸多研究工作。Brake介绍了韦布尔函数在制冷机设计阶段寿命预测中的应用；Ross（2004）分别基于指数分布和韦布尔分布函数，给出了制冷机寿命的计算方法；Ross（2001）和Hanes和O’baid（2003）讨论了制冷机冗余备份时的系统可靠性问题，并建立了可靠性模型，给出了系统可靠度的计算方法；Porat等（1998）假设各部件失效服从指数分布，对制冷机可靠性进行了评估；Cauquil等（2003）基于韦布尔分布模型对制冷机可靠性进行了评价，计算出制冷机的特征寿命；Shah等（2004a）按

照“MTBF=累积运行时间/失效数”来评价制冷机寿命，3年的制冷机现场使用数据显示，该型制冷机的统计MTBF近似为常量，验证了该统计方法的可行性；Nachman等（2007）根据关键零部件的可靠度，由串联模型得出制冷机整机的可靠性；Shah等（2004b）则通过分析不确定度，利用统计方法建立模型，综合给出产品可靠性和失效概率分布。

Mullie等（2005）在确定制冷机的寿命MTTF时，首先开展了失效模式影响分析，找出了关键的失效部件及其性能衰减关系。对于由磨损导致的失效，假设失效概率是常数（随机失效），这时借助于已有零部件的寿命数据，利用公式计算其寿命MTTF=∑(running hours)/(number of failures)，当试验中没有失效发生时，MTTF=∑(running hours)。当计算制冷机整机的寿命MTTF时，依然假定其失效概率为常数，服从随机失效。之所以利用这个简化假定，是因为制冷机内部不同的部件服从不同的失效分布模型，因此系统的失效不可能提前预知，从而服从随机失效模型。这个说法得到了部分试验数据的支撑。因此，制冷机整机的MTTF可通过MTTF=1/λ来确定，这里的λ是所有失效部件λ_i的总和，进而根据零部件的试验数据，可以评价整机的可靠性。

Kuo等（1999；2001）基于Watt-Hour方法，给出了制冷机的一阶近似寿命评测模型。这个方法的核心思想是，对于给定的失效判据，制冷机的寿命可以由一种总能量（平均输入功率与总运行时间的乘积）来表示。因此，如果制冷机在更小输入功耗下运行，那么它将会有一个更长的运行寿命期，反之亦然。图3.43是BEI公司的B512C型制冷机的寿命试验数据，其中输入功率随时间变化，通过最小二乘法可以拟合出具体的变化函数关系。根据BEI公司的寿命试验数据，在输入功率与时间的函数关系中，相同结构的制冷机呈现相同的变化斜率；对于装配质量更好的制冷机，输入功率会更小，但输入功率的衰减斜率保持相同。通过对拟合曲线下的面积进行积分，可以得出其总能量。根据图3.43中的数据，在假定14 W为可允许输入功率的上限值时，通过对a、b、c三条曲线下的面积进行积分，可

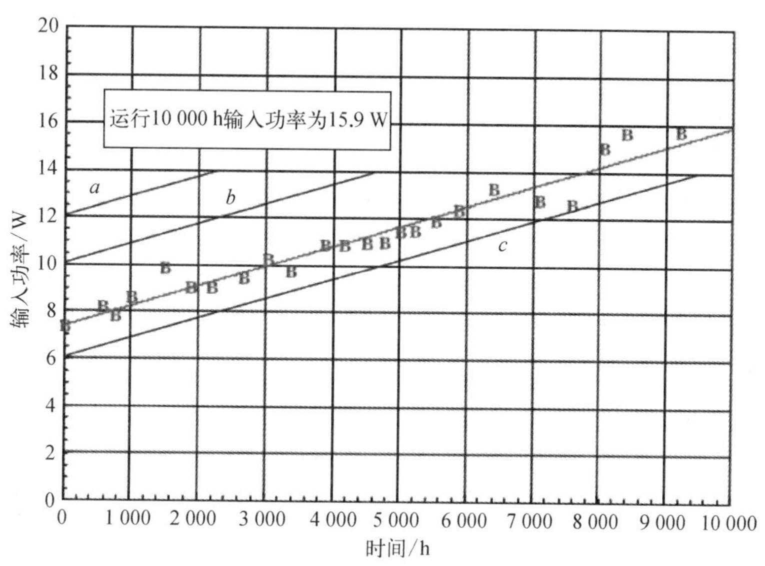

图3.43 BEI公司的B512C型制冷机的寿命试验数据

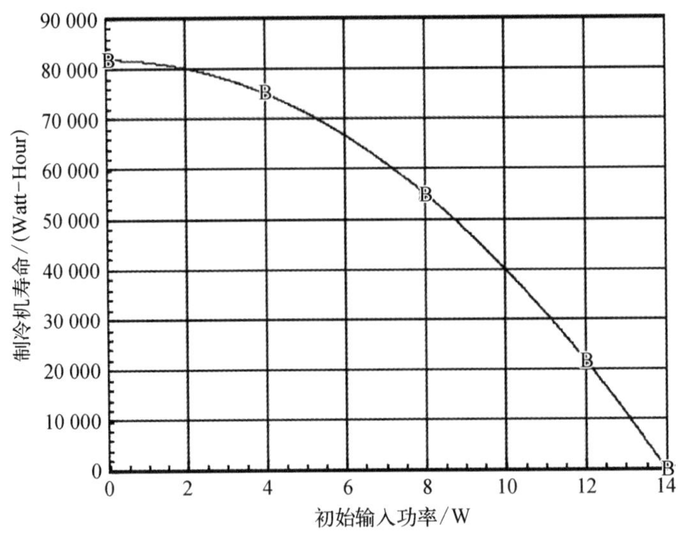

图3.44　BEI's B512C型制冷机Watt-Hour数据

以拟合得出制冷机寿命与输入功率的关系曲线，进而可实现对同种结构新制冷机的寿命预测。例如，当制冷机的初始输入功率为10 W时，从图3.44可以看出它所对应的寿命状态为40 000 Watt-Hour，因此它的预计运行寿命为40 000 Watt-Hour/10 W=4 000 h；如果制冷机的初始输入功率为14 W（14 W为失效判据），则制冷机寿命为零。这个方法的缺点是需要预先知道该结构下部分制冷机的寿命试验数据（求出输入功率的衰减斜率），且必须针对同种结构的制冷机，才可根据新制冷机的初始性能折算出其运行寿命。

Abhyankar（2004）介绍了目前几种常用可靠性评价的方法。

（1）常规寿命演示，直至产品失效，最终给出其寿命统计分布。

（2）针对零部件的短期失效概率测试，通过大量零部件的测试，给出其失效概率分布和MTBF。

（3）战术制冷机按美军标进行寿命考核，并给出其MTTF。

（4）美国空间研究实验室对制冷机进行热真空模拟试验和常规试验，根据其性能参数（制冷温度、制冷量、输入功耗等）的衰变关系，外推评价其5～10年后性能的变化；并把试验过程中的失效信息反馈给使用方和研制方，采取相关措施控制失效，以增强其使用可靠性。

（5）基于气体污染模型的寿命演示试验。

（6）机械动态应力加速试验，参照MIL-STD-810D，通过提高振动的量级，测试产品的性能变化，拟合外推名义使用条件下产品的性能状态。

（7）热应力加速测试，通过提高环境温度，评测材料性能衰减随时间的关系，其中大部分材料的性能衰减过程可以用阿伦尼乌斯（Arrhenius）关系来表述。

（8）声学信号特性测试，主要用于测试由磨损导致失效的机械组件。

Breniere等（2005）利用可靠性统计模型对制冷机进行可靠性评价，韦布尔模型在寿命评价中的典型应用如图3.45所示。

1999年，乌克兰低温物理实验室联合美国空军研究实验室，发布了一种针对线性驱动

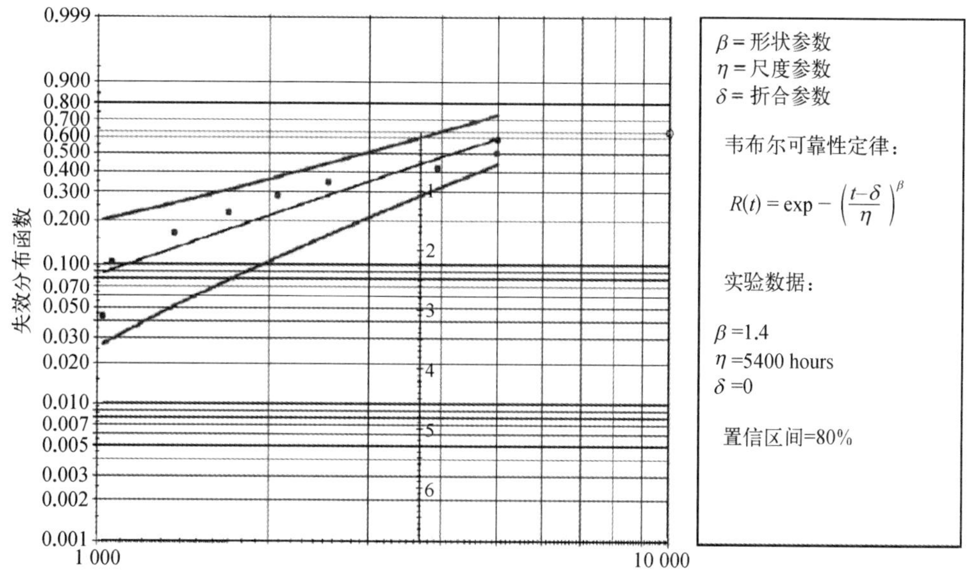

图3.45　韦布尔模型的应用

制冷机的加速寿命考核方法（Blankenship and Fountain, 2001），该方法的加速因子可达到6～20。其主要思想就是，按照不同的失效机理，把制冷机分解成几个独立部件，应用不同的加速应力来单独考核，确立每个部件的特征参数，监测该参数的变化规律；之后再组装成制冷机进行考核，对比此时各特征参数与部件单独考核时该参数的变化规律，按照各个失效模式，实现对制冷机的寿命评价。

2004年，NASA格伦（Glenn）研究中心的报告中指出（Shah et al., 2004a, 2004b, 2004c），通过先分析设计和零件加工之间的偏差，得出元部件的数据分布模型；从元部件到分系统，再到系统，进行可靠性综合分析计算。基于产品的失效物理本质，通过建立故障树，利用蒙特卡罗或失效概率分析的方法进行失效模拟，最后结合任务剖面特性、试验测试结果，综合给出可靠性量化评价结果。

2007年，以色列Ricor公司公布了其制冷机的寿命考核方法及结果（Getmanets, 1999）。制冷机的寿命考核剖面如下：首先在前2 000 h内，制冷机在压缩机壳温超过70℃下连续工作；接下来的15 000 h内，制冷机按剖面（图3.46）进行工作，共75 000个循环，每个循环中，制冷机连续运行90 min，之后停机25 min；在最后的10 500 h内，制冷机连续工作。制冷机共运行了27 500 h，试验期间主要通过测试降温时间、功耗和制冷量来评估制冷性能，未见明显性能退化；制冷机失效后，通过解剖压缩机，发现线圈短路，原因是漆包线高温老化，其他部件未见异常。该文献最后提出，该寿命考核周期，等效于名义使用环境下的45 000 h寿命（多出了20 000 h工作寿命）。

2002年，英国Hymatic公司联合牛津大学发表的会议报告（Cheuk et al., 2002, 2003），在失效分析的基础上，强调了生产工艺控制的重要性；通过把过程统计控制方法应用于零件测试、参数调控，如图3.47所示，该公司对其研制的线性电机进行了间隙内部的磁通量测试，获得了其磁通量大小的出现频次规律，超出6σ 范围的仅为4.45%，该数据进一步用于制冷机性能和寿命的影响分析。

根据Mand等（2001）的报道，NASA Glenn研究中心的Jeffrey指出，在斯特林制冷机业界，已接受了一个现实，那就是对于采用了板弹簧支撑的斯特林制冷机，只要其演示寿命超

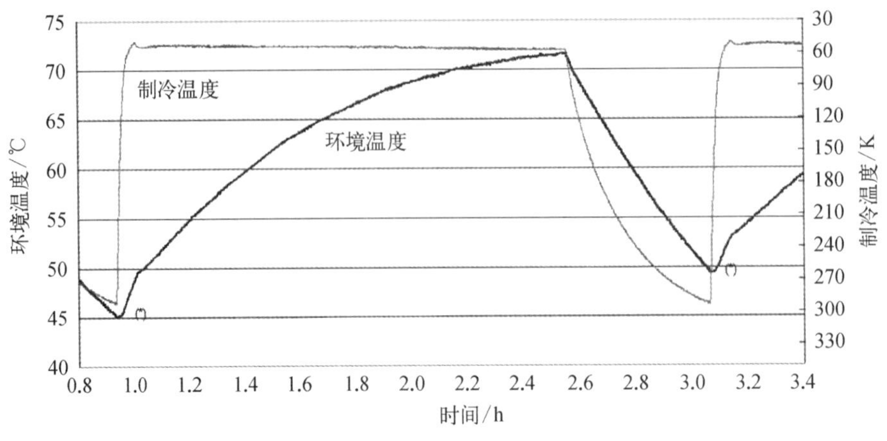

图3.46　制冷机寿命试验剖面

	磁通量
均值	4.46
标准差	0.033 1
+3 σ	4.559
−3 σ	4.361
6σ区间内变化百分比	4.45%

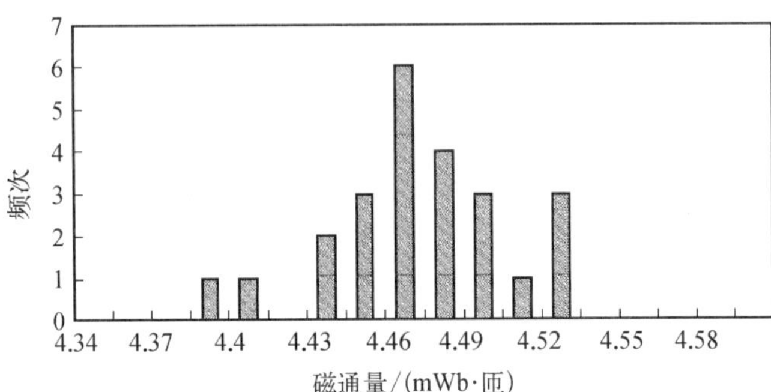

图3.47　线性电机间隙内部的磁通量密度分布

过了1年,就认为其将会长寿命运行。

综上所述,目前国外针对制冷机可靠性评价研究的主要思路有两个。

(1) 针对整机或零部件开展寿命试验,验证其寿命水平;当被试验产品的量达到一定程度时,可借助于数理统计方法,得出其寿命分布。

“产品的寿命分布”是产品寿命统计模型的表征方法,它对产品的鉴定、验收和应用都有技术上的指导作用;知道了产品的寿命分布,就可以对不同的产品进行寿命水平比较,也可以知道产品在特定时间间隔内的寿命,这对于预知整机系统的寿命或评价同一设计工艺水平下产品的寿命很有帮助。

该方法的优点是制冷机寿命试验的条件与工作条件极为接近,且得出的寿命数据对于表征制冷机的寿命很有说服力,目前国际上大的研发机构均在开展类似试验。部分寿命试验剖面如图3.48～图3.51所示(O'Baid et al., 2005; Benschop et al., 2003; Bruins, 2003; Cheuk et al., 2003; Kawada et al., 2003; Tomlinson et al., 1999b)。

可靠性统计模型是通过分析失效概率(或单位时间的失效数量)时序表现与已知统计函数的吻合程度来“判定”。对于批量生产的产品,该方法是评价其可靠性的最优选择,一般均选用韦布尔分布函数来分析、预测、检验制冷机的寿命特征(Breniere et al., 2005; Ross,

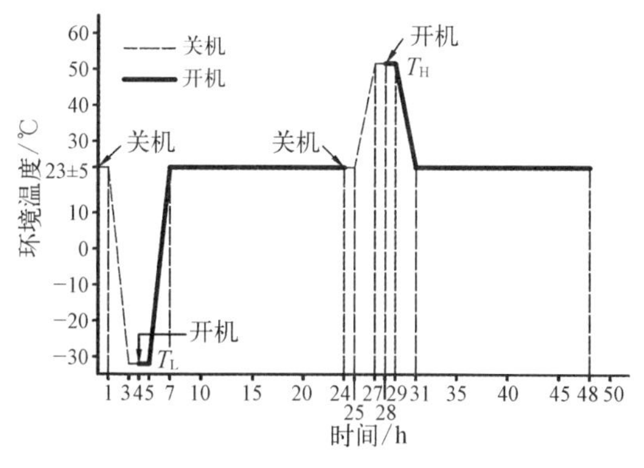

图3.48　美军标中制冷机寿命试验剖面

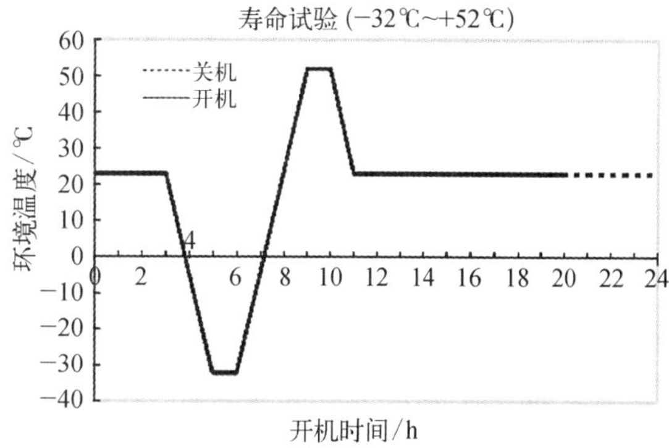

图3.49　THALES LS系列制冷机寿命试验剖面

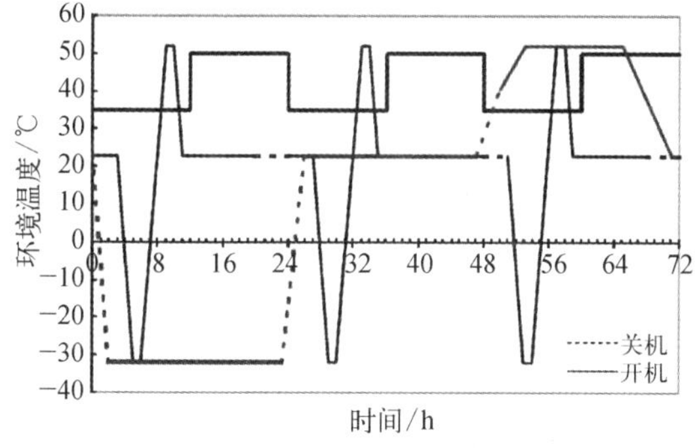

图3.50　THALES LSF系列制冷机寿命试验剖面

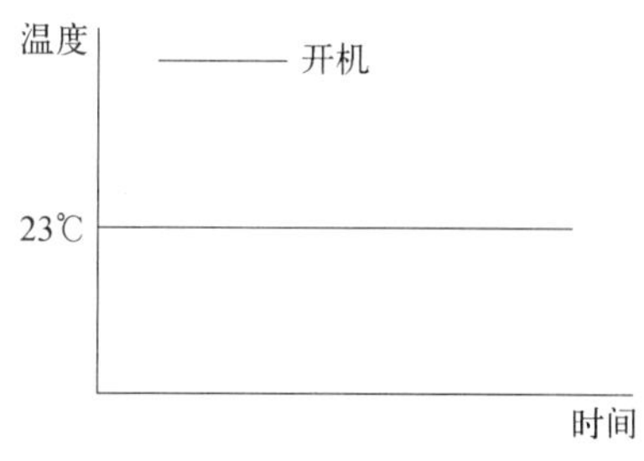

图3.51　制冷机常用寿命试验连续运行剖面

2004；Cauquil et al., 2003）。在可靠性统计模型分析过程中，只涉及何时失效，并不涉及产品失效的机制，因而得到的“产品的寿命分布”仅仅能表征产品失效概率的时序关系，而不会包含产品的设计和生产因素。

（2）针对单一失效模式，基于其失效物理模型，研究其失效机理及表现特征，找出特征关键参数，研究该参数与整机寿命的对应关系。

由上述可知，可靠性物理模型是用于说明产品的失效机理，即失效的物理化学过程，或寿命与设计参数、材料、使用条件、时间的关系；产品的寿命MTTF的物理模型，是针对失效机理而言的，它反映特征寿命（或可靠寿命）与产品的物理特征、应用条件之间的定量关系，可作为产品寿命设计的依据。

2. 可靠性评价试验设计

除了上述两种研究思路不同，在寿命试验的设计上，不论是针对零部件还是整机，均开展两种寿命试验：常规寿命试验和加速寿命试验。

进行加速寿命试验，首先必须确定加速寿命试验的条件，如样品的数量、应力剖面等，其中应力剖面的选取应以失效机理为基础。任何加速寿命试验的结果都应该外推到实际工作剖面，加速寿命试验的指导原则有：加速应力水平的严酷程度不能超过制冷机设计的工作能力；加速试验所表现的典型失效模式必须与常规寿命试验一致，即不引入新的失效机理；试验要易于实现。

目前国际上开展的制冷机加速寿命试验均基于单一的失效模式展开，基于失效分析，目前常用加速寿命应力类型有4种：温度循环、高温连续开机、加大活塞行程及提高运行频率。

1）温度循环

大多数研究机构采取温度循环作为加速应力，同时辅以开关机试验，主要目的是考核气缸与活塞之间的磨损，同时模拟实际工作剖面，如美国Hughes公司、法国Thales公司等。Thales公司的加速寿命试验为20～55℃温度循环，试验剖面见图3.52，制冷机在额定条件下工作，每天工作18 h，中间开关机3次（Cauquil et al., 2003）。

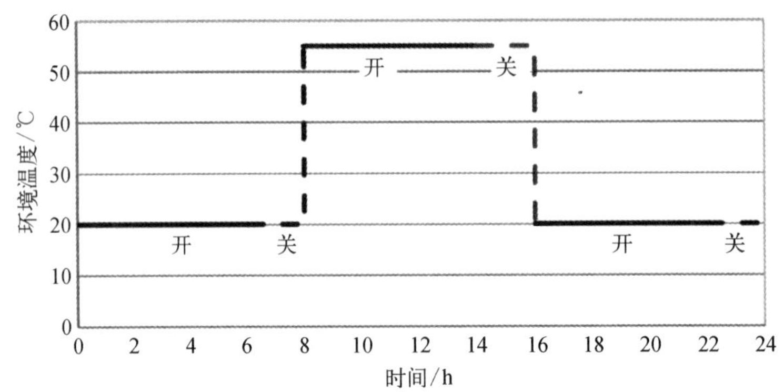

图3.52　制冷机常用寿命试验剖面（标准温度曲线）

2）高温连续开机

高温连续开机的主要目的是加速制冷机的污染气体挥发，对于战术制冷机，同时可加速活塞与气缸之间的磨损，进而达到寿命加速的目的。法国Thales公司利用该加速试验（Mullie et al., 2005），对22台和16台两种型号的战术制冷机进行寿命评价，工作剖面为70℃环境温度下，压缩机接近全速运行，有加速污染和磨损的双重目的。

3）加大活塞行程

加大压缩机活塞的行程，主要目的是加速气缸的磨损，从而加速寿命老化。日本三菱公司制冷机的加速寿命试验，是以达到额定制冷温度（80 K）时活塞的行程为基准（100%）的，然后加大活塞的行程，如1.1倍基准，加速失效，试验条件如图3.53所示（Nachman et al., 2007）。

4）提高运行频率

正常工作情况下，考虑到内部气体力的作用及电机效率，制冷机均为谐振运行，运行频率由设计决定。但为了考核内部运动部件的疲劳特性，可以提高运行频率，此时在相同动子质量、相同活塞位移的情况下，需求的电机推动力将大幅提高，此时线圈内部绕线将在大电流情况下工作。一般情况下，为了适当降低线圈内的电流，可以减小充气压力。该方法只针对疲劳单一失效模式。

温度循环模式加速了制冷机的磨损失效，开关机试验模拟实际工作剖面，主要适用于战术任务或有经常开关机需求的空间任务，也可用于空间用制冷机前期磨合筛选，剔除早期失

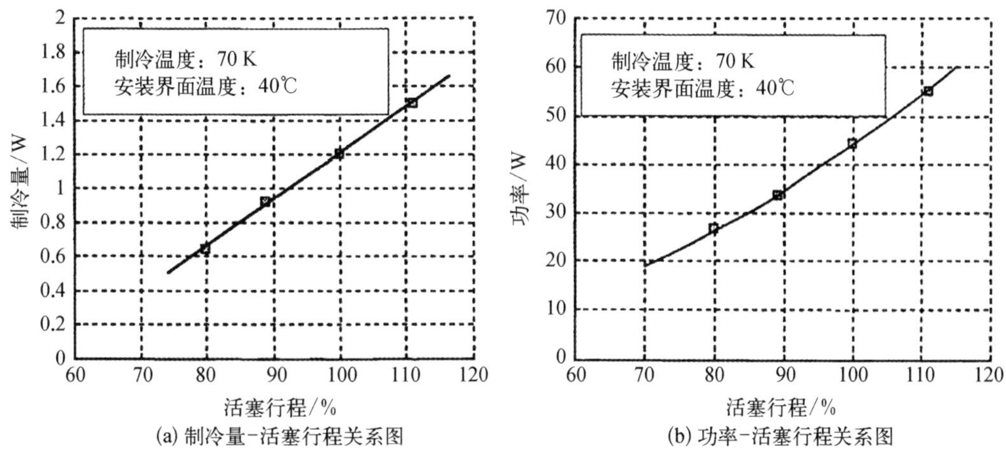

(a) 制冷量-活塞行程关系图　　(b) 功率-活塞行程关系图

图3.53　活塞行程加速试验

效。高温连续开机模式主要针对的是需要连续工作的任务，高温加速了污染气体挥发，同时可对活塞环密封型制冷机加速磨损。加大活塞行程，加剧了磨损失效，主要应用于干摩擦密封型制冷机。提高运行频率模式主要考核制冷机内部的疲劳特性及磨损状况。通过对具体试验剖面的设计或调整，上述方法均可用于老练筛选或寿命考核。

3. 污染单一失效的寿命评价

制冷机内部材料放气单一失效模式的寿命评价方法，通过两个特征参数（退化幅度和退化速率）来表征污染导致制冷性能的衰减，其理想的性能衰减规律如图3.54所示，衰减模型如下：

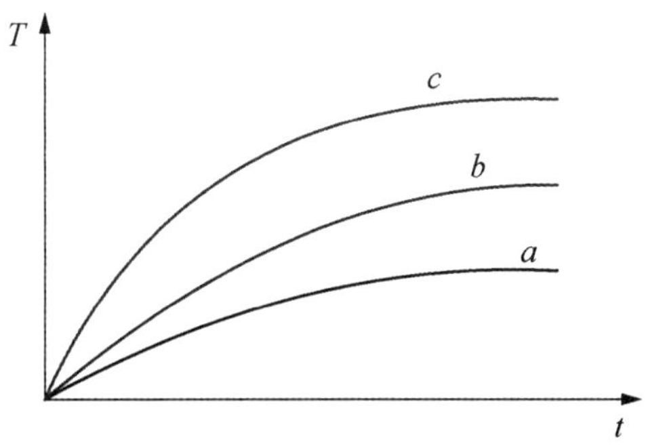

图3.54　污染导致制冷性能衰减规律

$$T(t)=T_0+A\left[1-\exp\left(-\frac{t}{B}\right)\right] \tag{3.61}$$

式中，$A=A(t, T, \cdots)$；$B=B(t, T, \cdots)$。换言之，退化幅度和退化速率均为与运行时间、环境温度及工艺等相关的函数。

在通过对前期实验数据的拟合得出上述模型参数之后，结合失效判据，可得出其运行寿命；在恒定热负载时，假设其制冷温度的失效判据为T_{end}，则运行寿命t_{life}可表示为

$$t_{\text{life}} = B\ln\left(\frac{A}{A + T_0 - T_{\text{end}}}\right) \tag{3.62}$$

与该方法结合应用的试验有两种：常规寿命试验和高温加速试验。试验中必须剔除其他失效因素的影响，如剔除磨损；磨损和气体污染可以剥离，这也是牛津型斯特林制冷机的特点。高温加速试验是评测污染失效的最佳选择，但值得注意的是，高温加速试验中的失效判据不同于常规寿命试验的失效判据，因为随着环境温度的升高，材料放气种类和总量均增多，因此性能衰减幅度大于常规寿命试验。以KLS02080–0206制冷机为例，不同环境温度下的性能衰减如图3.55所示。可以看出，40℃下性能的衰退依然符合拟合模型，且500 h内制冷温度衰减从23℃的1 K增大到40℃的2 K，高温加速实验中，55℃下4 000 h内制冷温度共衰减了10 K；高温下性能数据的振荡明显大于常温。

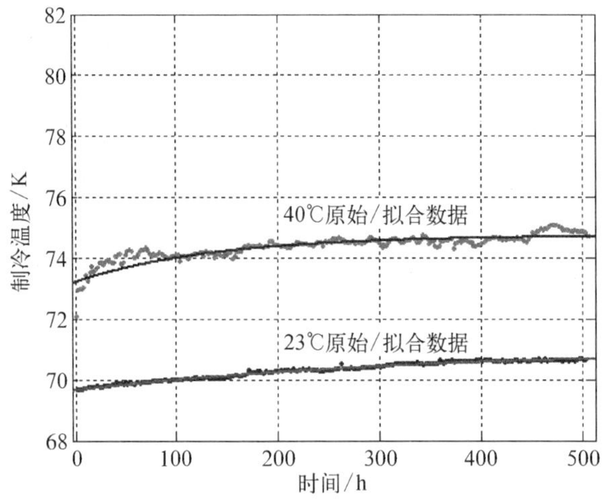

图3.55　不同环境温度下的性能衰减

4. 制冷机整机可靠性评价

针对单一失效模式，基于其失效物理模型，通过研究其失效机理及表现特征，找出特征关键参数，进而研究该参数与整机寿命的对应关系，可以得出该失效模式的评价模型。牛津型斯特林制冷机常见的失效模式有四种：可凝性气体杂质污染、磨损、泄漏、疲劳。其中，目前的工艺已可以保障泄漏和疲劳不再失效，需强化的是各自关键部件的老练筛选。对于泄漏，必须进行温度热循环试验和机械应力振动试验，监测其泄漏率的变化；对于疲劳，必须对批量板弹簧开展疲劳应力筛选试验，循环次数不低于5×10^7次，在50 Hz频率下，12天即可完成，同时必须注意，板弹簧的疲劳应力随其行程的增大而增大，但与频率无关，因此建议筛选试验中行程不低于名义行程的110%，通过筛选试验的板弹簧才可被用于整机装配。

活塞的径向跳动不可避免，但在一定的安装工艺、磨合工艺、运行工况（环境温度、安置状态等）保障之下，将不再影响制冷性能，即磨损不再发生，制冷机处于稳定的运行状态。

制冷机内部气体污染无法根除，只能减弱，通过净化工艺来控制其内部可凝性杂质气体的总含量。但在通过工艺保障泄漏和疲劳，同时验证了磨损不再影响制冷性能后，此时的性能变化仅与污染单一失效模式有关。根据模型描述一定量污染下制冷性能随时间或环境温度的衰减规律，进而实现对制冷机寿命的评测。

因此，对于牛津型斯特林制冷机，适用的整机可靠性评价方法，是由系列工艺、参数监测、试验拟合和验证等组成的一个整体，其流程如图3.56所示。

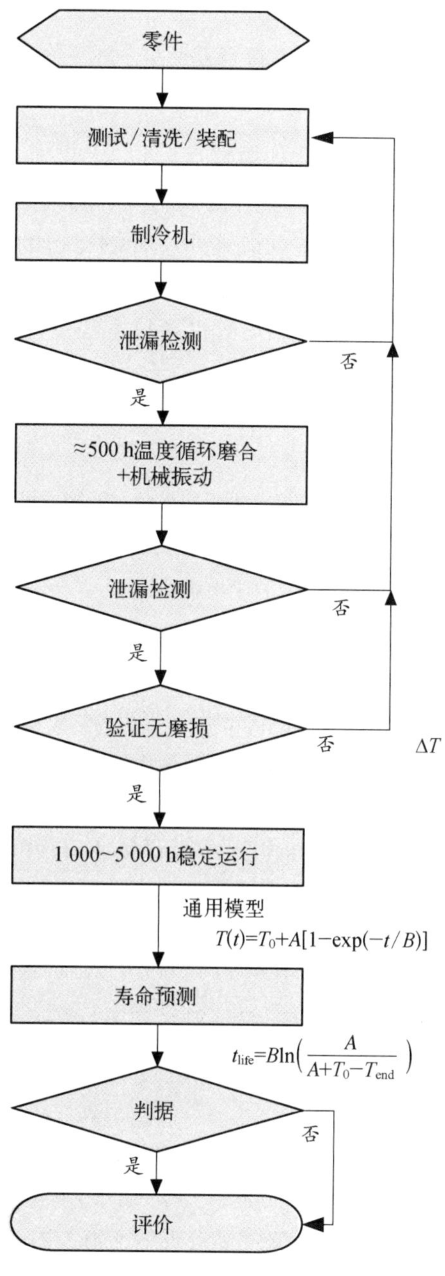

图3.56　制冷机可靠性评价流程

为了实现对制冷机可靠性评价的探索，本章在调研的基础上，对比分析了可靠性统计模型与失效物理模型在制冷机可靠性评价中的应用，以及加速试验设计中加速应力的选取。然后基于失效物理分析方法，给出了针对污染单一失效的寿命评价方法；并在诸多工艺检测保障、试验分析验证的基础上，对牛津型斯特林制冷机适用的整机可靠性评价的方法进行了探索，其基本思想为：当所有失效模式均被单独验证不再失效，且各失效模式间的交叉影响可忽略时，整机即可被认为满足规定的可靠性要求。

3.4 本章小结

机械制冷机以其主动适应空间载荷环境特点，近二十年来，尤其是近十年来，在空间应用中逐渐大放异彩。本章回顾和展望了空间机械制冷机的国内外发展现状及发展趋势，描述了斯特林制冷机的制冷原理，分别重点讲述斯特林制冷机的重要部件——回热器、换热器、脉管、相位调节器、线性压缩机，系统地交代空间用机械制冷机最引人瞩目的长寿命技术，对制冷机四大失效模式和其控制技术、可靠性考核方法及评价技术均做了系统阐述。

参考文献

边绍雄.1991.低温制冷机.北京：机械工业出版社.

蔡京辉，赵密广，洪国同，等.2016.“高分四号”卫星凝视相机脉冲管制冷机.航天返回与遥感，37(4)：66-71.

曹强.2012.液氦温区多级斯特林型脉管制冷机理研究.杭州：浙江大学博士学位论文.

陈国邦，汤珂.2010.小型低温制冷机原理.北京：科学出版社.

陈厚磊.2008.高频微型脉冲管制冷机内部气体交变流动特性及制冷机样机的研究.北京：中国科学院理化技术研究所博士学位论文.

董文庆.2011.液氦温区分离型脉管制冷机的性能优化研究.杭州：浙江大学博士学位论文.

范炳燕.2010.低温惯性管调相的35 K两级高频脉管制冷机研究.杭州：浙江大学硕士学位论文.

胡虔生，胡敏强.2009.电机学.2版.北京：中国电力出版社.

李奥.2011.35 K双级斯特林制冷机热动力特性理论与实验研究.上海：中国科学院上海技术物理研究所博士学位论文.

李姗姗.2011.高频脉冲制冷机相位特性的理论及实验研究.上海：中国科学院上海技术物理研究所博士学位论文.

李晓静，丑一鸣.1984.网格填料中气体交变流动的实验研究，低温与超导，(1)：3-11.

刘冬毓.2006.星载斯特林制冷机的设计方法与性能研究.上海：上海技术物理研究所博士学位论文.

潘贤耀，余水全.1993.节能新产品——电磁式空气压缩机.压缩机技术，(3)：47-49.

王惠龄.1986.气体制冷机回热器中交变流动的分析和实验研究，低温与超导，(1)：3-12.

吴亦农.2002.空间用长寿命分置式斯特林制冷机研究.上海：上海技术物理研究所博士学位论文.

熊超.2013.动磁式直线电机驱动线性压缩机理论与实验研究.上海：中国科学院上海技术物理研究所博士学位论文.

许国太,闫春杰,霍英杰,等.空间用斯特林制冷机结构的发展.真空与低温,14(3): 167–171.

阎守胜.1985.低温物理实验的原理与方法.北京: 科学出版社.

杨宝玉,吴亦农,府华,等.2007.微型机械制冷机的污染失效及其考核方法.中国机械工程,18(4): 464–467.

中国科学院上海技术物理研究所,2008,KLS02080型制冷机详细规范: Q/KYE30004–2008.上海.

中国科学院上海技术物理研究所,2008,KLS06090型制冷机详细规范: Q/KYE30005–2008.上海.

朱恩宝,王小军.2009.一种脉管制冷机冷端换热器.中国,201196514.

Abhyankar N, Roberts T, Davis T, et al. 2004. Performance degradation of cryocoolers for space applications. Advances in Cryogenic Engineering: Transactions of the Cryogenic Engineering Conference-CEC, 49: 1231–1238.

Barron R F. 1999. Cryogenic heat transfer. Anchorage: Joint Cryogenic Engineering Coference.

Benschop T, Mullie J, Bruins P, et al. 2003. Development of a 6 W high reliability cryogenic cooler at thales cryogenics. International Symposium on Optical Science and Technology, 4820: 33–42.

Bhatia R S. 2002. Review of spacecraft cryogenic coolers. Journal of Spacecraft and Rockets, 39(3): 329–346.

Blankenship S, Fountain T L. 2001. Air force research laboratory cryocooler reliability initiatives. Cryocoolers 11: 27–33.

Bonsignori R, Coradini A, Drossart P, et al. 1997. VIRTIS visual and infrared imaging spectrometer for the Rosetta mission. http://virtis-rosetta.lesia.obspm.fr/sites/virtis-rosetta/IMG/pdf/250.pdf.

Boyle, R, Banks S, Shirey K. 2003. Final Qualification and Early On-Orbit Performance of the RHESSI Cryocooler. Cryocoolers 12. New York: Kluwer Academic/Plenum Publishers.

Bradshaw T W, Delderfield J, Werrett S T, et al. 1986. Performance of the Oxford miniature Stirling cycle refrigerator. Advances in Cryogenic Engineering, 31: 801–809.

Bradshaw T W. 1985. Miniature Stirling cycle refrigerators for space use. Journal of the British Interplanetary Society. 39: 224–227.

Breniere X, Manissadjian A, Vuillermet M, et al. 2005. Reliability optimization for IR detectors with compact cryocoolers, SPIE 5783. 187–198.

Briet R, Serene F. 2005. INTEGRAL spectrometer cryostat design and performance after 1.5 years in orbit. Cryocoolers 13. New York: Springer Science & Business Media.

Bruins P. 2003. Customer specific demands on cryocoolers. Enschede: Conference of Low Power Cryocooler Workshop.

Carrington H, Gully W J, Hubbard M, et al. 1995. Multistage cryocooler for space applications. Cryocoolers 8: 93–102.

Castles S, Price K D, Glaister D S. 2001. Space cryocooler contamination lessons learned and recommended control procedures. Cryocoolers 11: 649–657.

Cauquil J M, Martin J Y, Bruins P, et al. 2002. MTTF prediction in design phase on thales cryogenics integral coolers. Cambridge: 12th International Cryocooler Conference.

Cauquil J M, Martin J Y, Bruins P, et al. 2003. Update on life time test results and analysis carried out on Thales Cryogenics integral coolers(RM family), SPIE 4820: 52–59.

Chan C K, Nguyen T, Colbert R, et al. 1999. IMAS pulse tube cooler development and testing. Cryocoolers, 10: 139–147.

Chan C K, Raab J, Eskovitz A, et al. 1997. AIRS pulse tube cryocooler system. Cryocoolers, 9: 895–903.

Chan C K, Tward E, Burt W W. 1990. Overview of cryocooler technologies for space-based electronics and sensors. Advances in Cryogenic Engineering, New York, 1990, 35: 1239–1250.

Chan C K, Nguyen T. 2000. Performance of TRW new generation pulse tube coolers. Advances in Cryogenic Engineering, 45: 65–74.

Chan C K, Jaco C B, Raab J, Tward E, et al. 1993. Minatures pulse tube cooler. Cryocooler 7: 113–124.

Charles I, Prouve T, Ercolari E, et al. 2014. Thermal testing of an EM two-stage coaxial pulse tube cold finger for earth observation missions. Cryocoolers 18: 141–149.

Cheuk C F, Hill N G, Strauch R, et al. 2002. Producibility of cryocooler compressors. Massachusetts: 12th International Cryocooler Conference.

Cheuk C F, Hill N G, Strauch R, et al. 2003. Producibility of cryocooler compressors. Cryocoolers 12: 275–281.

Collaudin B, Rando N. 2000. Cryogenics in space: A review of the missions and the technologies. Cryogenics 40: 797–819.

Curtis P D, Houghton J T, Peskett G D, et al. 1974. Remote sounding of atmospheric temperature from satellites V. The pressure modulator radiometer for Nimbus F. Proceedings of the Royal Society of London, 337: 135–150.

Cygnarowicz T A, Sherman A. 1971. Design scaling of fractional Watt vuilleumier refrigeration system. Goddard Space Flight Center Report.

Davey G. 1990. Review of the Oxford cryocooler. Advances in Cryogenic Engineering, 35: 1423–1430.

Davis T, Tomlinson B J, Ledbetter J. 2001. Military space cryogenic cooling requirements for the 21st century. Cryocoolers 11.

Dong W, Lucentini M, Naso V. 2000. The potential market analysis of a small cogeneration system based on Stirling cycle. AIAA–2000–2929 : 719–722.

Drummond J R, Houghton J T, Peskett G D, et al. 1980. The stratospheric and mesospheric sounder on Nimbus 7. Philosophical Transactions of the Royal Society of London, 296: 219–241.

Eremenko V V, Getmanets V F, Levin A Ya, et al. 1999. New methodology and apparatus for accelerated long-life testing of linear-drive cryocoolers. Cryogenics, 39 (12): 1003–1005.

European Space Agency. 2004a. Coolers. EnviSat AATSR Product Handbook, Issue 1.2.

European Space Agency. 2004b. FPS Cooler Assembly (FCA). EnviSat MIPAS Product Handbook, Issue 1.2.

Farmer C B, Raper O F, Callaghan F G. 1987. Final report on the first flight of the ATMOS instrument during the Spacelab 3 Mission, April 29 through May 6, 1985. JPL Publication 87–32, Jet Propulsion Laboratory, Pasadena, CA.

Fast R W. 1989. Proceedings of the 1989 Cryogenic Engineering Conference. New York: Plenum Press.

Gary J, Radebaugh R, Abbie O'Gallagher. 2008. REGEN3.3 user manual. National Institute of Science and Technology.

Gedeon D. 1997. DC gas flows in Stirling and pulse tube cryocoolers//Cryocoolers 9: 385–392.

Getmanets V. 1999. Accelerated life-time testing of BAe-Stirling cryocooler with linear drive. Part 1. Fatigue related testing (final report). Ukraine: R & D Bureau of the Institute for Low Temperature Physics and Engineering.

Gifford W E, Kanke G H. 1967. Reversible pulse tube refrigeration. Advances in Cryogenic Engineering, 12: 619–630.

Gifford W E, Longsworth R C. 1964.Pulse-tube refrigeration. Journal of Engineering for Industry, 86(3): 264–268.

Gifford W E, Longsworth R C. 1966. Surface heat pumping. Advances in Cryogenic Engineering, 11: 171–179.

Glaister D S, Donabedian M, Curran D G T, et al. 1999. An overview of the performance and maturity of long life cryocoolers for space applications. Cryocoolers 10: 1–19.

Glaser R J, Ross R G Jr, Johnson D L. 1995. STRV cryocooler tip motion suppression. Cryocoolers 8, New York: Plenum Press.

Hanes M, O'baid A. 2003. Performance and reliability data for a production free piston Stirling cryocooler. Cryocooler 12: 75–78.

Hiratsuka Y, Morishita H, Nomura T. 2004. Development of a light weight pulse-tube cryocooler. Advances in Cryogenic Engineering, 49: 1360–1366.

Jaco C, Nguyen T, Tward E. 2008. High capacity two-stage coaxial pulse tube cooler. Advances in Cryogenic Engineering: Transactions of the Cryogenic Engineering Conference-CEC, Vol. 53: 219–224.

Ju Y L. 1997. Dynamic experimental investigation of a multi-bypass pulse tube refrigerator. Journal of Engineering Thermophysics, 37(7): 357–361.

Kamei K, Nishihara O. 1996. Long life spaceborne cryocooler for ASTER/TIR. SPIE, 2268: 161–169.

Kawada M, Akao H, Kobayashi M, et al. 2003. Performance characteristics of the ASTER cryocooler in orbit. New York: Kluwer Academic/Plenum Publishers.

Kawada M, Fujisada H, Akao H, et al. 1997. Performance of long-life Stirling cycle cryocoolers for the ASTER instrument. SPIE 3221: 220–229.

Kawecki T. 1995. High-temperature superconducting space experiment II (HTSSEII) overview and preliminary cryocooler integration experience. Cryocoolers, 8: 893–900.

Kays W M, London A L. 1984. Compact Heat Exchangers. New York: McGraw–Hill.

Kenny J T, Pollock H R. 2001. STRV–1d QWIP technology validation in space flight. Infrared Physics and Technology, 42(3–5): 385–390.

Kiyota H, Kobayashi M, Akao H. 1997. Long life spaceborne cryocooler for ASTER/SWIR. SPIE 2268: 161–169.

Koettig T, Nawrodt R, Moldenhauer S, et al. 2006. Novel regenerator material improving the performance of a single stage pulse tube cooler//AIP Conference: 35–40.

Koh D Y, Hong Y J, Park S J, et al. 2002. A study on the linear compressor characteristics of the Stirling cryocooler. Cryogenics, 42(6): 427–432.

Kopasakis G, Cairelli J E, Traylor R M. 2001. Adaptive vibration reduction controls for a cryocooler with a passive balancer. Madison: Joint Cryogenic Engineering Congerence.

Kotsubo V, Olson J R, Champagne P, et al. 1999. Development of pulse tube cryocoolers for HTS satellite communications. Cryocoolers, 10: 171–179.

Kuo D T, Loc A S, Lody T D, et al. 1999. Cryocooler life estimation and its correlation with experimental data. Advances in Cryogenic Engineering, 45A: 267–273.

Kuo D T, Lody T D, Yuan S W K. 2001. BAE's life test results on various linear coolers and their correlation with a first order life estimation method. Cryocoolers 11, New York: Kluwer Academic/Plenum Press Crop.: 665–672.

Kushino A, Sugita H, Matsubara Y. 2005. Performance of Japanese pulse tube coolers for space applications. Cryocoolers, 13: 101–107.

Leo B. 1970. Designers handbook for spaceborne two-stage vuilleumier cryogenic refrigerators. Technical Report AFFDL–TR–70–54.

Liang J, Ravex A, Rolland P. 1996a. Study on pulse tube refrigeration Part 1: Thermodynamic nonsymmetry effect. Cryogenics, 36(2): 87–93.

Liang J, Ravex A, Rolland P. 1996b. Study on pulse tube refrigeration Part 2: Theoretical modelling. Cryogenics, 36(2): 95–99.

Liang J, Ravex A, Rolland P. 1996c. Study on pulse tube refrigeration Part 3: Experimental verification. Cryogenics, 36(2): 101–106.

Lock J, Stack R, GLaister D S, et al. 2006. HIRDLS cooler subsystem on-orbit performance. Advances in Cryogenic Engineering, 51B: 1945–1950.

Mand G S, Drummond J R, Henry D, et al. 2001. MOPITT on-orbit Stirling cycle cooler performance. Cryocoolers 11: 759–768.

Marquardt E D, Radebaugh R. 2000. Pulse tube oxygen liquefier. Advances in Cryogenic Engineering, 45: 457–464.

Marquardt E D. 2002. Cryocooler reliability issues for space applications. Cryogenics, 41(11): 845–849.

Marquardt J S, Marquardt E D, Boyle R. 2012. An Overview of ball aerospace cryocoolers. Cryocoolers, 17: 1–8.

Meijers M, Benschop A, Mullie J C. 2002. High reliability coolers under development at signaal-USFA. Cryocoolers 11: 111–118.

Mikulin E I, Tarasov A A, Shkrebyonock M P. 1984. Low-temperature expansion pulse tubes. Advances in Cryogenic Engineering: 629–637.

Mohanta L, Atrey M D. 2009. Experimental investigation of single-stage inline Stirling-type pulse tube refrigerator. Cryocoolers,15: 185–189.

Mullie J C, Bruins P C, Benschop T, et al. 2005. Development of the LSF95xx 2nd generation flexure bearing coolers. SPIE 5783: 178–186.

Murtagh D, Frisk U, Merino F, et al. 2002. An overview of the Odin atmospheric mission. Revue Canadienne De Physique, 80(4): 309–319.

Nachman I, Veprik A, Pundak N. 2007. Life test result of Ricor K529N 1Watt linear cryocooler. SPIE 6542: 1–7.

Naes L G, Nast T C. 1980. Long-life orbital operation of Stirling cycle mechanical refrigerators. SPIE 245: 126–135.

Naes L G, Nast T C. 1981. Two years orbital performance summary of Stirling cycle mechanical refrigerators. SPIE 304: 95–100.

Nakagawa T, Enya K, Hirabayashi M, et al. 2007. Flight performance of the AKARI cryogenic system. Publications of the Astronomical Society of Japan, 59(sp2): S377–S387.

Nast T C, Champagne P J, Kotsubo V, et al. 2001. Miniature pulse tube cryocooler for space applications. Cryocoolers, 11: 145–154.

Nast T C, Murray D O. 1976. Orbital cryogenic cooling of sensor systems. Pasadena: System Designs Driven by Sensors AIAA Technical Specialist Conference.

Nast T C, Olson J, Evtimov B, et al. 2003a. Development of a two-stage pulse tube cryocooler for 35 K cooling. Cryocooler, 12: 213–218.

Nast T, Olson J, Champagne P, et al. 2003b. Development of a lightweight pulse tube cryocooler for space applications. Cryocoolers, 12: 205–212.

Nast T, Olson J, Champagne P, et al. 2006. Development of a 4.5 K pulse tube cryocooler for superconducting electronics. Advances in Cryogenic Engineering, 53: 881–886.

Nguyen T, Toma G, Jaco C, et al. 2010. Ngas multi-stage coaxial high efficiency cooler (HEC). Transactions of the Cryogenic Engineering Conference–CEC: Advances in cryogenic engineering.

O'Baid A, Fielder A, Karandikar A. 2005. STI's solution for high quantity production of Stirling coolers. Cryocoolers 13: 51–57.

Olson J R, Moore M, Evtimov B, et al. 2006. Development of a coaxial pulse tube cryocooler for 77 K cooling. Advances in Cryogenic Engineering, 51: 1967–1974.

Olson J, Davis T. 2006. Development of a 3–stage pulse tube cryocooler for cooling at 10 K and 75 K. Advances in Cryogenic Engineering, 51: 1885–1892.

Orlowska A H, Davey G. 1987. Measurement of losses in a Stirling cycle cooler. Cryogenics, 27(11): 645–651.

Otsuka K, Tsunematsu S, Okabayashi A, et al. 2010. Test results after refurbish of cryogenic system for smiles. Cryogenics, 50(9): 512–515.

Petach M, Durand D, Michaelian M, et al. 2011. MIRI cooler system designupdate. Cryocoolers, 16: 9–12.

Porat Z, Sneor A, Pundak N, et al. 1998. Reliability assessment procedure of cryocoolers. SPIE 3436: 832–840.

Priest R E, Robinson J A, Clark T L, et al. 1995. Ricor K506B cryocooler performance during the clementine mission and ground testing: A status report. Cryocoolers 8: 883–892.

Pruitt G R, Davis T M, Ross B A. 2004. Methods for accelerated life evaluation of long-life cryocoolers. Advances in Cryogenic Engineering: Transactions of the Cryogenic Engineering Conference-CEC, 49: 1239–1251.

Raab J, Abedzadeh S, Colbert R, et al. 2001. TES FPC flight pulse tube cooler system. Cryocoolers, 11: 131–138.

Raab J, Colbert R, Godden J, et al. 2003. JAMI flight pulse tube cooler system. Cryocoolers, 12: 191–197.

Radebaugh R, Zimmerman J, Smith D R, et al. 1986. A comparison of three types of pulse tube refrigerators: new methods for reaching 60 K. Advances in Cryogenic Engineering, 31: 779–789.

Radebaugh R. 1997. A review of pulse tube refrigeration. International Journal of Refrigeration, 20(5): 367–373.

Radebaugh R. 2000. Development of the pulse tube refrigerator as an efficient and reliable cryocooler[C]// London: Proceedings of Institute of Refrigeration.

Radebaugh, R. 2003. Thermodynamics of regenerative refrigerators. Generation of Low Temperature and It's Application: 1–20.

Rawlins W, Radebaugh R, Bradley P E, et al. 1994. Energy flows in an orifice pulse tube refrigerator. Advances in Cryogenic Engineering, 31: 1449–1456.

Ross R G Jr. 2001. Cryocooler reliability and redundancy considerations for long-life space missions. Cryocoolers 11: 637–648.

Ross R G Jr. 2004. Active versus standby redundancy for improved cryocooler reliability in space. New Orleans: 13th International Cryocooler Conference.

Ross R G, Boyle R F. 2006. An overview of NASA space cryocooler programs. Cryocoolers, 14: 1–10.

Ross R G, Green K E. 1997. AIRS cryocooler system design and development. Cryocoolers, 9: 885–894.

Rott N. 1980. Thermoacoustics. Advances in Applied Mechanics, 20: 135–175.

Sato Y, Shinozaki K, Sugita H, et al. 2012. Development of mechanical cryocoolers for the cooling system of the Soft X–ray Spectrometer onboard Astro–H. Cryogenics, 52(4–6): 158–164.

Sato Y, Sugita H, Komatsu K, et al. 2009. Development of advanced two-stage stirling cryocooler for next space missions. Cryocoolers, 15: 13–21.

Schreiber J G. 2000. Assessment of the free-piston Stirling convertor as a long life power convertor for space. AIAA–2000–3021: 1239–1247.

Shah A R, Halford G R, Korovaichuk I. 2004a. Reliability-based life assessment of Stirling convertor heater head. NASA/TM–2004–213077.

Shah A R, Korovaichuk I, Zampino E J. 2004b. Reliability quantification of the flexure: a critical stirling convertor component. Alexandria: Annual Reliability and Maintainability Symposium.

Shah A R, Schreiber J G, Zampino E, et al. 2004c. Reliability assessment approach for Stirling convertors and generators. NASA/TM–2004–213078.

Shibai H. 2004. ASTRO–F mission. Advances in Space Research, 34(3): 589–593.

Shinozak K, Sugia H, Sato Y, et al. 2011. Developments of 1–4 K class space mechanical coolers for new generation satellite missions in JAXA. Cryocooler,16: 1–8.

Storch P J, Radebaugh R. 1988. Development and experimental test of an analytical model of the orifice pulse tube refrigerator. Advances in Cryogenic Engineering, 33: 851–859.

Stubstad J, Shoemakera J, Brooks P, et al. 1999. The space technology research vehicle (STRV) –2 program. Albuquerque: AIAA Space Technology Conference and Exposition.

Sugimura R S, Russo S C, Gilman D C. 1995. Lessons learned during the integration phase of the NASA IN–STEP cryo system experiment. Cryocoolers, 8: 869–882.

Sung J W, Lee C W, Kim G S, et al. 2006. Sensorless control for linear compressors. International Journal of Applied Electromagnetics and Mechanics, 24(3–4): 273–286.

Sunpower. 2016. Space Cryocoolers. http: //sunpowerinc.com/cryocoolers/cryotel-family/flight.

Swift G W. 2002. Thermoacoustics. Springer Handbook of Acoustics, 113(5): 2379–2381.

Tanchon J, Ercolani E, Trollier T, et al. 2006. Design of a very large pulse tube cryocooler for HTS cable application[C]. Advances in Cryogenic Engineering: Transactions. AIP Publishing: 661–668.

Tanchon J, Trollier T, Buquet J, et al. 2008. Air liquide space pulse tube cryocoolers. Advances in Cryogenic Engineering, 53: 506–513.

Tanchon J, Trollier T, Triqueneaux S, et al. 2010. 20–50 K and 40–80 K pulse tube coolers: two candidates for a low temperature cooling chain. Cryogenics, 50(1): 55–60.

Taylor F W, Vescelus F E, Locke J R, et al. 1979. Infrared radiometer for the Pioneer Venus Orbiter, I: Instrument description. Applied Optics, 18(23): 3893–3900.

Taylor R P, Nellis G F, Klein S A. 2008. Optimal pulse-tube design using computational fluid dynamics. Chattanooga: Joint Cryogenic Engineering conference/International Cryogenic Materials Conference.

ter Brake H J M, Wiegerinck G F M. 2002. Low-power cryocooler survey. Cryogenics, 42(11): 705–718.

Thieme L G, Schreiber J G. 2005. Supporting development for the Stirling radioisotope generator and advanced Stirling technology development at NASA Glenn. NASA/TM–2005–213409.

Timmerhaus K D, Reed R P. 2007. Cryogenic engineering: fifty years of progress. Berlin: Springer.

Tomlinson B J, Davidson D, Lanes C, et al. 1999a. Multispectral thermal Imager(MTI) space cryocooler development, integration, and test. Cryocoolers, 10: 129–138.

Tomlinson B J, Gilbert A, Bruning J. 1999b. Endurance evaluation of long-life space cryocoolers at AFRL–An unpdate. Cryocoolers 10: 33–42.

Trollier T, Ravex A, Charles I, et al. 2004. Design of a miniature pulse tube cryocooler for space applications. Advances in Cryogenic Engineering, 49: 1318–1325.

Tward E, Chan C K, Jaco C, et al. 1999. Miniature space pulse tube cryocoolers. Cryogenics, 39(8): 717–720.

Tward E, Chan C K, Raab J, et al. 2001. High efficiency pulse tube cooler. Cryocoolers, 11: 163–167.

Walker G, Fauvel O R, Reader G, et al. 1988. Commercial applications for Stirling refrigerators. Denver Proceedings of the 23rd Intersociety Energy Conversion Engineering Conference: 15–19.

Ward W C, Swift G W. 1994. Design environment for low-amplitude thermoacoustic engines. Journal of the Acoustical Society of America, 95(6): 3671–3672.

Watanabe M, Prosperetti A, Yuan H. 1997. A simplified model for linear and nonlinear processes in thermoacoustic prime movers. Part I. Model and linear theory. Journal of the Acoustical Society of America, 102(6): 3484–3496.

Werrett S, Peskett G D, Davey G, et al. 1986. Development of a small stirling cycle cooler for spaceflight applications. Advances in Cryogenic Engineering, 31: 791–799.

Wilson K B, Fralick C C. 2007. Sunpower's CPT60 pulse tube cryocooler. Cryocoolers, 14: 123–132.

Wood J G. 2003. Status of free-piston Stirling technology at Sunpower, Inc. Portsmouth: 1st International Energy

Conversion Engineering Conference.

Xiao J H. 1995a. Thermoacoustic heat transportation and energy transformation Part 1: Formulation of the problem. Cryogenics, 35(1): 15–20.

Xiao J H. 1995b. Thermoacoustic heat transportation and energy transformation Part 3: Isothermal wall thermoacoustic effects. Cryogenics, 35(1): 21–26.

Xiao J H. 1995c. Thermoacoustic heat transportation and energy transformation Part 3: Adiabatic wall thermoacoustic effects. Cryogenics, 35(1): 27–29.

Yuan H, Karpov S, Prosperetti A. 1997. A simplified model for linear and nonlinear processes in thermoacoustic prime movers. Part II. Nonlinear oscillations. Journal of the Acoustical Society of America, 102(6): 3497–3506.

Yuan S W K, Kuo D T, Lody T D. 2003. CMCEC life test results and related issues. Cryocoolers 12: 79–85.

Zhu S W, Zhou S L, Yoshimura N, et al. 1997. Phase shift effect of the long neck tube for the pulse tube refrigerator. Cryocoolers 9: 223–242.

Zhu S, Wu P, Chen Z. 1990. Double inlet pulse tube refrigerators: an important improvement. Cryogenics, 30(6): 514–520.

第4章 试验技术

卫星在发射阶段经历短暂的动力学环境，包括声、振动、冲击和加速度四种。这些动力学环境有可能对卫星及星上组件造成结构性损坏。为了保证制冷器能够承受可能遇到的动力学环境并正常工作，除了对其精心设计和制造装配外，进行充分的动力学环境试验是必不可少的。

另外制冷器在进入轨道飞行阶段后，长期处于高真空和超低温环境中，同时受空间外热流环境的影响。为了验证制冷器热设计的正确性，保证其能长期可靠的工作，在研制过程中，必须按照试验规范的规定，在模拟真空冷黑和空间外热流条件下对其进行热平衡试验，在规定的压力和极端温度条件下对其进行热真空试验。

4.1 试验简介

动力学环境试验的主要目的是：验证制冷器机构设计方案的正确性，考核制冷器结构是否能承受可能遇到的动力学环境；暴露制冷器在材料、元器件选择和制造装配过程中可能隐藏的缺陷，尽量减少它的早期失效，提高工作可靠性；研究动力学环境对新材料和新结构的影响；研究各种隔振减振措施的有效性。

热平衡试验的目的是在模拟的空间环境条件下获得制冷器组部件温度分布数据，以校核热设计，并考核制冷器各级所能达到的最低温度和维持在规定温度范围内的制冷余量，验证热数学模型的正确性。

热真空试验是在规定的压力与极端温度条件下，暴露制冷器的设计和工艺问题，判定其工作性能，验证其功能的试验，分鉴定级热真空试验和验收级热真空试验。

为了验证制冷器在空间环境下的制冷性能，在制作完成后，入轨前必须进行充分的环境模拟试验。其中热性能试验不但单机要做，安装到整机和卫星上后，还要和整机一起完成各种性能试验。力学环境试验根据项目要求和试验条件有选择进行，不一定所有项目都做，例如冲击试验一般不做。

4.2 力学试验

在制冷器研制的不同阶段，需要进行力学环境试验项目、需达到的目的和试验条件都有所不同。制冷器都要经历发射时的恶劣环境，因此在地面试验中要进行加速度、正弦振动和随机振动试验。在初样研制阶段，一般进行鉴定级力学试验，目的是验证产品结构设计方案及计算用分析模型的正确性，确认制作工艺方案的合理性等，为正样产品设计提供依据，该阶段的力学试验主要是对各种结构模型进行的。在正样研制阶段，一般进行验收级力学试验，目的是暴露产品在材料和制造装配方面的缺陷，并及时排除，通过尽量排除早期失效，提高卫星的可靠性。

振动试验中应遵守的试验要求如下。

（1）试验夹具应具有足够的刚度，试验夹具的特征模态频率至少应大于参数产品一阶频率的3倍，并应在试验频段内有平坦的频响特性。

（2）单机与试验夹具或振动台面的连接应模拟单机在卫星上的实际安装状态，包括受力方式、连接件数量及尺寸，不许使用设计上没有的附件进行固定。

（3）不带支架的产品，输入界面为产品安装面；带支架的产品，输入界面为支架安装面。

（4）试验应尽量采用多点平均控制，控制点应选在仪器与振动台台面或夹具的连接面上，靠近单机底板处。

（5）有支架或减振器的单机应带支架和减振器一起试验，试验条件的控制点应选在支架或减振器与振动台台面或夹具的连接处。

（6）大量级满振试验前后，应进行小量级的预复振试验，预复振条件一般取该量级满振条件的1/4 ～ 1/3。

试验中允许试验条件与实际有偏差，每个载荷的要求不同，可查阅相关的产品可靠性试验规范。一般需要进行三个轴向的试验。试验中需要对关注位置安装振动传感器进行振动响应检测，试验前后，应对制冷器的相关性能进行检测和比对。如试验前后测试结果无明显变化，则通过试验。典型的辐射制冷器振动试验装置如图4.1所示，正弦振动响应曲线如图4.2所示，随机振动响应曲线如图4.3所示。

图4.1　振动试验装置图

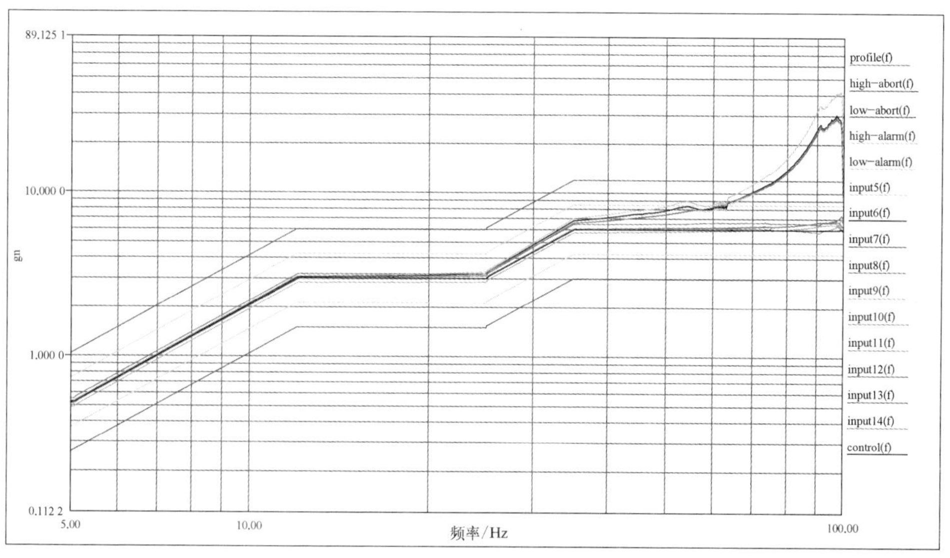

图4.2　正弦振动响应曲线

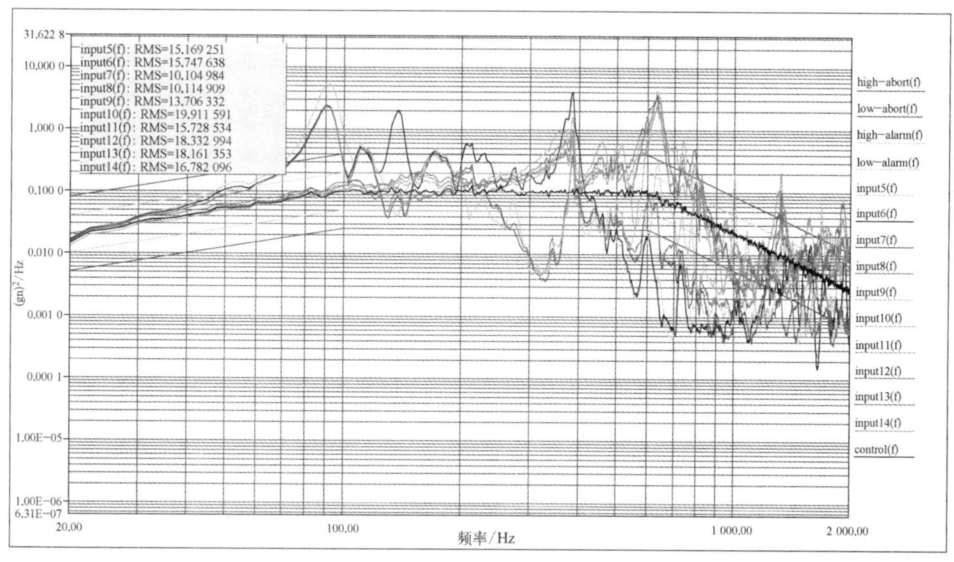

图4.3　随机振动响应曲线

4.3　真空热试验

辐射制冷器的热性能试验主要是指辐射制冷器的热平衡试验，主要测试辐射制冷器的制冷能力，包括空载时的最低制冷温度和设定控温点时的制冷量，从而验证辐射制冷器热学设计、结构设计的合理性和正确性以及产品装配的准确性。

辐射制冷器的热平衡试验需要在空间环境模拟器中进行。空间环境模拟器模拟空间的冷黑条件，是模拟卫星及其组件在轨道运行中经历背景的主要空间环境设备。空间环境模拟室由真空抽气系统、冷屏氦系统、液氮系统、气氮系统及控制与测量系统等组成。有些空间环境模拟器还可以模拟空间外热流环境，如太阳模拟器、红外灯阵、红外加热笼等设备，根据不同的试验要求，施加不同的空间外热流边界条件（达道安，1991）。

热平衡试验要求空间环境模拟器试验罐体内的特征尺寸至少是参试产品特征尺寸的2～3倍（柯受全，1996），罐体壁面热沉温度要求低于100 K，由于辐射制冷器工作温度低于热沉温度，需要有更低温度的冷屏，冷屏温度一般要求低于30 K，尺寸大于辐射制冷器开口。试验时辐射制冷器的开口对准冷屏，具体如图4.4所示。热沉表面和冷屏表面的辐射率一般要求≥0.97。试验过程中真空罐内系统真空度要求优于1×10^{-5} Pa。

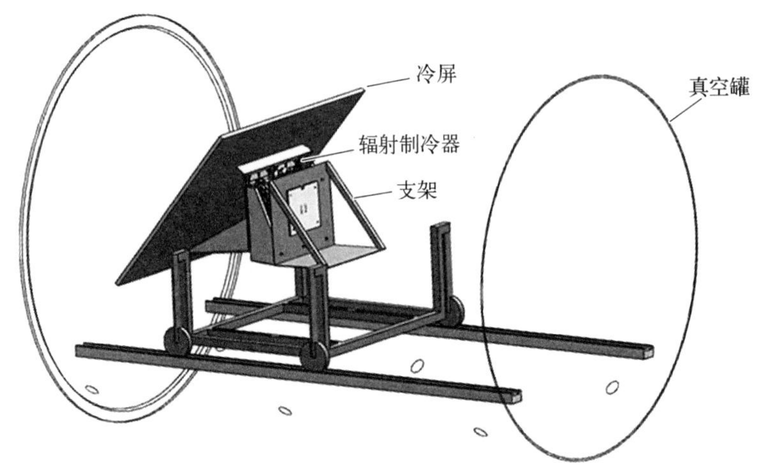

图4.4　辐射制冷器在真空罐内的布局示意图

试验所需设备，除了空间环境模拟器、参试产品辐射制冷器外，还包括给辐射制冷器供电、测温和控温的地面检测专用设备，俗称地检。试验时在罐外放置加热去污的加热电源、温度采集与记录终端、指令发送控制电脑系统等。

在热平衡试验时，对外界环境边界的模拟有两种方式，一种是热流边界，另一种是温度边界。热流边界的设置一般按照仿真计算的结果，将辐射制冷器各个部件所吸收的外热流以到达面所吸收的热流施加在相应位置。通过太阳模拟器照射的方式施加，优点是相对准确，但是费用过高。也可以用红外灯阵的方式施加，但灯阵的施加易受周围物体遮挡的影响，且反应相对滞后。还有一种方法是采用粘贴加热器的方式模拟，这种方法比较准确且简便，试验中多采用这种方式（柯受全，1996）。温度边界的设置采用闭环控温的方式，设定相关位置的温度值。某型号的辐射制冷器热性能试验中，采用控制安装面和外壳的温度，来实现周围环境的模拟，测试辐射制冷器的性能。

在具体试验过程中，要考虑污染的控制，辐射制冷器的辐射面如果被水汽或可凝挥发物污染，性能会急剧下降。因此在每次开始性能测试前，需要有真空放气的程序，即在真空系统建立的过程中，在24～48 h内维持辐射制冷器的二级辐射器、一级辐射器、外壳高于环境温度10℃左右。在热沉开始降温并维持的过程中，维持辐射制冷器的二级辐射器、一级辐射器、外壳在20℃左右，维持24 h左右。然后开始辐射制冷器的性能测试，解除各级温控，进入降温过程，直至达到热平衡。平衡判据为二级冷块的温度在连续2 h内温度单向变化小于0.1℃。试验最后，在升温过程中，为防止产品污染，必须保证辐射制冷器各部件的温度高于冷屏和热沉温度。

试验过程中对温度数据进行实时监控和记录，结束后对试验数据进行分析处理，与仿真结果进行比对，作为修正仿真模型的依据。

另外，在工程应用中，辐射制冷器还要与有效载荷配合开展相关的热试验。依据试验条件和试验目的不同，还可分为鉴定级和验收级热真空试验。鉴定级热真空试验的目的是证明整机在规定的压力与鉴定级温度条件下是否满足设计要求。验收级热真空试验的目的是在规定的压力与验收级温度条件下暴露材料、工艺和制造方面的缺陷。

4.4 低温形变及低温光校测试试验

空间红外探测器为了实现高灵敏度的红外探测，需要采用热控方法对光学系统进行制冷，以减小背景辐射。因此，红外探测器及其后光路部件均要维持在较低的工作温度。其中，后光路是指安装在辐射制冷器内部的光学组件。为了获得优异的光学传递函数，红外探测器及红外后光路透镜的相对位置有严格的要求。然而，由于探测器零件的加工与安装都要在常温下进行，工作于低温环境时，会产生低温形变，导致红外光路透视组件和探测器安装位置的变化，影响探测器性能。另外，由于空间运行时工作姿态的变化，探测器及其后光路部件会产生较大的温差，加之航天器内部热源的扰动，而探测器镜片与光学部件存在线膨胀系数，同样造成几何参数的变化。为了解决材料发生冷收缩所带来的影响，减小相关的理论计算带来的较大误差，必须对后光路的低温形变进行实际测量。

某制冷器的红外探测通道为双光路，包括长波红外的一个通道和短波红外的两个通道，根据后光路部件室温安装结果以及低温形变测试结果，可以得到长短波光路两个组件间距的理论补偿值。然而，由于光学透镜加工、曲率半径测量、组件组装误差及其低温折射变化，后光路各透镜之间的间隔距离不可能与理论值完全一致。所以，辐射制冷器后光路还需进行低温光校来确定实际的间隔距离。低温光校一般原则为：使红外探测器组件安装位置固定，变换红外透镜组件的位置，然后根据图像质量指标（传递函数MTF）来判定透镜组件的“最佳”位置。原始方法为：比较红外透镜组件在两个安装位置的MTF值，判断接近“最佳”位置的方向，循环下去，直到满足要求。这样要求辐射制冷器多次降温，不利于保证使用寿命，试验周期也较长。如果能够在真空低温下直接驱动红外透镜组件沿光轴方向连续的前后移动，通过MTF值寻找最佳安装位置，便能解决此问题。

4.4.1 计算及分析

低温形变计算可由有限元软件实现。其计算过程如下。

(1) 计算使用数据的准备。根据辐射制冷器热力学设计的平均温度,确定外壳温度、一级温度、二级温度,查询有关零件的温度,即相关的材料线膨胀系数,获取各个一级带状支撑的预紧力值。

(2) 建立实体模型。建立辐射制冷器的简化分析实体模型,主要涉及后盖板、外壳组件、一级部分和一级带状支撑。

(3) 建立有限元模型。将实体模型导入有限元分析软件中,采用相应的单元进行网格划分,对关键位置进行网格细分。

(4) 建立计算约束模型。根据实际使用情况、实际边界条件,并对各级输入工作温度,得到约束模型。

(5) 计算并对结果进行分析。形变主要包括以下几个方面:红外探测器组件安装面相对于各自透镜组件安装面在X、Y、Z三个方向上的位移,绕X、Y、Z轴变化的角度,以及双光路绕轴线的变化。

4.4.2 测试技术

在真空、低温条件下,低温形变测试可采用非接触式测量技术。低温形变测试置于真空罐内进行,冷屏和热沉通液氮,再配合电控箱对制冷器各级进行温控,使各级温度达到工作温度并处于平衡状态,测得变形值。

非接触式测量一般采用涡流位移传感器进行。将涡流位移传感器安装在后盖板上透镜组件安装处,测量各自对应的探测器组件安装位置相对于透镜组件安装位置的变化值,以确定后光路的低温形变。

涡流位移传感器是一种非接触式传感器,一般由探头、延伸电缆、前置器构成基本的工作系统。前置器中高频振荡电流通过延伸电缆流入探头线圈,在探头头部的线圈中产生交变的磁场,此时若有效范围内没有金属材料靠近,磁场能量会全部损失,放入被测金属,该金属表面会产生感应电流,即涡流(涂锋华等,2009)。因此,可以将被测金属导体看作涡流位移传感器工作系统中传感器的一半,即实现涡流位移传感器性能与被测导体相关。涡流会产生一个方向与头部线圈方向相反的交变磁场,其反作用增加了线圈的等效阻抗,使头部线圈高频电流的幅度相位发生改变,根据单线圈检测方法,这一变化与金属体磁导率、电导率、线圈的几何形状、几何尺寸、电流频率以及头部线圈到金属导体表面的距离参数有关。在一定范围内对其他影响因素(如金属体磁导率、电导率、线圈几何形状尺寸及电流频率等)加以控制,就可实现特征阻抗是距离的单值函数,虽然它的整个函数是非线性的,特征为S型曲线,可以选取近似为线性的一段。通过前置电子线路的处理,将线圈阻抗的变化,即线圈与金属导体的距离的变化,转化成电压或电流的变化,输出信号的大小随间距而变化,从而实现金属物体位移的测量。

温度可以影响线圈电导率大小，使线圈品质因数发生变化，导致输出电压随温度变化而发生漂移。实验表明，涡流位移传感器的线圈阻抗漂移随温度的升高而增加。传感器出厂状态与工作状态下温度差异很大，并且电子线路在运输过程中可能会发生变化。因此，使用前须在低温下对涡流位移传感器进行电压与距离的关系标定（图4.5）。标定过程分为常温标定和低温标定两部分。首先在常温下校准，在底板上垂直安装两个支架，一端固定安装涡流位移传感器探头，另一端安装数显螺旋杆，杆上固定一个基准平面，通过调节传感器探头与基准平面之间的距离，测量所对应的显示电压。在常温校正的基础上，将装置放在充满高纯氮气的密封箱内，同时安装传感器探头的垂直支架上用铂电阻测温，并放入高低温箱进行低温标定。调整间距为某一固定值，放入高低温箱内，控制传感器温度在温度区间内变化，测量温度对传感器测量性能的影响。重新调节为另一间距，重复上述过程。最后消除测量装置低温收缩量，标定出低温下电压值所对应的距离值，可得出不同温度条件下的拟合曲线。

制冷器后光路低温形变测试中，在各级工作温度时，以双光路的红外透镜组件安装位置为基准，相对应的红外探测器组件安装位置相对于常温时的变化。根据测量项目及制冷器结构，利用不同的安装附件，将位移传感器安装在外壳后盖板上，采用相应的测量附件代替被测安装面，测得需要的形变值。根据制冷器各级温度降低前后各位移传感器电压，参考常温校准和低温标定结果求得位移，便可计算后光路元件的低温形变。

在以上非接触测量的基础上，随着探测通道的增多，光路相对位置要求的增高，为减少测量的误差，可以采用激光测距的方法。图4.6是某制冷器采用激光测量低温形变的示意图。根据测量的要求，进行激光器安装板的设计，注意安装板与制冷器之间进行隔热安装，同时激光器需要温控在常温工作，激光器开机后稳定一段时间后的测量数据为形变的测量值。根据制冷器各级温度降低前后各传感器测量结果，考虑工装的影响，便可计算后光路元件的低温形变。

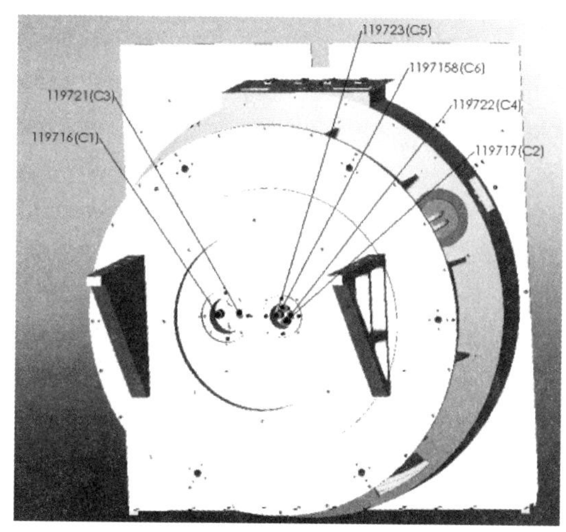

图4.5　某制冷器采用微小位移测量形变的示意图

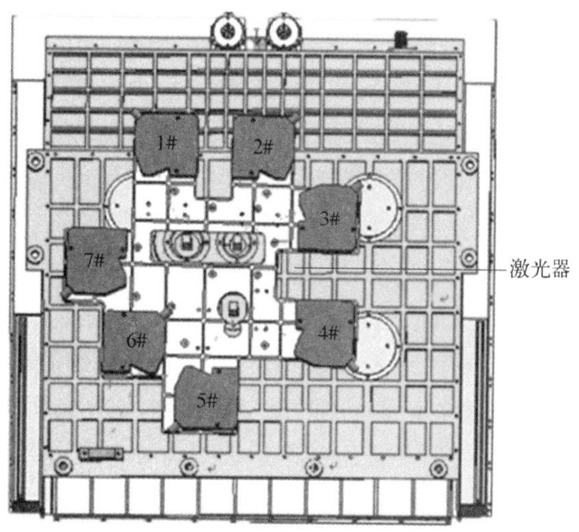

图4.6　某制冷器采用激光器测量低温相比示意图

4.4.3 残余应力测量和调整

残余应力是一种弹性应力，是材料中发生了不均匀弹性变形或不均匀弹塑性变形的结果。塑性变形过程复杂，不仅改变了金属的外部形状，同时引起了金属内组织结构的诸多变化，并且形变在金属内部总是不均匀的，因而必然会造成残余应力。金属在塑性变形时，除大部分变形功转变成热能外，小部分则以畸变能的形式存在，残余应力的本质便是晶格畸变，使已发生塑性变形部分与未发生塑性变形部分相互牵制。残余应力表现为尺寸的不稳定变化，残余应力在经过高低温循环和振动后，会有一定的松弛或均化而造成形变，使得透镜组件和探测器组件安装面之间空气间隔不稳定，增加了后光路低温耦合的难度，所以有必要对后光路有关的主要零件进行残余应力的测量，若应力较大且不均匀，还需进行应力的调整。

残余应力对零件力学性能和尺寸稳定性具有重大影响。实验测量是获得关键零件的残余应力状况最主要的方法，分为有损测试法和无损测试法。有损测试法（如钻孔法、环芯法）是以机械方法为主，其原理是用机械加工的方法将零件一部分除去，释放部分或者全部残余应力并造成相应的位移和应变，测量这些位移或应变，可通过力学分析推算出原始存在的残余应力。无损测试法（如X射线衍射法、磁性应变法和超声法）采用了物理方法，利用材料中残余应力状态引起的某种物理效应，建立起某物理量与残余应力（或应变）的关系，便可通过测定这些物理量来推算出残余应力，对于辐射制冷器上的关键零件，宜采用不破坏机械零件的无损测试法。

磁性应变法的基本原理是基于铁磁性材料的磁致伸缩效应，材料在磁化时会发生尺寸变化产生应力，反之铁磁体在应力作用下磁化状态（磁感应强度等）也会发生变化。测量磁性变化即可测定铁磁材料中的应力，但该方法受限于铁磁性材料。超声法是利用超声波在材料中的传播特性和应力引起声波双折射效应测量出超声传播路径的平均应力。由于声波波长太长、速度低，因而应力引起超声波在固体中传播速度变化非常小，实际测量面临很多困难。X射线衍射法是通过测量材料晶格应变，再借助材料的弹性特征参数来确定宏观应力，其过程包括被测零件表面必要处理、仪器设备的调节、测试参数的选择、数据的采集和处理、输出应力值。随着X射线衍射分析方法的不断优化、ψ测角仪的发明、计算机技术在仪器控制和数据处理方面的应用，以及理论、实验技术和方法上的进展，使得X射线衍射应力分析成为材料残余应力最常用的分析方法。

本节简单介绍X射线衍射应力分析法，其测量原理基于X射线理论。残余应力的测量采用X射线衍射残余应力测试仪。当一束具有一定波长λ的X射线照射到多晶体上时，会在一定的角度2θ上接收到发射的X射线强度极大值（即衍射峰），这便是X射线衍射现象。X射线波长λ、衍射晶面间距d和衍射角2θ之间满足著名的布拉格定律：

$$2d_{(hkl)}\sin\theta = n\lambda\ (n = 1,2,3,\cdots) \tag{4.1}$$

式中，$2d_{(hkl)}$为衍射晶面间距；n为衍射级数。

X射线衍射过程在形式上与可见光镜面反射相似，不同点在于X射线只能在满足布拉格方程时的镜面和特定角度上发生“选择反射”，不同于可见光在物理表面上反射的光学现象，衍射是一定厚度内许多面间距相同的平行面网共同作用的结果。

X射线衍射应力分析的最基本思路是把一定应力状态引起的晶格应变认为和按弹性理论求出的宏观应变是一致的，而晶格应变可通过布拉格方程由X射线衍射技术测出，从测得的晶格应变来推知宏观应力。在已知X射线波长λ的条件下，布拉格定律把宏观可以准确测定的衍射角2θ（表征衍射线位置）同材料中的晶面间距d（表征材料微观结构尺寸）建立定量关系。材料中应力对应的弹性形变必然表征为晶面间距的变化，因此可以通过测量衍射角2θ随晶面取向不同而发生的变化来求得应力σ，根据该基本思路可导出X射线衍射应力分析的基本方程。

晶格应变为

$$\varepsilon_{J,\psi} = \frac{(\mathrm{d}D)_{\psi}}{D_0} = \frac{D_{\psi} - D_0}{D_0} \tag{4.2}$$

式中，ψ为晶面法线与被测零件表面法线的夹角；D_{ψ}为在应力作用下的晶面间距；D_0为无应力状态下的晶面间距。

对布拉格方程微分处理：

$$\mathrm{d}\theta = \theta - \theta_0 = -\tan\theta_0 \frac{\mathrm{d}D}{D_0} = -\tan\theta_0 \left(\frac{D_{\psi} - D_0}{D_0}\right) \tag{4.3}$$

联立两式，得到

$$\varepsilon_{J,\psi} = -\cot\theta_0 (\mathrm{d}\theta)_{\psi} \tag{4.4}$$

另外，由弹性理论推导出宏观应变：

$$\varepsilon_{\Phi,\psi} = \left(\frac{1+\mu}{E}\right)\sigma_{\Phi} \cdot \sin^2\psi - \frac{\mu}{E}(\sigma_1 + \sigma_2) + \frac{\sigma_3}{E} \tag{4.5}$$

式中，σ_1和σ_2为平行被测表面两个互相垂直的方向主应力；σ_3为法线方向主应力，近似认为X射线透入薄层处于平面应力状态，$\sigma_3 \approx 0$；Φ为宏观应变方向在被测表面投影与σ_1的夹角；σ_{Φ}为被测表面（ψ=90°）Φ方向的应力分量；E为弹性模量；μ为泊松比。

引入衍射晶面的X射线弹性常数：

$$S_1^{(hkl)} = -\frac{\mu}{E},\ \frac{1}{2}S_2^{(hkl)} = \frac{1+\mu}{E} \tag{4.6}$$

可以得到X射线衍射应力分析的基本方程：

$$\varepsilon_{J,\Phi,\psi} = -\cot\theta_0 (\mathrm{d}\theta)_{\Phi,\psi} = \frac{1}{2}S_2^{(hkl)}\sigma_{\Phi}\sin^2\psi + S_1^{(hkl)}(\sigma_1 + \sigma_2) = \varepsilon_{\Phi,\psi} \tag{4.7}$$

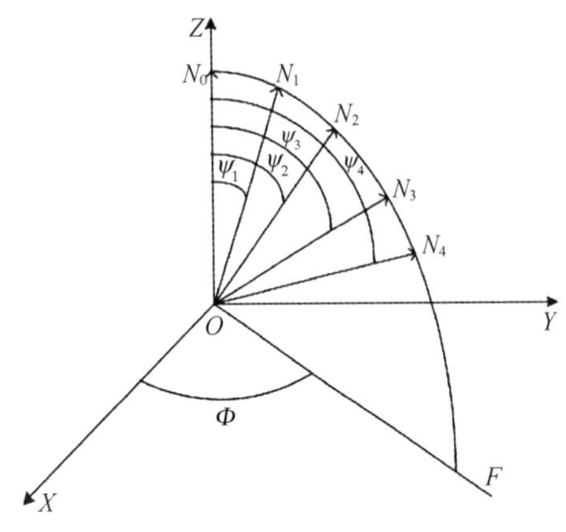

图4.7 衍射晶面方位角和应力方向平面

式中，两个X射线弹性常数考虑了晶体弹性各向异性和多晶材料中晶格集合条件的影响，可以通过实验标定或者理论计算获得，也可以从资料中查到不同材料不同晶面的数值。

如图4.7所示，按照倾角大小的不同确定不同的晶面法线$ON_0, \cdots, ON_4$，通过衍射可以分别测定对应于这组法线的晶面间距$d_0, \cdots, d_4$，对应的衍射晶面方位角为$\psi_1, \cdots, \psi_4$。如果测得的晶面间距相等，则表明材料中无应力；若间距依次增大，表明存在拉应力；若间距依次递减，则表明存在压应力。即晶面间距d随衍射晶面方位角ψ变化，则表明存在应力，递增或递减的急缓程度反映了应力值的大小。说明2θ随ψ变化的急缓程度与应力σ大小密切相关。

由于主应力之和$(\sigma_1+\sigma_2)$之和不变，所以每个固定Φ的任意界面内不同ψ角方向的晶格应变$\varepsilon_{J,\Phi,\psi}$和$\sin^2\psi$为线性关系，应变分布直线斜率$M_\Phi$为

$$M_\Phi = \frac{\partial \varepsilon_{J,\Phi,\psi}}{\partial \sin^2\psi} = \frac{1}{2}S_2^{(hkl)}\sigma_\Phi \tag{4.8}$$

即

$$\sigma_\Phi = \frac{M_\Phi}{\frac{1}{2}S_2^{(hkl)}} = \left(\frac{1}{\frac{1}{2}S_2^{(hkl)}}\right)\cdot\frac{\partial \varepsilon_{J,\Phi,\psi}}{\partial \sin^2\psi} \tag{4.9}$$

同时可得，直线的截距（即ψ=0°）为

$$\partial \varepsilon_{J,\Phi,\psi=0^\circ} = \varepsilon_3 = S_1^{(hkl)}(\sigma_1+\sigma_2) \tag{4.10}$$

则主应力之和为

$$\sigma_1+\sigma_2 = \frac{\partial \varepsilon_{J,\Phi,\psi=0^\circ}}{S_1^{(hkl)}} \tag{4.11}$$

晶格应变可表示为

$$\varepsilon_{J,\Phi,\psi} = -\frac{1}{2}(\cot\theta_0)(2\theta_{\Phi,\psi}-2\theta_0) \tag{4.12}$$

代入可得

$$\sigma_\Phi = \left[-\frac{1}{2}\cot\theta_0\frac{\pi}{180}\left(\frac{1}{\frac{1}{2}S_2^{(hkl)}}\right)\right]\cdot\frac{\partial(2\theta_{\Phi,\psi})}{\partial\sin^2\psi} \tag{4.13}$$

上式可表达为

$$\sigma_{\Phi} = K \cdot M \tag{4.14}$$

式中，K为X射线应力常数，其单位为MPa/(°)，表达式为

$$K = -\frac{1}{2}(\cot\theta_0)\frac{\pi}{180}\left(\frac{1}{\frac{1}{2}S_2^{(hkl)}}\right) = -\frac{E}{2(1+\mu)}(\cot\theta_0)\frac{\pi}{180} \tag{4.15}$$

M为$2\theta_{\Phi,\psi}$与$\sin^2\psi$直线的斜率，即

$$M = \frac{\partial(2\theta_{\Phi,\psi})}{\partial\sin^2\psi} \tag{4.16}$$

同理可得

$$(\sigma_1 + \sigma_2) = -\frac{1}{2}(\cot\theta_0)\frac{\pi}{180}\left(\frac{1}{\frac{1}{2}S_1^{(hkl)}}\right)(2\theta_{\Phi,\psi=0^\circ} - 2\theta_0) \tag{4.17}$$

设另一个X射线应力常数K_1，单位为MPa/(°)，表达式为

$$K_1 = -\frac{1}{2}(\cot\theta_0)\frac{\pi}{180}\left(\frac{1}{S_1^{(hkl)}}\right) = \frac{E}{2\mu}(\cot\theta_0)\frac{\pi}{180} \tag{4.18}$$

可得到主应力之和

$$(\sigma_1 + \sigma_2) = K_1 \cdot (2\theta_{\Phi,\psi=0^\circ} - 2\theta_0) \tag{4.19}$$

对于指定材料，X射线应力常数K和K_1值可以从资料中查出或通过实验得出。

若按照基本理论方程，应测定绝对无应力状态的$2\theta_0$值，难度、误差都很大，对晶格应变公式求导可得

$$M_{\Phi} = \frac{\partial\varepsilon_{J,\Phi,\psi}}{\partial\sin^2\psi} = -\frac{1}{2}(\cot\theta_0)\left[\frac{\partial(2\theta_{\Phi,\psi})}{\partial\sin^2\psi}\right] \tag{4.20}$$

式中避开了准确的$2\theta_0$值，保留的$\cot\theta_0$采用从文献查到的无应力状态的布拉格角值，引起误差不大。这样，在假定X射线测量材料处于平面应力状态的前提下，测量残余应力的实质问题就变成了选定若干ψ角测定对应的衍射角$2\theta_{\Phi,\psi}$，完成该任务的装置是测角仪，它是X射线应力测定仪的测量执行机构。然后对衍射角$2\theta_{\Phi,\psi}$和$\sin^2\psi$进行直线拟合，即可得到应力值。

辐冷器在研制和应用过程中，会进行热真空性能试验、后光路低温形变测试试验、低温红外光学校正试验、红外定标试验、整星热真空试验、入轨后的加热去污等，会多次进行“常温—低温—常温”的温度循环，残余应力的存在会导致零件尺寸的不稳定，引起透镜间距变化，导致MTF变化和红外图像质量变化，因此需要进行调整。

调整金属材料内部残余应力（称为时效），就是进行内部残余应力的消除、降低峰值或重新分布，以减少形变和稳定零件尺寸，主要有三种方法：自然时效（natural stress relief, NSR）、热时效（thermal stress relief, TSR）、振动时效（vibration stress relief, VSR）。自然时效就是将零件长期放置，利用环境温度的季节性变化和时间效应释放应力，由于周期过长，实际应用不多。热时效是利用残余应力的热松弛效应来调整零件的残余应力，该方法可以消除和降低残余应力，特别是危险的峰值应力，同时能改善金属的某些性能。对冷热加工工艺产生的残余应力可用传统的热循环稳定化处理或去应力退火来消除或调整。热循环稳定化处理是将合金零件冷却到低温（低于工作温度），保温，然后迅速升温到高温（低于人工时效温度），再保温，如此循环多次，最后空冷至室温。去应力退火是把合金零件加热到一个较低的温度（低于合金材料的再结晶起始温度），保温一定时间，以缓慢速度冷却的热处理工艺，主要取决于加热温度、保温时间、冷却方式、冷却速度等诸多因素，可控性较差，并容易产生新的残余应力和变形，也有可能使材料机械性能下降，表面产生氧化、脱碳等问题。振动时效工艺源于通过锤击可以消除金属构件中的残余应力的实践，它采用振动的方法，反复地对有残余应力的构件加循环载荷，使构件产生一定的变形，随之残余应力得到松弛，从而使构件的尺寸稳定下来。

4.4.4 低温光校

在低温环境下，后光路会发生形变，为满足性能要求，需进行低温红外光学校正，即低温光校。低温光校通过采用压电陶瓷微位移驱动器实现，微位移驱动器作为红外透镜组件的驱动工具，驱动红外透镜组件沿光轴平行移动。校正的整体思路为：根据辐射制冷器室温下三坐标测量的后光路结果、低温形变结果及各光学透镜和探测器组件的安装结果，以及后光路的空气理论间隔，初步确定长短波两透镜组件安装基准面与后盖板上安装面的“理论腾空间距”；再在低温下采用压电陶瓷微位移驱动器推动透镜组件沿着光轴方向前后移动，根据成像质量（传递函数MTF）确定两光学组件间的实际间隔及垫片厚度，加入垫片安装透镜组件，校核成像质量。

某些电介质受到机械力时会引起它们内部正负电荷中心相对位移，产生极化，从而导致介质两端表面内出现符号相反的束缚电荷，这种现象称为压电效应或正压电效应。反之若把具有压电效应的介质置于外电场中，由于电场的作用会引起介质内部正负电荷中心位移，该位移又使介质发生形变，这种效应称为逆压电效应或电致伸缩。具有压电效应的陶瓷则称为压电陶瓷，是一种经极化处理后的人工多晶铁电体。每个单晶形成一个电畴，无数单晶无规则排列，致使原始的压电陶瓷呈现各向同性和不具有压电性（涂锋华等，2008）。极化处理后，即在一定温度下对其施加直流电场，迫使电畴趋向外电场方向做规则排列，使自发极化沿极化方向择优取向，在撤去电场后，陶瓷体仍保留着一定的总体剩余极化，因而使陶瓷体具有压电性。常用的压电陶瓷为PZT陶瓷，即锆钛酸铅陶瓷，它是$PbZrO_3$和$PbTiO_3$的固溶体，当锆钛比为53 ： 47左右时（处于共晶相界附近），具有最强的压电性能。

由于压电陶瓷微位移驱动器驱动量程的限制，红外透镜组件初始位置尽量处在“理论值”附近，该“理论值”由仪器光学设计人员根据辐射制冷器光学组件的低温位置计算得出。红外透镜组件预留间隙安装，低温红外光校的方案是固定红外探测器组件，采用低温下性能相近的两只压电陶瓷微位移驱动器驱动红外透镜组件沿着光轴方向在“理论值”附近移动，根据仪器头部所测量的MTF值来确定红外透镜组件的最佳位置，并用与低温间隙（室温安装预留间隙、低温“膨胀”量与低温驱动位移之和）等厚度的不锈钢垫片固定红外透镜组件，并复核MTF值。低温红外光校是在液氮真空罐系统中进行的，平行光管系统提供平行光，仪器头部提供传递函数MTF测量。长短波红外探测器组件分别安装在辐射制冷器各级之上后，安装压电陶瓷微位移驱动器以及红外透镜组件，考虑辐射制冷器低温位置的变化量、安装附件的低温收缩量以及压电陶瓷微位移驱动器高度增加值，安装调节时，必须保证红外透镜组件低温下处在“理论值”附近，并且能够被压电陶瓷微位移驱动器前后自由推动，沿光轴方向平行移动。

4.5 其他试验

4.5.1 辐射制冷器单项试验

太阳同步轨道卫星采用的辐射制冷器中地球屏兼具防污罩的作用。发射状态时，地球屏盖在锥口面上，入轨后，地球屏展开。因此，地面性能测试时，需有防污罩展开功能的测试试验。试验初始状态，地球屏处于合拢状态，将辐射制冷器外壳和地球屏部件控制在在轨温度，通过发送抛罩指令，观察防污罩遥测状态显示，状态显示防污罩到位，验证功能正常。在真空罐内进行高低温和常温抛罩试验，并且通过罐壁的观察窗检查地球屏的位置同时验证抛罩是否成功。

部分地球同步轨道卫星的辐射制冷器上设有独立防污罩，由于卫星对辐射制冷器位置的限制，风云二号卫星辐射制冷器防污罩只能设计成平抛型防污罩，风云四号卫星辐射制冷器防污罩设计成转帘型。和太阳同步轨道辐射制冷器一样，地球同步轨道卫星的辐射制冷器要进行地面防污罩抛罩性能测试。

在辐射制冷器制作生产过程中也需要开展相关的工艺试验，例如，喷漆面的放气去污试验，多层材料的放气试验等。对于太阳同步轨道的卫星，辐射制冷器位于背阳面，外壳面板表面一般是白漆面。在生产过程中，外壳面板完成喷漆后，应开展真空放气试验。试验条件是真空优于1.3×10^{-3} Pa，温度控制在60 ～ 70℃，放气时间不少于24 h。

辐射制冷器内部多层组件，在制作安装前，需对原材料进行放气处理，即在真空烘箱内烘烤时间不少于24 h，烘箱温度设为（100 ± 2）℃。

为使载荷在低温下能够正常工作，某些型号的辐射制冷器需配合载荷探测器开展低温形变测试。低温形变测试主要为了获得载荷探测器安装面到辐射制冷器外壳上的透镜安装面之间的距离在低温下的变形量大小，以及多光学通道光轴的相对位移变化，以便根据该变形量确定光路常温装调时需要调节的余量。

4.5.2 载荷红外定标、探测性能和电磁兼容等相关试验

在发射入轨前，辐射制冷器装配到载荷及卫星上后，要开展红外定标、探测性能和电磁兼容等相关试验，为探测器正常工作提供适宜的温度环境。

红外定标是载荷发射入轨前一项重要试验，模拟在轨条件下，验证载荷光、机、电、热等匹配性能，检测不同目标黑体温度仪器获取定量数据，验证辐射制冷器在载荷上的制冷性能。

载荷红外定标试验需要在空间环境模拟器中进行，要求空间环境模拟器试验罐体内的容积至少是参试产品体积的1.5倍，模拟空间的罐体壁面热沉温度要求低于100 K，一般由于辐射制冷器工作温度低于热沉温度，需要有更低温度的冷屏，冷屏温度一般要求低于30 K，尺寸大于辐射制冷器开口。试验时辐射制冷器的开口对准冷屏，冷屏表面的辐射率一般要求不小于0.97。试验过程中，罐内真空度要求优于1×10^{-5} Pa，试验设备能连续工作20天以上。

图4.8 风云二号载荷和辐射制冷器在红外定标时罐内的布局图

辐射制冷器参加红外定标试验时（图4.8），主要测试其制冷能力，包括空载时的最低制冷温度、探测器空载和有载、设定控温点时的制冷量，模拟在轨载荷在不同工况下制冷性能，从而验证辐射制冷器在载荷上匹配性能。该试验验证辐射制冷器温控盒与辐射制冷器匹配性能，测量温控精度、稳定度等指标。辐射制冷器和载荷红外通道之间电磁兼容性能，达到辐射制冷器没有干扰红外通道信号。

试验过程应有效控制对辐射制冷器和载荷的污染，先对罐体进行清洁，进罐试件事先要清洁干净，放置测量光学试片和测量用微量天平。罐内不能使用易挥发污染的材料。试验开始，先进行数天有效加热放气，最后在升温过程中，为防止产品污染，必须保证辐射制冷器和各光学部件的温度高于冷屏和热沉温度，产品在罐内温度达到常温关机。放置24 h后，产品在罐内温度平衡，向罐内充高纯氮气或洁净干燥空气。

试验所需设备，除了空间环境模拟器、参试产品载荷和辐射制冷器外，还需要辐射制冷器温控盒、加热电源和温度采集、记录、控温的地面检测仪等专用设备。试验时，专用设备放置在罐外。

4.6 本章小结

空间应用制冷器进入太空服役之前必须经历卫星的发射阶段，适应短暂的动力学环境。在进入轨道飞行阶段后，长期处于高真空和超低温环境中，同时受空间外热流环境的影响。为了验证制冷器应用环境热设计的正确性和适宜性，在研制过程中，必须按照试验规范的规定，进行充分的地面试验。

本章首先简要回顾了空间制冷器需经历的试验类型，然后按照空间制冷器发射入轨至工作的流程经历顺序，主要介绍了力学试验和真空热试验。由于空间环境应用方面的专著较多，本章重点落在空间制冷器的应用角度。在力学试验方面，结合结构较为复杂的辐射制冷器，指出力学试验需要注意的环境和要求。在真空热试验方面，重点对辐射制冷器在热试验过程中的综合因素进行介绍，具有实际参考价值。

除此之外，本章着重描述了为解决材料发生冷收缩所带来的影响，对辐射制冷器中后光路的低温形变及低温光校这一特色专项测试试验。分别介绍了低温形变的计算及分析、测试技术、残余应力测量和调整、低温光校等。根据辐射制冷器太阳同步轨道和地球同步轨道的应用及防污染工作特点，介绍了辐射制冷器的专项试验，以及辐射制冷器参加的载荷红外定标、探测性能和电磁兼容等相关试验。

参考文献

达道安.1991.空间低温技术.北京：中国宇航出版社.

柯受全.1996.卫星环境工程与模拟试验.北京：中国宇航出版社.

涂锋华，董德平，王维扬.2009.电涡流位移传感器在FY-3卫星G型辐射制冷器上的应用.无损检测，31(7)：572-575.

涂锋华，王维扬，董德平，等.2008.压电陶瓷微位移驱动器在FY-3卫星G型辐射制冷器上的应用.科学技术与工程，8(14)：4029-4032.

第5章 控制技术与应用

5.1 机械制冷机与红外探测器耦合技术

5.1.1 耦合系统的作用

耦合系统是红外遥感系统中的关键部件之一，它在红外系统中的作用主要有：① 为红外探测器提供支撑平台，并保证探测器及红外窗口与光学系统的精确定位；② 提供红外成像信号处理系统与探测器之间的电连接通道；③ 提供与制冷机连接的接口，作为热交换的枢纽，将冷箱内的红外探测器冷却到预定的工作温度。

5.1.2 耦合技术的分类

从整体来说，机械制冷机与红外系统的耦合方式可分为两种：直接耦合和间接耦合（纪国林等，1998）。从红外探测器与制冷机的耦合机构杜瓦的结构特点来说，可分为集成探测器杜瓦组件（integrated detector Dewar assembly, IDDA）和集成探测器杜瓦制冷机组件（integrated detector Dewar and cooler assembly, IDDCA）（宣向春，2000）。

两种分类方法的关系如图5.1所示。直接耦合是指红外探测器直接安装在制冷机冷指的端面，按红外探测器与制冷机冷头是否处于同一真空室中，可分为直接安装方式（如IDDCA）和杜瓦组件安装方式（如IDDA）。间接耦合是指红外探测器与低温制冷机之间通过柔性冷链连接。

而另一种分类方法中，IDDA与IDDCA的主要分类依据是探测器是否直接在制冷机的冷头上，而没有其他的弹性冷链和柔性冷链等传热部件。以下将针对后一种分类，结合国内外的实例，具体说明两者的特点。

耦合技术指机械制冷机与红外探测器耦合技术，耦合技术实现了红外探测器与制冷机连接的接口，将探测器冷却到预定的工作温度。从机械结构及冷量传输的角度来说，制冷机与红外探测器的耦合方式分为直接耦合与间接耦合，如图5.2所示。

直接安装方式是指探测器直接安装于冷指冷头面上，制冷机的冷头端部便是探测

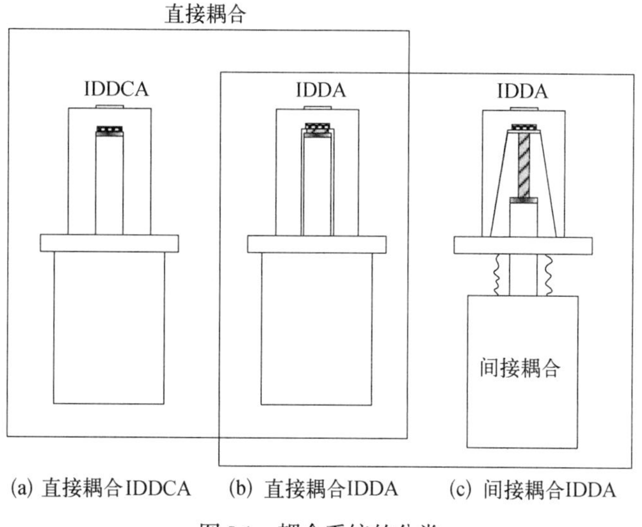

图5.1　耦合系统的分类

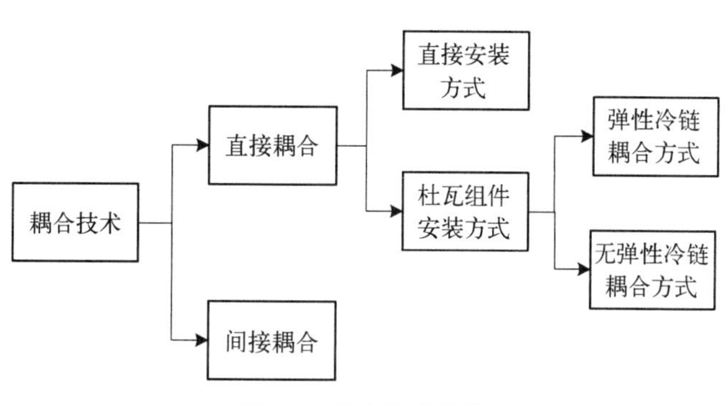

图5.2　耦合技术分类

器的冷平台，而没有冷链、额外的支撑和冷平台，耦合系统总漏热量和总热容量都将降低，探测器与制冷机的工作温差也将减小。因此，与杜瓦组件安装方式相比，直接安装方式有降温时间短、稳定工作功耗低、体积小、质量轻的优点。

杜瓦组件安装方式指探测器封装于杜瓦内部，探测器与制冷机的热耦合通过杜瓦传递，杜瓦与制冷机之间机械安装。按制冷机冷头与杜瓦接触方式，杜瓦组件安装耦合可分为弹性冷链耦合方式与无弹性冷链耦合方式。此耦合技术具有耦合方便、维修性好等优点。

不论是直接安装方式，还是杜瓦组件安装方式，此耦合技术对于制冷机及杜瓦之间耦合接口的尺寸精度要求较高。

间接耦合是指红外探测器与低温制冷机之间通过柔性冷链连接。在这种耦合方式中，制冷机与红外探测器的设计位置较为灵活，而且可以集中制冷，多点冷却。柔性冷链还可以降低低温下的形变应力。

5.1.3 集成探测器杜瓦制冷机组件

IDDCA中，制冷机的冷头端部便是探测器的冷平台，而没有冷链、额外的支撑和冷平台，这样，杜瓦的总漏热量和总热容量都将降低（研究指出，金属芯柱的传导漏热在杜瓦总漏热中通常占1/3），探测器与制冷机的工作温差也将减小。因此，与IDDA相比，IDDCA的降温时间缩短，稳定工作功耗降低，体积更小，质量更轻。而且，由于IDDCA的制冷机稳定工作时的功耗较低，制冷机的工作寿命也会延长，其引起的电磁干扰和机械振动也将相对减弱。

图5.3为法国Sofrader公司研制的640×512元MW IDDCA，它由一台整体式的斯特林制冷机冷却中波红外探测器至110 K。该IDDCA主要有以下特点。

（1）微型封装：最大直径小于42 mm。

（2）轻量化：总质量不超过750 g。

（3）低功耗：与现有的0.5 W旋转式整体斯特林制冷机兼容。

（4）低生产成本。

图5.3 Sofradier公司研制的MW IDDCA

图5.4（a）为另一家世界著名的红外成像仪生产厂家以色列RICOR公司研发的K45 IDDCA，该IDDCA同样使用整体旋转式斯特林制冷机，红外探测器直接安装在制冷机的冷头上，图5.4（b）为制冷机冷头的设计。杜瓦外壳和制冷机也被一体化设计，斯特林制冷机由一台直流电机驱动，运行时比较安静。RICOR公司还特别对冷头的刚度进行了加强，以满足超大规模焦平面的要求。该IDDCA还有两种温度控制器可供选配，一种是传统的温控器，提供待机、远程关机和电流保护等控制功能，另一种是新型的混合型控制器，使很大温区内温度的稳定性得到了很大的改善。该IDDCA的其他主要性能指标如表5.1所示。

（a）RICOR公司研发的K45 IDDCA

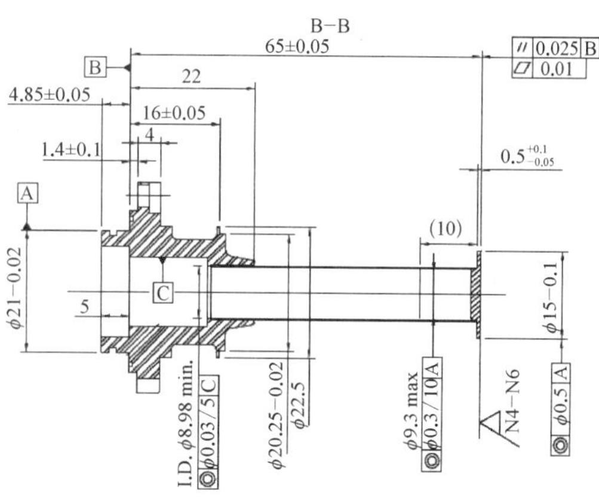

（b）K45 IDDCA的冷头设计

（c）使用K45 IDDCA的热成像仪

（d）使用K45 IDDCA的热成像仪侧面视图

图5.4　RICOR公司研发的K45 IDDCA

表5.1　K45主要性能指标

制冷机质量	600 g
输入电压	18～28 V直流
稳定工作时输入功率	550 mW@77 K@23℃：15 W
最大输入功率	40 W
工作环境温度	运行时：−40～+71℃ 非运行时：−56～+85℃
冷却时间	500 J@23℃：5 min
MTTF	8 000 h

图5.4（c）和（d）为一个使用K45 IDDCA的典型的红外成像仪，它包括一个光学瞄准望远镜，通过一块底板与IDDCA对准。其已被广泛地用于监视、侦察、寻的、导航等重要领域。

近年来，随着各方面需求的增加，我国也在IDDCA的研制上取得了一定的成绩。如中国电子科技集团第十六研究所研制的IDDCA采用256×256元HgCdTe红外探测器和该所自行研发的SFZ800斯特林制冷机。该IDDCA共54根引线，采用陶瓷烧结技术引出。光学窗口采用蓝宝石加双面镀膜。整个系统的设计寿命为10年。

IDDCA具有结构简单、漏热小、降温快等优点，但目前还没有其空间应用的资料报道。这是因为IDDCA的红外探测器直接安装在制冷机冷头上，冷指工作时的力和振动未经衰减地传到探测器上，不仅带来振动噪声，而且始终给探测器带来一定的冲击力，影响其工作性能。再者，有的制冷机冷指中的排出器具有磁性蓄冷材料，排出器在压缩机产生的电磁场中周期性地做往复运动，必然会产生一定的感应电磁场，而探测器距离冷指很近，因此必然会受到更多的电磁场干扰。另外，IDDCA将探测器、杜瓦和制冷机全部集成在一起，在一定程度上简化了制冷系统的结构，使用也更方便，但如今，空间机械制冷机的可靠性尚未达到100%，这种高度集成带有一定的风险性，这与空间仪器的高度可靠性原则是相背离的。

5.1.4 集成探测器杜瓦组件

IDDA在使用时，机械制冷机冷指通常有两种耦合方式：一种是红外探测器安装基座与制冷机冷指通过弹性冷链耦合，杜瓦芯柱与制冷机冷指间隙动配合，这种耦合方式属于前文所提到的直接耦合；另一种耦合是探测器安装基座与制冷机冷头在同一个空间里，两者之间用柔性冷链、导冷棒或者两者的混合体连接，安装基座与制冷机冷头无严格的机械配合关系，属于前文所提到的间接耦合。前一种耦合方式的特点是制冷机与探测器的温差小、冷却速度快，只需要保证杜瓦中的真空，而后者在使用时制冷机冷头也处在和探测器一样的真空环境里，因此试验时操作比较复杂；但后者的制冷机与光学系统、探测器等配合比较自由，可以实现多点制冷，并且由于制冷机和探测器的距离较远，受到的振动和电磁干扰也较小。前一种耦合方式既可以用于地面的红外系统中，也可以用在空间红外遥感卫星中，而后者目前只在空间有使用的例子。下面将结合具体的实例分别介绍两种耦合方式的技术特征。

1）直接耦合型

ASTER（advanced spaceborne thermal emission and reflection radiometer）（Ross et al., 1999; Ross et al., 1997; Rutter et al., 1995）是美国NASA和日本经济产业省联合开发的高级多光谱成像仪，于1999年12月搭载美国的Terra飞船［图5.5（a）］发射升空。ASTER共有14个波段，其中有6个短波红外波段（SWIR），其空间分辨率为30 m，还有5个热红外波段（TIR），空间分辨率为90 m。两个红外辐射计的结构分别如图5.5（b）和（c）所示，其都使用分置式斯特林制冷机，制冷机冷头温度70 K。SWIR采用2 100 × 6元的PtSi-Si线列探测器，工作温度77 K；TIR采用10 × 5元的HgCdTe探测器，工作温度80 K。制冷机均为双机对置式，膨胀机还装有主动平衡装置。虽然需制冷的时间只占总运行时间的8%，但由于制冷机降温和稳定的时间很长，因此制冷机保持连续工作，其在轨设计寿命为50 000 h。SWIR和TIR的结构分别如图5.5（b）和（c）所示。

两个IDDA与斯特林制冷机都为直接耦合，其结构如图5.5（d）所示。为了减小制冷机的振动对探测器的影响，其采取了两个有效措施：① 制冷机冷头与杜瓦芯柱之间用小型弹性冷链连接；② 制冷机与杜瓦之间采用波纹管连接。另外，在杜瓦的外壳上还添加了一层屏蔽罩，以减小电磁辐射的干扰。

（a）搭载了ASTER的Terra飞船

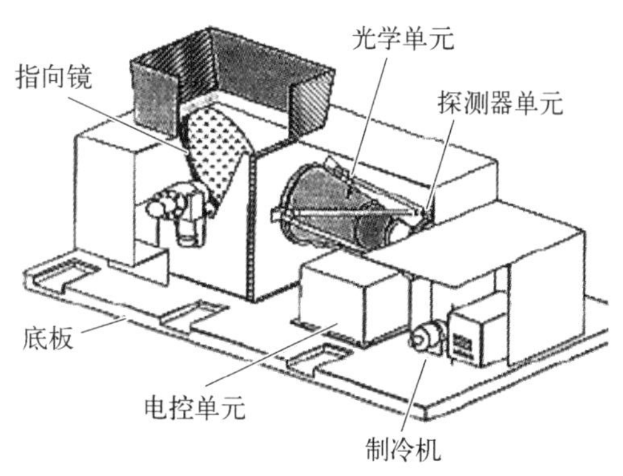

（b）ASTER SWIR结构示意图

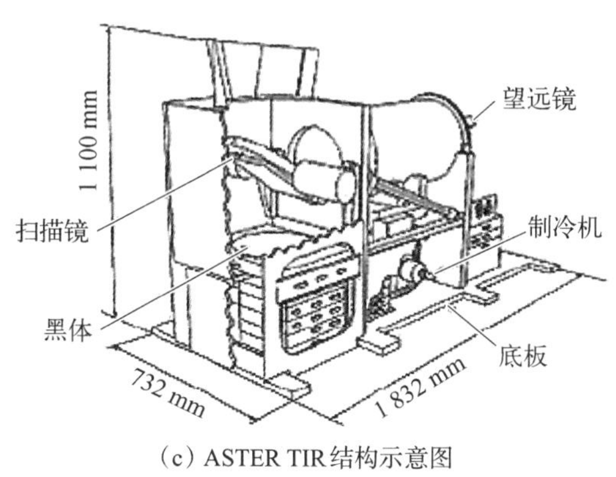

（c）ASTER TIR结构示意图

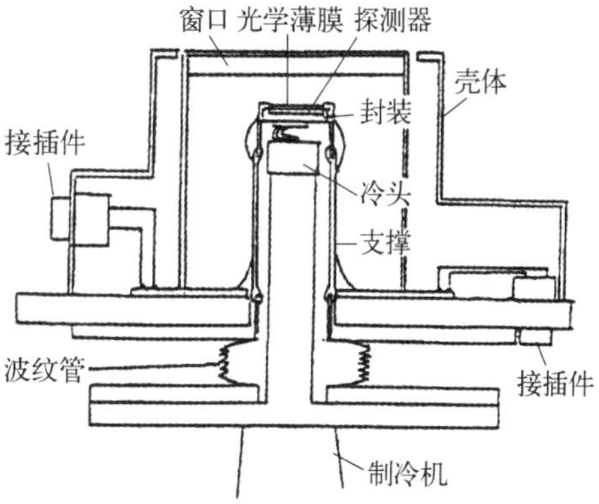

（d）SWIR IDDA结构

图5.5　ASTER的器件和杜瓦结构

我国也有数家单位研制使用斯特林制冷机制冷的IDDA，如中国电子科技集团公司第十一研究所，其研制的160元全金属微型杜瓦已成功通过企业军标规定的各项环境试验，此外，还有昆明物理研究所、上海技术物理研究所。但从使用情况来看，前两家单位研制的IDDA都主要在地面设备中使用，因而其试验项目主要以验证是否满足地面要求为目的。

目前，我国研制空间用IDDA的单位主要是中国科学院上海技术物理研究所。图5.6为其研制的HY-1卫星上的微型杜瓦与斯特林制冷机组件，已在2002年发射升空，目前正常在轨运行。该IDDA的基本结构包括外壳、芯柱、冷平台、引线环、光学窗口、消气剂等。探测器采用2×4元HgCdTe，由斯特林制冷机冷却至85 K。

图5.6　HY-1卫星制冷系统

2）间接耦合型

美国JPL于2000年研制的大气红外分光计（AIRS）（Ross et al., 1999; Ross and Green, 1997; Rutter et al., 1995）的探测器组件是一个典型的间接耦合型IDDA。其

内部结构如图5.7(a)所示，外形如图5.7(b)所示。该IDDA使用单台脉管制冷机制冷，另有一台备份。制冷机工作温度为55 K，制冷量为1.75 W，冷却4 482元红外探测器到58 K，图5.7(d)给出了制冷机的外形。该IDDA的外壳由辐射制冷器冷却到150 K，系统的漏热为550 mW。脉管制冷机的冷指通过柔性冷链与探测器连接，该柔性冷链包括一组铜片和一根宝石棒，既实现了高效传热，又可以补偿制冷机冷头和红外探测器之间的机械装配误差，冷链结构如图5.7(c)所示。脉管制冷机的基座被固定在冷板上，产生的热量由此带入辐射制冷器。

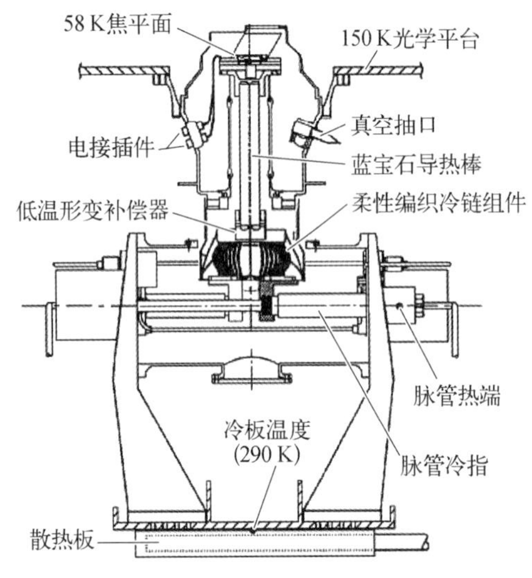

(a) 美国AIRS IDDA内部结构示意图

(b) AIRS外形实物照片

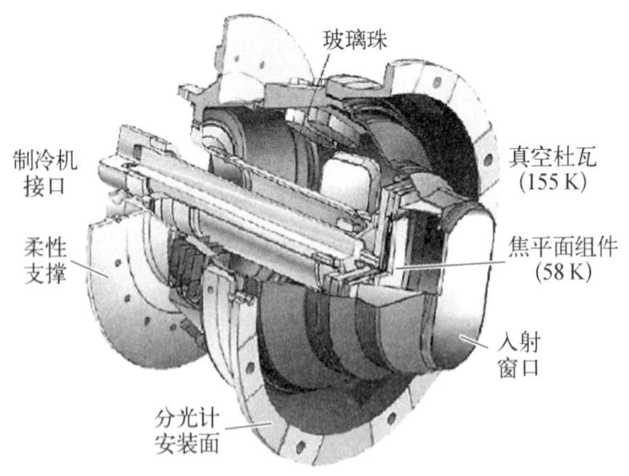

(c) AIRS IDDA剖面图

(d) AIRS脉管制冷机

图5.7　美国AIRS的脉管制冷机与红外探测器耦合系统

我国于2002年随神舟三号飞船上天的中分辨率成像光谱仪使用两台斯特林制冷机对88元红外探测器制冷，其结构如图5.8所示。中分辨率成像光谱仪斯特林制冷机系统是我国首次成功地在航天使用的机械式制冷机系统。我国自行研制的斯特林制冷机系统，不仅使神舟三号飞船在轨完成中分辨率成像光谱仪红外通道的制冷任务，而且为我国空间成像光谱仪技术处于世界先进水平做出了贡献。该制冷机系统主要由制冷机、电控箱和真空冷箱组成。其性能达到了国外同类项目的先进水平：制冷温度86.5 K，控制精度不大于±0.5 K，制冷量500 mW，降温时间80 min，功率68.9 W。

图5.9为中分辨率成像光谱仪冷箱的结构示意图。斯特林制冷机的安装方式为双机对置，冷头与探测器的连接采用柔性冷链，以上两项措施有效地减小了制冷机的振动，使耦合系统的可靠性大大提高。为了解决冷箱芯柱根部应力集中处的断裂这一难题，采取了抗振无漏热辅助支撑结构，取得了良好的效果。

图5.8　我国中分辨率成像光谱仪

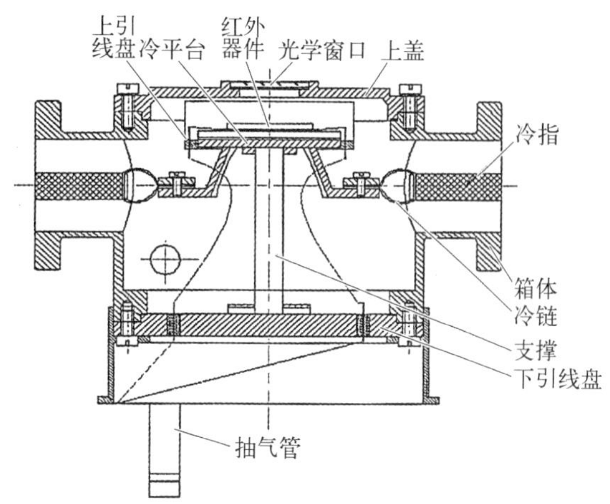

图5.9　SZ-3号中分辨率成像光谱仪冷箱结构图

5.1.5　耦合技术应用

耦合技术在工程实践中呈现多种形式，以下列出了较为典型的制冷机与探测器耦合技术案例。

1. 神舟三号中分辨成像光谱仪制冷机探测器耦合系统

神舟三号中分辨率成像光谱仪，使用双机对置方案，目的是提高减振效果。耦合系统结构如图5.9所示。本项目中，制冷机与探测器采用间接耦合技术，探测器工作温度为85 K，冷平台由一个钛合金支撑安装在杜瓦电缆板上，冷头通过片状柔性冷链与冷平台连接。

该项目是我国首次在航天使用机械制冷机、制冷机与探测器采用间接耦合技术，其性能达到了国外同类项目的先进水平。制冷温度86.5 K，控制精度小于等于0.5 K，降温时间80 min，功率68.9 W。

2. 6 000元探测器制冷机耦合系统

6 000元长线列红外探测器与制冷机耦合方式较为复杂，从耦合方式来划分，此系统采用直接耦合技术中的杜瓦安装方式，但是本系统中探测器与制冷机冷源距离较远。制冷机冷量先传递至杜瓦冷链头（图5.10），冷链头处冷量通过柔性冷链传递至探测器。

此耦合系统由外围结构、内部支撑结构、传热结构、电引线结构及其他部件组成。其中外围结构包括外壳、红外窗口、底板，为红外器件及其他冷部件提供一个真空环境，并提供红外光通道。内部支撑结构包括支撑、定位座、探测器安装架、柔性冷链等。

本项目中制冷机与探测器耦合后，进耦合试验验证，当制冷机输入功率为93.1 W时，探测器的温度达到95.6 K，满足了探测器温度小于100 K的目标，冷平台温度均匀性小于2 K。

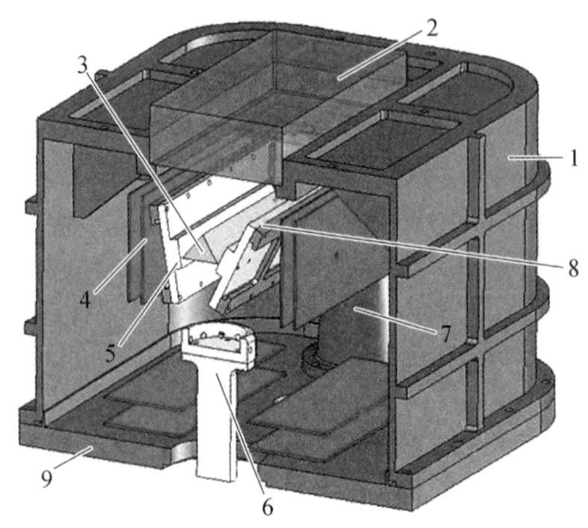

图5.10　6 000元耦合系统

1—外壳；2—红外窗口；3—棱镜；4—引线板；5—探测器；6—通用冷头；7—支撑；8—探测器支撑；9—底板

3. 某型制冷机探测器制冷机耦合系统

某项目包含两台红外相机，使用同轴型脉管制冷机和直线型脉管制冷机。其中，同轴型脉管制冷机与探测器杜瓦采用插入式弹性冷链耦合方式，如图5.11所示，弹性冷链耦合方式可以降低对杜瓦芯柱的尺寸精度要求，降低制冷机与杜瓦耦合难度；直线型脉管制冷机冷头冷量通过冷链传递至冷平台，如图5.12所示，该方式由于没有杜瓦芯柱，减少了冷量损失。

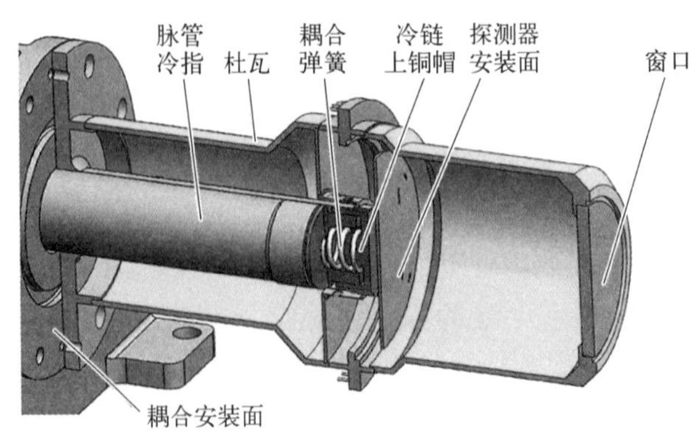

图5.11　制冷机与杜瓦耦合示意图

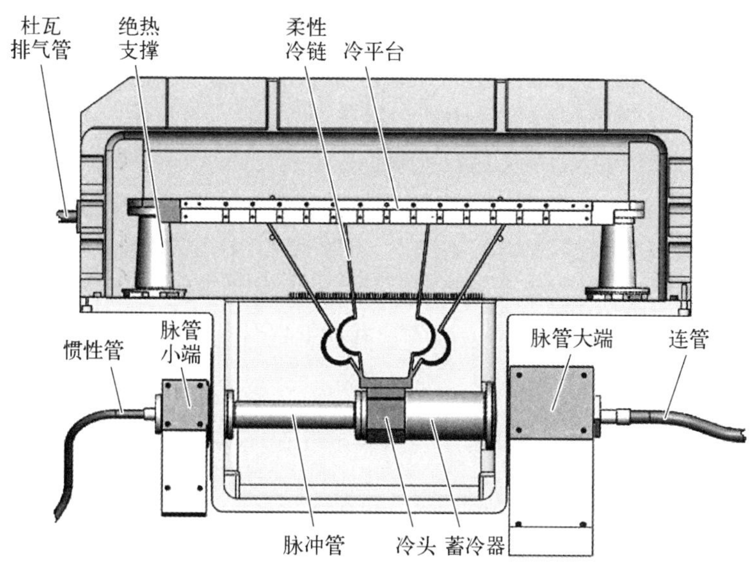

图5.12　制冷机与冷箱耦合示意图

5.1.6　耦合技术发展趋势

随着探测器规模越来越大，制冷机与大规模探测器耦合趋于间接耦合，间接耦合要求优化以下技术。

（1）柔性冷链高效传热技术：冷指与探测器耦合时，冷链低温下的形变将对探测器性能产生影响，制冷机与探测器采用柔性冷链方式，可以解决冷缩应力。由于探测器与冷源距离较远，需要采用传热效率更高的材料或低温热管，解决冷头与探测器温差。

（2）耦合可靠性技术：可靠性通常表现为力学可靠性与无故障运行时间。由于空间耦合系统要经历发射与地面大量力学验证试验，因此耦合结构需要保证力学可靠性。随着探测器规模的增加，为了保证制冷机冷头与探测器之间的高效传热和红外探测器冷平台温度的均匀性，要求冷链有足够的数量、长度和横截面积，从而产生一定的质量，这就带来了制冷机冷指上的附加载荷。

制冷机冷头承担的负载也将增加。若项目采用斯特林制冷机，膨胀机冷指为不锈钢超薄壁圆筒件，在外力载荷下，极易发生复杂的弹塑性变形，影响制冷机工作性能，甚至使制冷机无法正常工作。若系统采用脉管制冷机，脉管冷指承重大于斯特林制冷机，但是冷指承重有限，因此为了保证制冷机的工作不受耦合系统的影响，耦合系统中需要采取冷指保护性措施。

保护措施主要为通过拉丝保护技术与冷指限位技术对耦合进行可靠性加固。组件入轨后，其在太空中的不可维护性，也要求其无故障运行时间长，在耦合设计时，需要考虑冷量传递路径的可靠性，各层接触热阻随时间及高低温冲击后是否发生变化。

通过对国内外机械制冷机与红外探测器焦平面的耦合系统进行分析可知，用于空间的耦合系统与用于地面的耦合系统相比，具有明显的差别，空间耦合系统在以下几个方面具有更高的要求（吴明勋,2006；刘晓华,2000）。

（1）可靠性要求高。通常表现在两个方面：不容易被破坏和无故障运行时间长。由于空间用耦合系统要经历发射等比地面使用大得多的振动,因此要求其结构不容易被破坏。而其在太空中的不可维护性,也要求其无故障运行时间长。

（2）抗电磁干扰能力强。由于红外探测器的光电转换信号很小，一般仅为纳伏级，因此探测器及其引线很容易受到外部电磁的干扰。分析表明，探测器系统的干扰产生于机械制冷机交变电磁干扰、驱动电机交变磁干扰、DC-DC交变电磁干扰、信号处理电路交变磁干扰等，系统外部还存在卫星发射天线的远场高频电磁干扰。正是由于干扰的大量存在和探测器的实际需求，耦合系统的抗干扰能力要求比较高。

（3）光学耦合要求高。红外光路较为复杂，这就要求对红外探测器进行精确定位，将其调整到稳定工作时的焦点位置，这就是光校。空间的光学系统一般比地面的光学系统复杂，因此对光学耦合的要求也比地面使用的高。

5.2　机械制冷机与红外仪器集成安装技术

制冷机与探测器杜瓦组件集成大组件后，大组件将集成安装于相机上。对于质量较轻的探测器杜瓦组件，大组件通过制冷机与相机机械安装，探测器杜瓦组件通过制冷机与相机安装，为提高力学可靠性，杜瓦可以增加辅助固定措施。对于质量较重的探测器杜瓦组件，制冷机与杜瓦都需要与相机结构固定，在安装过程中需解决制冷机、杜瓦过定位问题。

制冷机探测器杜瓦组件与红外仪器集成复杂，大组件与仪器整机集成安装时需要考虑：制冷机安装的安全性、可拆卸性；探测器与在整机之间的光位置基准传递；制冷机对探测电磁干扰的影响；制冷机自身散热方案；制冷机微振动对整机成像的影响，最终在上述边界条件下确定制冷机组件与仪器整机集成安装方案。以下以FXX-4大气垂直探测仪项目介绍制冷机探测器杜瓦组件与整机集成技术（图5.13）。

风云四号大气垂直探测仪项目采用斯特林制冷机，制冷机用于冷却大气垂直探测仪中的中波和长波红外探测器，根据光学设计，先确定探测器杜瓦的位置，由探测器杜瓦的位置确定制冷机膨胀机位置，结合整机结构进行热控散热设计，确定膨胀机与整机安装接口位置、膨胀机与整机散热接口位置。膨胀机通过支架与整机进行安装及散热。

制冷机的压缩机安装位置需结合整机结构、热控散热方案、制冷机连管长度等因素确定，压缩机通过支架与整机进行安装及散热，一般情况下，压缩机与膨胀机连管长度不超过250 mm。压缩机与膨胀机安装结构尽可能不在同一安装面上，减少压缩机微振动对成像的影响。

一般情况下，组件测试制冷机对探测器无明显干扰，则制冷机压缩机可不采用屏蔽措施，测试发现制冷机对探测器有明显干扰，需要对制冷机压缩机增加屏蔽措施，减轻压缩机对探测器的电磁干扰。本项目为降低压缩机电磁干扰，在压缩机表面包裹磁屏蔽，且在压缩机与杜瓦支架上增加磁屏蔽挡板。

风云四号大气垂直探测仪项目的制冷机入轨后，各项目指标均满足任务要求。

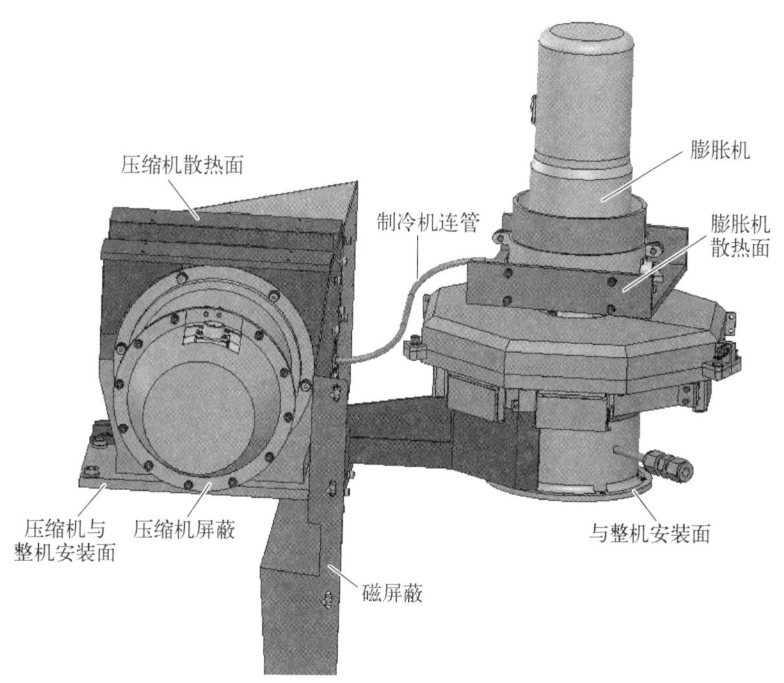

图 5.13　风云四号制冷机杜瓦组件与整机接口

5.3　机械制冷机热控技术

采用机械制冷机来冷却星载仪器，可作为星上局部热控制的一种专门手段。如果机械制冷机温度过高，对设备的寿命、可靠性和制冷效率都会产生严重的影响，因此机械制冷机系统要求工作温度严格控制在某个温度范围内，必须采用特殊有效的热控措施。

机械制冷机的发热部件主要是压缩机。在制冷过程中，压缩机和冷指要不断做功，排出热量，其峰值发热功率大，而设备本身的热容却很小，这将导致设备瞬态温升较大。制冷机热流集中在一个比较小的端部，热流密度较大，传热温差大。

机械制冷机的热控技术主要使用热管及散热板组成的热管辐射器来散热，即将星上制冷机的热量通过热管传输到星上散热板上，再以辐射的方式向空间排散热量。

热管是一种靠工质的蒸发、凝结和循环流动来传递热量的器件。由于蒸发、凝结的热阻很小，如果蒸汽流动的温降很小，那么热管就可以在小温差下传递很大的热量。热管工质的循环是靠毛细结构的毛细作用力完成的，传输热量时不消耗外功，没有运动部件，不需要旁路系统及其管道阀门，因此整个系统运行可靠，结构紧凑。每根热管都是独立工作的，当其中某一根出现损坏时，不会影响别的热管的完整性和工作性能。为了满足散热量的要求，设计的散热板辐射面必须能提供足够的冷量。

用于机械制冷机散热的热管辐射器从结构上大致可以分为三种类型，即管肋式热管辐射器、预埋热管蜂窝板式辐射器和平板式热管辐射器。为了保证热辐射器所受的外部环境热流的影响达到最小，热辐射器的外表面使用太阳吸收率较低、发射率较高的热控涂层。一般粘贴OSR二次表面反射镜，OSR是目前吸收-发射比最低的热控涂层，它的太阳吸收率为0.10，发射率为0.80，吸收-发射比为0.125，并且具有优异的耐紫外辐照性能。为了增强散热板的温度均匀性和散热能力，在散热板背面热管附近粘贴高导热石墨片，散热板内预埋热管。为了控制制冷机机壳在正常温度范围之内工作，在制冷机散热端以及散热板外贴热管附近设置主动加热回路，以防热管过冷失效。为了降低接触热阻，在制冷机散热端增加扩热板来增加热管安装面与制冷机散热端的接触面积，并在热管安装面与制冷机散热端之间填充导热填料。为了减少星内辐射散热，在热管的外表面要包覆多层隔热材料。

5.4 制冷器控制技术

5.4.1 测温原理及技术

温度测量方式有接触式和非接触式两大类。

1. 接触式测温

接触式测温法（张明春和肖燕红，2009；师克宽等，1997）是将传感器置于与物体相同的热平衡状态中，使传感器与物体保持同一温度的测温方法。例如，利用介质受热膨胀的原理制造的水银温度计、压力式温度计和双金属温度计等；利用物体电气参数随温度变化的特性来检测温度，如热电阻、热敏电阻、电子式温度传感器和热电偶等。

接触式测温仪表简单、可靠，测量精度较高，但因测温元件与被测介质需要进行充分的热交换，需要一定的时间才能达到热平衡，所以存在测温的延迟现象，同时受耐高温材料的限制，不能应用于很高温度的测量。

1）热电偶

将两种不同材料的导体或半导体A和B的任意一端焊接在一起就构成了热电偶。组成热电偶的导体或半导体称为热电极，被焊接的一端插入测温场所，称为工作端，另一端称为冷端。当两端温度不同时就会有热电势产生，它是测量温度的感温元件，将温度信号转换为电信号，再由仪表显示出来。

热电偶的测温原理就是利用了热电效应。如图5.14所示，任意两种材质不同的金属导体或半导体A和B首尾连接成闭合回路，只要两接点T1和T2温度不同，就会产生热电势，形成热电流，这就是热电效应。

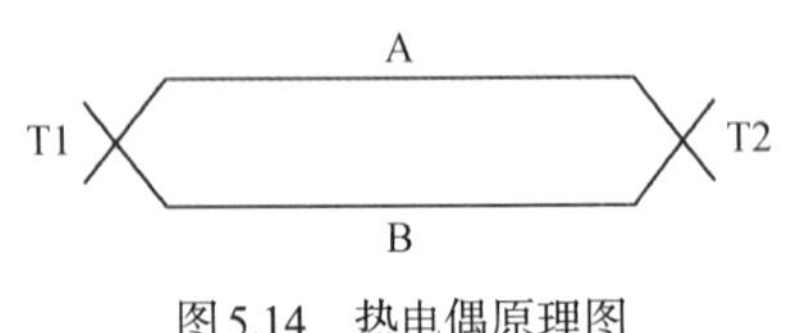

图5.14　热电偶原理图

热电势的大小与材质和热电偶两端的温差有关。对于一定的材质，其两端的温度与热电势间有固定的函数关系，利用这个关系就可以测出温度值，热电偶的热电势随温度的升高而增大，其热电势的大小与热电偶的材料和热电偶两端的温度值有关，而与热电极的长度、直径无关。

热电偶是工业上最常用的温度检测元件之一，其优点有：测量精度高，因热电偶直接与被测对象接触，不受中间介质的影响；测量范围广，常用的热电偶在−50 ～ +1 600℃均可连续测量，某些特殊热电偶最低可测到−269℃（如金铁镍铬），最高可达+2 800℃（如钨–铼）；构造简单，使用方便，热电偶通常是由两种不同的金属丝组成的，而且不受大小和开头限制，外有保护套管，用起来非常方便。热电偶测温的缺点是：热电偶损耗比较大，增大了维护量，备件费用消耗大，热响应有一定滞后。

S、B、E、L、K、R、J、T七种标准化热电偶为我国统一设计型热电偶，按国际电工委员会（IEC）国际标准生产。工业用热电偶作为温度测量仪表，通常用来与显示仪、记录仪等配套使用，以直接测量各种生产过程中0 ～ 1 800℃的液体、蒸汽和气体介质以及固体表面的温度，并可根据用户的要求做成铠装、装配、防爆等适合多种工业现场和试验要求的产品。

热电偶的分度号与测温范围、精度的关系见表5.2。

表5.2　热电偶的分度号与测量范围关系表

名　称	分 度 号	测 温 范 围	允 许 误 差
铂老3–铂老6	B	0 ～ 1 800℃	± 1.5℃
铂老10–铂	S	0 ～ 1 600℃	± 1.5℃
铂老13–铂	R	0 ～ 1 600℃	± 1.5℃
镍铬–镍硅	K	−200 ～ 1 300℃	± 2.5℃
镍铬–康铜	E	−200 ～ 800℃	± 2.5℃
镍铬–康铜	T	−200 ～ 350℃	± 2.5℃

2）热电阻传感器

热电阻传感器是中低温区最常用的一种温度检测器。它利用电阻值随温度变化而变化这一特性来测量温度及与温度有关的参数。在温度检测精度要求比较高的场合，这种传感器比较适用。

热电阻传感器具有电阻温度系数大、线性好、性能稳定、使用温度范围宽、加工容易等特点。

根据材料不同，热电阻传感器可分为金属热电阻式和半导体热电阻式两大类，前者简称热电阻，后者简称为热敏电阻。

3）热电阻

热电阻是根据材料的电阻和温度的关系来进行测量的，输出信号大，准确度比较高，稳定性好，但元件结构一般比较大，动态响应较差，不适宜测量体积狭小和温度瞬变的区域。

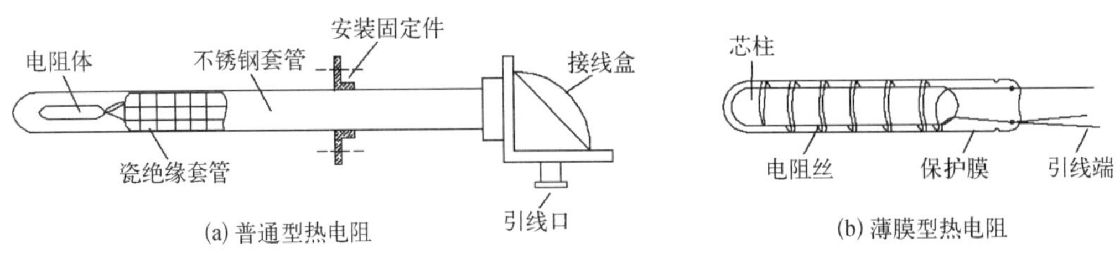

(a) 普通型热电阻　(b) 薄膜型热电阻

图5.15　热电阻的结构

热电阻广泛用来测量−200 ～ +850 ℃范围内的温度，少数情况下，低温可测量至−272℃，高温达1 000℃。图5.15为热电阻的结构。

电阻丝采用双线并绕法绕制在具有一定形状的云母、石英或陶瓷塑料支架上，支架起支撑和绝缘作用。

热电阻的材料必须满足以下要求：具有尽可能大和稳定的电阻温度系数与电阻率；R−T最好呈线性关系；物理化学性能稳定；复现性好等。目前最常用的热电阻有铂热电阻和铜热电阻。

（1）铂热电阻。铂热电阻的特点是精度高、稳定性好、性能可靠，所以在温度传感器中得到了广泛应用。铂热电阻的使用温度范围为−200 ～ +850℃。铂热电阻在温度T时的电阻值与0℃时的电阻值R_0有关。

目前我国规定工业用铂热电阻有R_0=10 Ω和R_0=100 Ω两种，它们的分度号分别为Pt_{10}和Pt_{100}，不同分度号有相应的分度表，这样，在实际测量中，只要测得热电阻的阻值R_T，便可从分度表上查出对应的温度值。

（2）铜热电阻。在一些测量精度要求不高且温度较低的场合，可采用铜热电阻进行测温，它的测量范围为−50 ～ +150℃。铜热电阻在测量范围内的电阻值与温度的关系几乎是线性的。其分度号有Cu_{50}和Cu_{100}两种。

铜热电阻的优点是电阻温度系数较大、线性好，价格便宜；缺点是电阻率较低，电阻体的体积较大，热惯性较大，稳定性较差，在100℃以上时容易氧化，因此只能用于低温及没有侵蚀性的介质中。

4）热敏电阻

热敏电阻是一种电阻值随温度呈指数变化的半导体热敏感元件，具有灵敏度高、价格便宜的特点，但其电阻值和温度的关系线性度差，且稳定性和互换性也不好。热敏电阻的结构形式如图5.16所示。

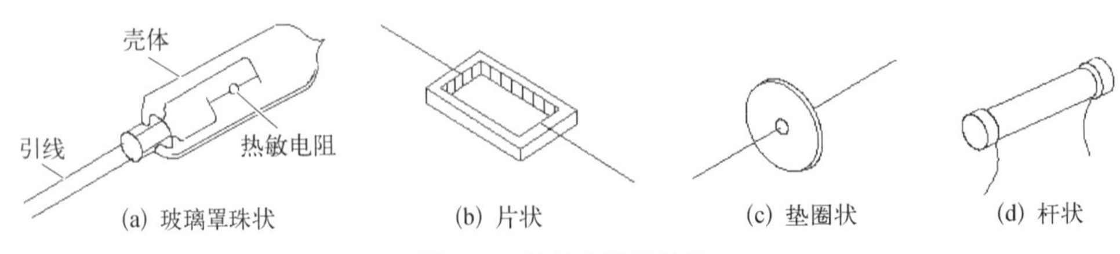

(a) 玻璃罩珠状　(b) 片状　(c) 垫圈状　(d) 杆状

图5.16　热敏电阻的结构

热敏电阻可分为以下三类。

（1）负温度系数热敏电阻（NTC热敏电阻）：它是一种负温度系数热敏电阻，电阻值随温度增高而减小，具有明显的非线性。NTC热敏电阻具有很高的负电阻温度系数，特别只用于-100 ～ 300℃的测温。

（2）正温度系数热敏电阻（PTC热敏电阻）：其具有正的电阻温度系数，即阻值随温度升高而增大，且有斜率最大的区域，当温度超过某一数值时，其电阻值沿正的方向快速变化。

（3）临界温度热敏电阻（CTR热敏电阻）：它也具有负的电阻温度系数，但在某个温度范围内电阻值急剧下降，曲线斜率在此区段特别陡，灵敏度极高。

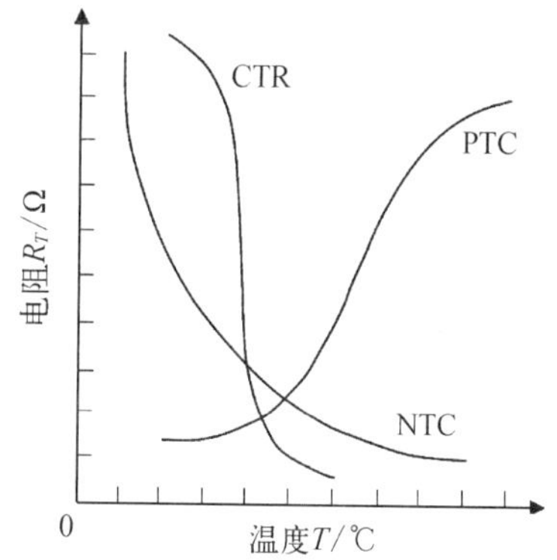

图5.17　三类热敏电阻的温度特性曲线

图5.17描述了三类热敏电阻的温度特性曲线。

2. 非接触式测温

非接触式测温（郑忠和何腊梅，2005；李军等，2001）是通过热辐射原理来测量温度的，测温元件不需与被测物体的表面介质接触，实现这种测温方法可利用物体的表面热辐射强度与温度的关系来检测温度。其应用范围广，不受测温上限的限制，也不会破坏被测物体的温度场，反应速度快；但受到物体的发射率、测量距离和水汽等外界因素的影响，测量误差较大。

1）红外测温

在自然界中，当物体的温度高于绝对零度时，由于它内部热运动的存在，就会不断地向四周辐射电磁波，其中就包含波段位于0. 75 ～ 100 μm 的红外线。

红外辐射能量的大小按波长的分布与它的表面温度有着十分密切的关系。因此，通过对物体自身发出的红外能量的测量，便能准确地测出它的表面温度。红外测温仪能接收多种物体自身发射出的不可见红外辐射的能量。红外辐射是电磁频谱的一部分，红外位于可见光和无线电波之间。当仪器测温时，被测物体发射出的红外辐射能量，通过测温仪的光学系统在探测器上转为电信号，并通过红外测温仪的显示部分显示出被测物体的表面温度。红外测温仪就是利用这一原理制作而成的。

其辐射能量密度与物体本身的温度关系符合辐射定律：

$$E = \sigma \varepsilon (T^4 - T_0^4) \tag{5.1}$$

已知环境温度T_0，测出辐射能量E，便可求出物体的温度。

红外测温仪的测温范围很宽，从-50℃直至高于3 000℃。

2）光谱测温方法

光谱测温方法主要适用于高温火焰和气流温度的测量。

当单色光线照射透明物体时，会发生光的散射现象，散射光包括弹性散射和非弹性散射，弹性散射中的瑞利散射和非弹性散射的拉曼散射的光强都与介质的温度有关。

相比而言，拉曼散射光谱测温技术的实用性更好，常用拉曼散射光谱来测量温度。由于自发拉曼散射的信号微弱且非相干，对于许多具有光亮背景和荧光干扰的实际体系，它的应用受到一定的限制。而受激拉曼散射能大幅度提高测量的信噪比，更具有实用性。例如，相干反斯托克斯-拉曼散射光折变效应（CARS）测温方法，可使收集到的有效散射光信号强度比自发拉曼散射提高好几个数量级，同时还具有方向性强、抗噪声、荧光性好、脉冲效率高和所需脉冲输入能量小等优点，适合于含有高浓度颗粒的两相流场非清洁火焰的温度诊断。但是，CARS法的整套测量装置价格十分昂贵，其信号的处理相当复杂，限制了其广泛使用。

受激荧光光谱法是指在入射光的激励下，分子发出的荧光光谱在若干个波长上有较强的尖峰，这些特征波长的强度是温度的函数。通过测量其特征波长下的绝对强度、相对强度或者荧光的弛豫时间，就可以确定被测介质的温度。

5.4.2　机械制冷控制技术

1. 制冷机控制原理

斯特林制冷机由压缩机、冷指组成，压缩机由两套对置的电机-柔性板弹簧-活塞组成，动力学模型为弹簧-阻尼-振子系统，振子在直线电机推力与内部气动力的驱动下在工作腔内沿轴向做往复运动，给冷指提供往复振荡的工质气流，完成逆斯特林制冷循环，在冷头产生低温冷量。所以斯特林制冷机制冷工作的必要条件是为制冷机电机提供交流驱动。机械制冷机控制盒将卫星电源母线的直流电能转化为正弦交流电，驱动压缩机的直线电机。制冷机设计定型后，电机驱动频率确定为使制冷效率最高的一个固定值。通过调节电机驱动的幅度可以改变活塞运动行程，从而调节制冷温度，使之接近设定的控温温度。控制原理如图5.18所示，在环境及制冷机杜瓦组件特性不变的条件下，电机驱动电压U与制冷温度T的传递函数被唯一确定。但实际应用中影响因素太多，制冷机、电控箱的环境温度在轨道中都会有波动，制冷机本身的制冷效率、杜瓦的热负载特性会随工作时间发生一定变化，每一台制冷机杜瓦组件的传递函数做不到完全一致。

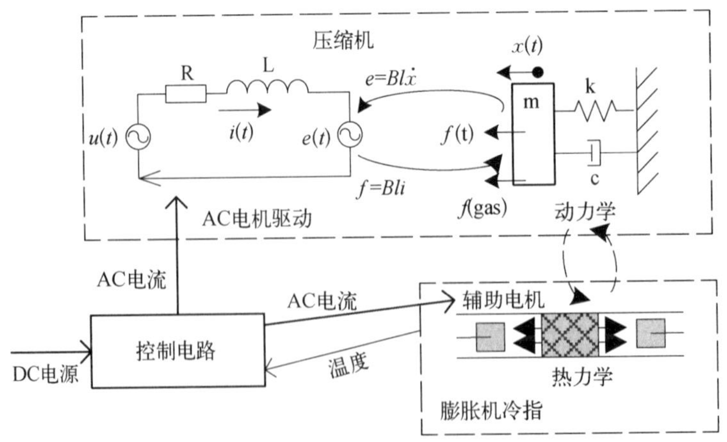

图5.18　制冷机驱动控制原理

2. 机械制冷机控制关键技术

1）制冷机PID控制技术

对于制冷机的控制，传统的二位式控制方式的缺陷，会使得其受控温度出现抖动过大，不能有效地控制制冷机提供一个稳定的温度，降低系统的可靠性与稳定性，所以为了满足整个温控过程的稳定性与可靠性，机械制冷机通常会采用比例+积分+微分（PID）控制，通过调节合理的参数，从而能够使得温度控制的稳定性、响应时间等指标达到空间飞行器的使用要求。

PID控制是根据系统的误差，利用比例、积分、微分计算出控制量进行控制的。其中，比例（P）控制是一种最简单的控制方式。其控制器的输出与输入误差信号呈正比例关系。当仅有比例控制时系统输出存在稳态误差。

积分（I）控制中，控制器的输出与输入误差信号的积分呈正比关系。对一个自动控制系统，如果在进入稳态后存在稳态误差，则称这个控制系统是有稳态误差的或简称有差系统。为了消除稳态误差，在控制器中必须引入“积分项”。积分项的误差取决于对时间的积分，随着时间的增加，积分项会增大。这样，即便误差很小，积分项也会随着时间的增加而加大，它推动控制器的输出增大，使稳态误差进一步减小，直到等于零。因此，比例+积分（PI）控制器，可以使系统在进入稳态后无稳态误差。

在微分（D）控制中，控制器的输出与输入误差信号的微分（即误差的变化率）呈正比关系。自动控制系统在克服误差的调节过程中可能会出现振荡甚至失稳。其原因是存在较大惯性组件或滞后组件，具有抑制误差的作用，其变化总是落后于误差的变化。解决的办法是使抑制误差的作用变化“超前”，即在误差接近零时，抑制误差的作用就应该是零。这就是说，在控制器中仅引入“比例”项往往是不够的，比例项的作用仅是放大误差的幅值，而目前需要增加的是“微分项”，它能预测误差变化的趋势，这样，具有比例+微分的控制器，就能够提前使抑制误差的控制作用等于零，甚至为负值，从而避免了被控量的严重超调。所以对于有较大惯性或滞后的被控对象，比例+微分（PD）控制器能改善系统在调节过程中的动态特性。

对于机械制冷机，可以从控制的角度，把控制电路当作一个黑匣子，把提供给制冷机的输入驱动电压与冷平台制冷温度抽象为一个不确定参数的传递函数：$T=f(u)$。

当驱动电压幅度增大时，制冷温度降低，该传递函数是单向变化的。为了达到设定的制冷温度，采用主动闭环控制算法，根据反馈温差自动调节驱动的改变幅度，以适应不同环境以及控制对象的变化。

主动温度闭环控制的调整方法是根据温度反馈信号改变输出驱动电压值，当温度偏低时，缩小驱动幅度，达到提高制冷温度的目的；当温度偏高时，增大输出驱动幅度，达到降低制冷温度的目的。

当前时刻的实际制冷温度$y(n)$与设定温度$d(n)$的差为误差信号$e(n)$：

$$e(n) = d(n) - y(n) \tag{5.2}$$

误差信号$e(n)$是温度闭环控制的输入，依据PID原理，在离散数字域中控制关系可表示为

$$u(n) = K_{\mathrm{P}}\{[e(n) + T_{\mathrm{I}}\sum e(n) + T_{\mathrm{D}}(e(n) - e(n-1)]\} \tag{5.3}$$

式（5.3）右边分别为比例项、积分（累加）项、微分（差分）项。

为便于计算，采用增量式PID算法：

$$u(n) = u(n-1) + \Delta u(n) \tag{5.4}$$

$$\Delta u(n) = A \times e(n) + B \times e(n-1) + C \times e(n-2) \tag{5.5}$$

式中，三个控制参数A、B、C分别为比例、积分、微分系数的组合。根据传输热容、制冷机行程、制冷量的关系，控制参数的取值受制冷机传递函数、杜瓦热负载、环境温度等制约，应由试验具体确定。

2）制冷机正弦脉宽调制驱动技术

制冷机的驱动方式有多种，如传统正弦波驱动、PWM驱动等。结合制冷机本身的物理特性，为提高机械制冷机工作效率，通常会采用正弦脉宽调制（sine pulse with modulation，SPWM）技术的开关控制方式。

在采样控制理论中有一个重要的结论：冲量相等而形状不同的窄脉冲加在具有惯性的环节上时，其效果基本相同（李刚和艾良，2008）。冲量即指窄脉冲的面积。这里所说的效果基本相同，是指环节的输出响应波形基本相同，即当它们分别加在具有惯性的同一个环节上时，其输出响应基本相同。如果把各输出波形用傅里叶变换分析，则其低频段非常接近，仅在高频段略有差异。上述原理可以称为面积等效原理，这个原理是PWM控制技术的重要理论基础。

对于SPWM，将图5.19的正弦半波分成N等份，就可以把正弦半波看成由N个彼此相连的脉冲序列所组成的波形。这些脉冲宽度相等，都等于T（周期）/N，但幅值不等，且脉冲顶部不是水平直线，而是曲线，各脉冲的幅值按正弦规律变化。如果把上述脉冲序列利用相同数量的等幅而不等宽的矩形脉冲代替，使矩形脉冲和相应正弦波部分的中点重合，且使矩形脉冲和相应的正弦波部分面积（冲量）相等，就得到图5.19所示的脉冲序列，这就是PWM波形。可以看出各脉冲的幅值相等，而宽度是按正弦波规律变化的。根据面积等效原理，PWM波形和正弦半波是等效的。对于正弦波的负半周，也可以用同样的方法得到PWM波形。像这种脉冲的宽度按正弦规律变化且和正弦波等效的PWM波形，也称为SPWM（sinusoidal PWM）波形。若要改变等效输出的正弦波的幅值，只要按照同一个比例系数改变上述各脉冲的宽度即可。

实际制冷机压缩机中的电机是直线往复运动的，即驱动是双向的。为了实现双向驱动，机械制冷机驱动会采用单相逆变H桥，通过SPWM波控制H桥的4个功率管的有序开关，从而实现驱动波形的调制与输出，如图5.20所示。

3. 控制系统整体框架

整个机械制冷机电路控制系统一般会采用嵌入式数字闭环控制方案。整个系统以单片机作为控制器，同时将采集后经过调理的各个参数信号（电流、温度、位移等）经A/D转换，输送给单片机用于分析。对于双驱动斯特林制冷机的控制器，单片机通过将采集值与设置

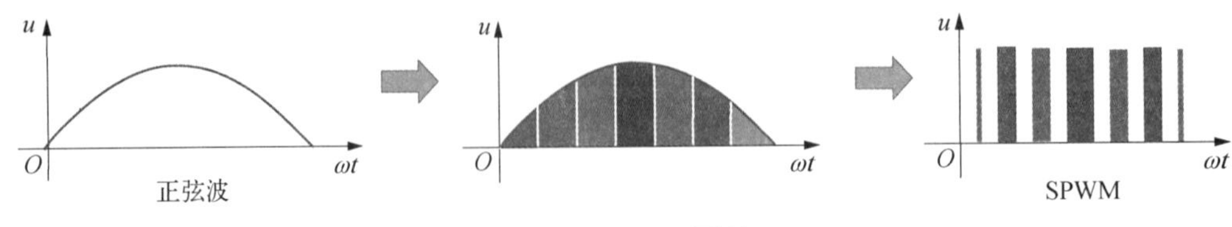

图5.19　SPWM原理

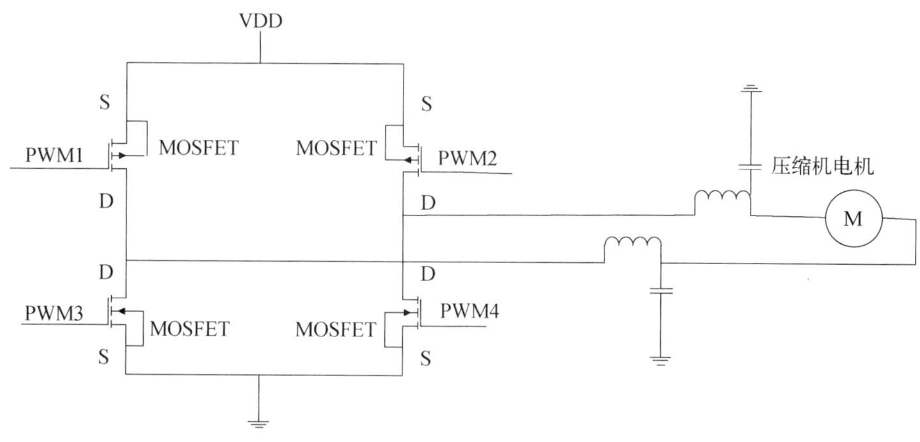

图 5.20　SPWM 波控制 H 桥

值比较来不断修正输出驱动信号的幅度、偏置和相位，从而控制压缩机与膨胀机活塞的运动学参数保持给定关系。

同时，为使制冷机冷头温度保持恒定，会在单片机控制软件中增加温控算法，根据测温电路的温度反馈信息实时调整制冷机的驱动输出。

电路采用主备份模式，主要由以下 4 部分组成。

（1）电源模块：将卫星提供的母线电源进行切换、滤波和隔离，供给压缩机功率驱动电路；将母线电源滤波后供给二次电源 DC/DC 电路。

（2）主控模块：包括 MCU 外围电路、信号采集、驱动信号调理等电路。

（3）功率驱动模块：为制冷机提供大功率交流驱动。

（4）主备切换及遥控遥测电路：实现电源及制冷机控制电路的冷备份切换功能。

例如，双驱动斯特林制冷机控制器的整体系统框架如图 5.21 所示。

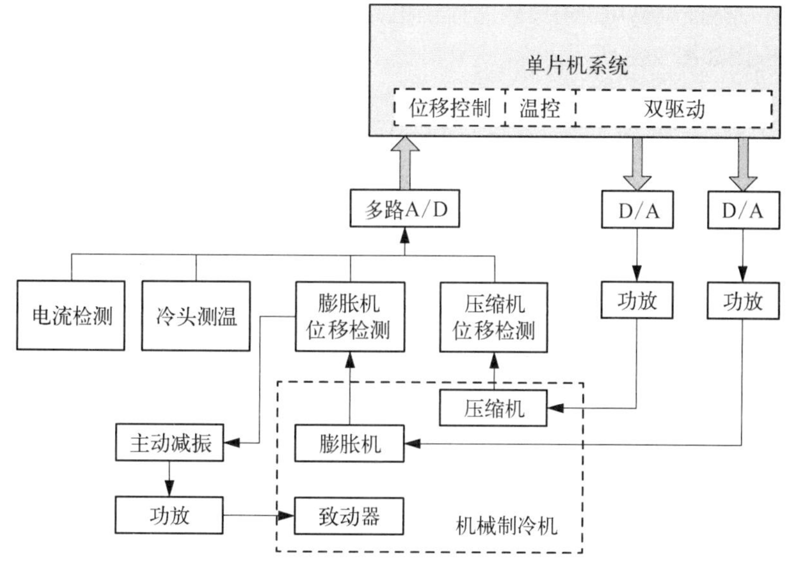

图 5.21　双驱动斯特林制冷机的整体系统框架

5.4.3 辐射制冷控制技术

辐射制冷控制电路原理如图5.22所示。

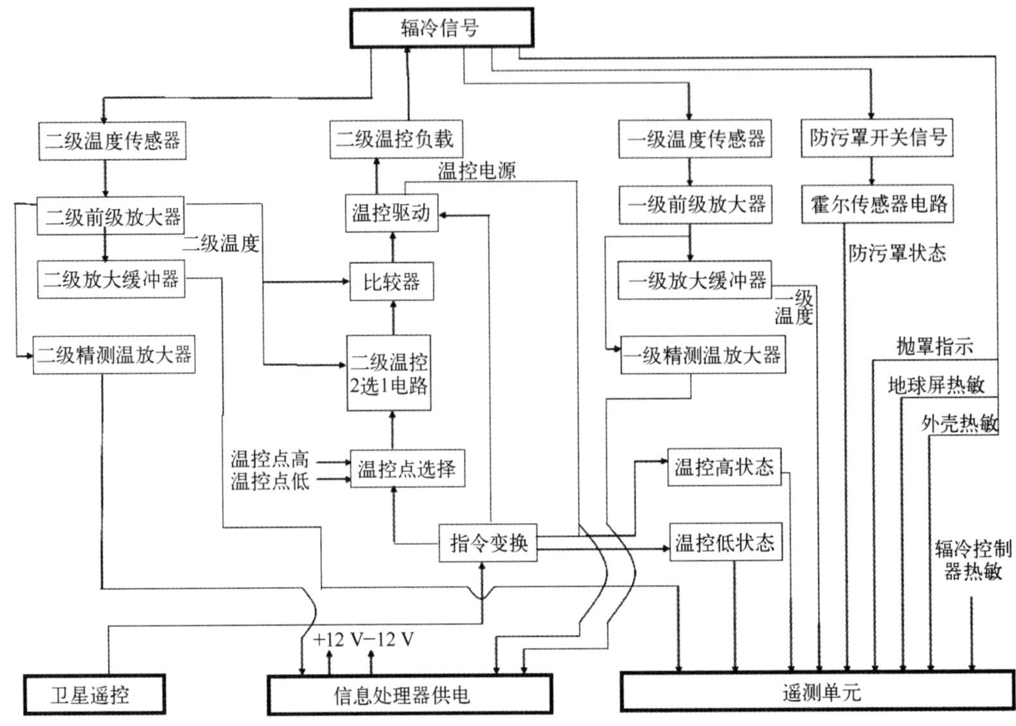

图5.22　辐射制冷控制电路原理图

辐射制冷器控制器包括指令执行部分、状态测量部分、二级测温部分、二级温控部分、一级测温部分等。

在辐射制冷器控制器电路中，测温控温电路是控制器的主要部分。一级测温、二级测温、控温电路框图如图5.23所示。

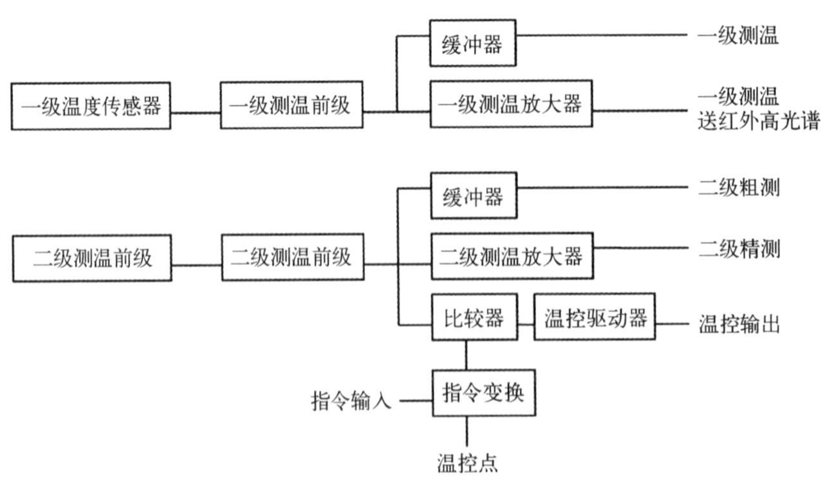

图5.23　一级测温、二级测温、控温电路框图

二级测温电路是一个两级放大电路。传感器信号经过电桥输入前级放大后，通过运放缓冲器将二级测温信号送至卫星测控系统，二级前级信号经过再次放大，将二级精测温信号送至红外高光谱信息处理器。

二级温控采用二级前级测温信号和温控点基准电压直接比较输出，同时使用积分电路，使得温度精度和稳定度有所保障。通过运放比较器实现比较功能，二级前级信号和温控点基准电压直接比较输出。在空间飞行器中，二级温控电路会采用冗余设计，以确保温控功能正常。

5.5 振动控制技术

机械制冷机的振动问题是制约其应用于敏感仪器的一项关键因素，航空航天中常用的大冷量低温制冷机主要是斯特林制冷机及脉管制冷机，斯特林制冷机由压缩机、冷指组成，运动部件以一定的频率沿轴向做往复运动，外壳、支架产生相应的反作用力，从而引起制冷机的振动，而脉管制冷机在低温下虽没有机械运动部件，但其内对的对置活塞动量不平衡以及高压气体交变流动等同样也会产生振动干扰（Ross, 2003；Mon et al., 1995；Wu, 1993）。

大量实验分析发现，制冷机的振动主要由基频和一系列谐波成分组成（图 5.24），基频为直线电机的驱动频率，一般是 40 ～ 60 Hz 的某个固定值，谐波成分来自驱动力、弹簧、阻尼、气动力的非线性因素。机械制冷机的振动会对仪器产生极大的危害，压缩机是机械制冷机的动力源头，而膨胀机的振动会带动与冷指相连的探测器件产生往复运动，偏离仪器光学系统的正常“焦深”范围，导致成像模糊，使得探测目标的分辨率和定位精度下降；振动会引起电磁干扰信号，甚至引起仪器及平台的机械共振，对一些敏感的传感器产生较大的干扰。如果不加任何减振措施，斯特林制冷机的振动力最大可达几十牛顿，而压缩机也有几牛顿的振动，这对于光电探测、低温超导滤波等对制冷机振动有很高要求的应用是无法接受的。为减小制冷机振动对探测器带来的干扰，确保红外焦平面的成像质量，达到美国和欧洲国家定义的光电探测应用的通用标准，即振动力需小于 0.2 N（Ross et al., 1992；Ross, 1990），必须对制冷机采取有效的减振措施。

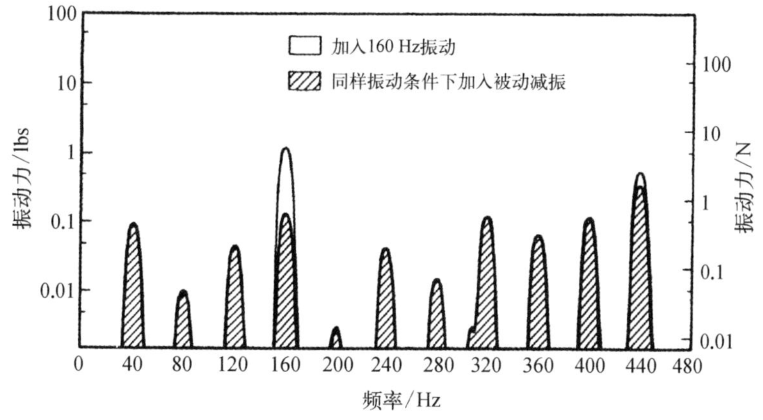

图 5.24　制冷机的振动频谱

5.5.1 被动减振技术

机械制冷机的振动控制主要分为被动控制与主动控制两类，对冷端与压缩机的振动分别进行抑制。被动减振系统简单、能耗低，但效果有限，机械结构也受到较大限制（Neufeld, 1996），主要用于工业、战术制冷，或者对振动要求不高的空间应用领域。

JPL曾经在制冷机上加装弹性阻尼块，调整制冷机支架，使其固有频率介于制冷机振动的各谐波之间，以抑制共振、制冷机悬挂安装等几种被动减振方法，但无法解决发射过程的可靠性以及制冷机耦合技术的问题（Ross et al., 1992）。以色列Ricor公司（Veprik et al., 2004; Veprik et al., 1997）在其K529H 1 W/80 K制冷机的支架上加阻尼器件，基频振动可以减为1 N；在其K535制冷机的膨胀机背部加动力吸振的弹簧振子系统（图5.25），调节质量、弹性系数设计反共振点以达到动力吸振的效果，基频振动降为原来的1/50，但无法实现高阶减振。Sunpower的M77整体式制冷机背部有弹簧振子系统，若不采用主动控制算法，基频振动只能减到大于1 N。由此可见，被动减振效果有限，即便是效果尚可的动力吸振技术也会因为制冷机实际运行中参数的变化而偏离原来的反共振点，减振效果急剧变差，甚至偏移到共振点引起更大的振动，因此被动减振技术不能胜任对振动要求极为苛刻的空间应用。

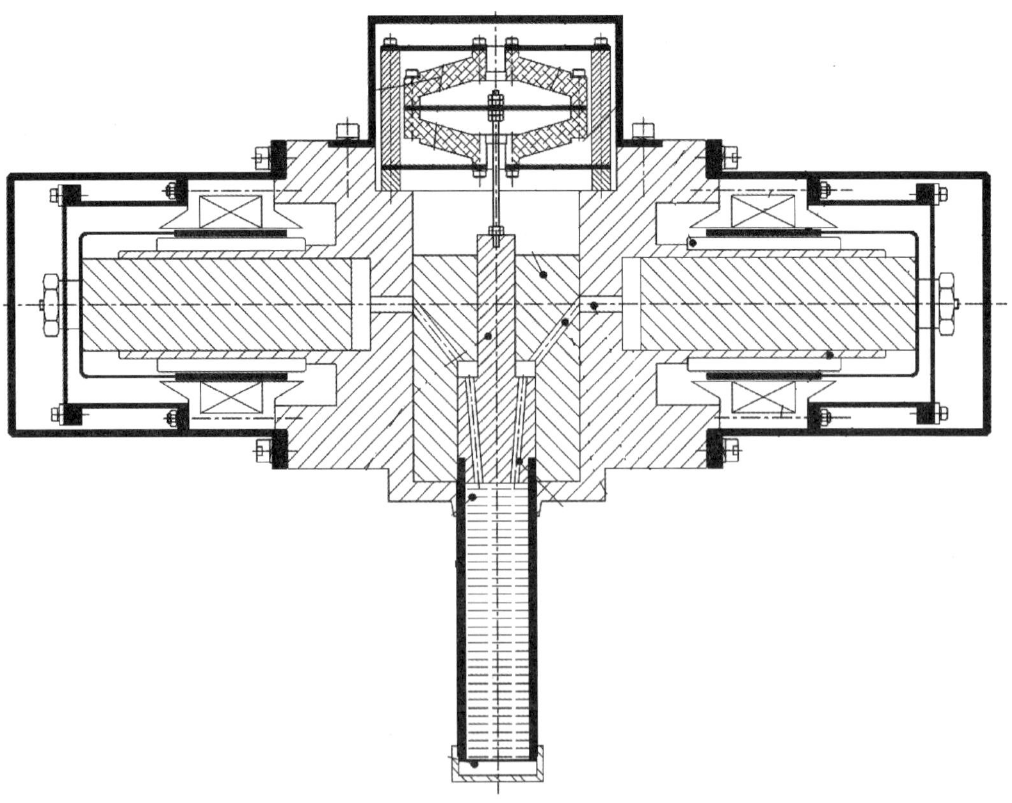

图5.25 Ricor K535 LV斯特林制冷机（被动减振）

5.5.2 主动减振技术

最早由Aubrum等（1993）发明的数字误差校正控制（digital error correction system, DECS）方法将每个时域周期中若干小段的振动误差信号进行存储，然后对前后几个周期的误差值进行平滑，当误差值超过一定幅度时，便对各个时间段的存储值进行相位和幅度调节，产生反馈控制信号（Aubrun et al., 1993；Aubrun et al., 1991），在制冷机悬挂状态下可以将压缩机、膨胀机的振动减在0.2 N以下。算法的精度和时间划分有关，并且存在收敛速度非常慢的问题。后来由Hughes、JPL和Satcon等单位采用的窄带反馈控制方法通过陷波滤波器、逆滤波器、无阻尼滤波器生成与振动函数互为倒数的传递函数来实现减振（Wu, 1995；Johnson et al., 1992；Sievers and von Flotow, 1992），此方法将轴向二阶振动降低了27.96 dB，三、四阶振动均小于0.01 N。但是由于滤波器的参数是事先设定好的，因此无法满足自适应。近年来采用较多的是自适应前馈控制方法（Bruckman and Kieffer, 2016；Hon and Silny, 2014；Lavietes et al., 2000；Champion et al., 1998），其根据传递函数在每个谐波频率点上产生反振动力，但是算法受制于传递函数的准确性，并且受外部环境温度等的影响，同样很难做到自适应控制。目前采用的自适应窄带陷波滤波器控制方法摆脱了其他几种主动振动控制方法的困扰，并且模型与传递函数无关，具有较好的收敛性（Holliday, 2014；Yang and Wu, 2013）。

自适应窄带陷波滤波器控制方法是在力的线性叠加原理的基础上建立的。通过另外安装一个减振器，使得减振器产生一个与膨胀机大小相等、方向相反的力。当制冷机膨胀机安装减振器后，两者外壳连在一起，此时两个力是直接的线性叠加，如图5.26所示，产生的剩余振动力f_{vib}依赖于两个简谐振动力在幅度和相位关系上匹配的精确度。而压缩机则采用两个对置电机中的其中一个电机兼作减振器。

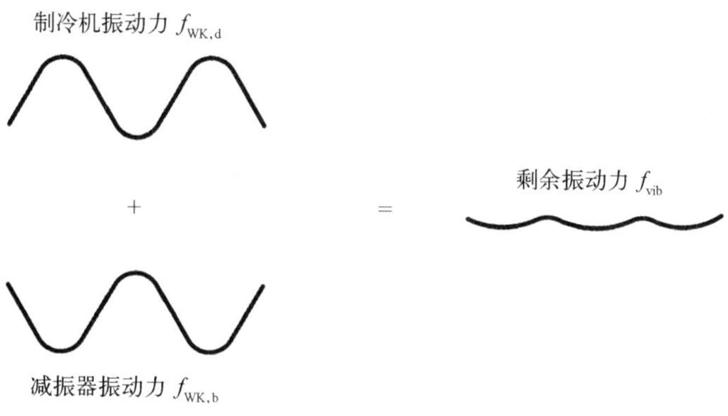

图5.26 力的线性叠加原理

从信号处理的角度可以将制冷机振动控制抽象为如图5.27所示的主动减振的信号模型图。图中$x(n)$自适应控制器的输入参考信号，通过信号调理产生减振器的驱动信号$y(n)$，信号调理也属于广义的“滤波”。因为参考信号$x(n)$与制冷机的振动信息相关，也可看作制冷机振动的输入信号；$P(z)$代表制冷机动力学传递函数，其输出为制冷机本身的振动信号d

(n); $S(z)$是减振器的动力学传递函数，其输出$y'(n)$为由减振器产生的振动力，自适应控制器的作用是使$y'(n)$逼近$d(n)$，即$y'(n)$是$d(n)$的瞬时估计，估计的误差$e(n)$即为对外表现出来的振动力，通过振动传感器进行测试。自适应算法根据$x(n)$和$e(n)$实时地改变滤波器参数，使得$y'(n)$更好地逼近于$d(n)$，也就是使制冷机对外表现出来的振动趋近于零。

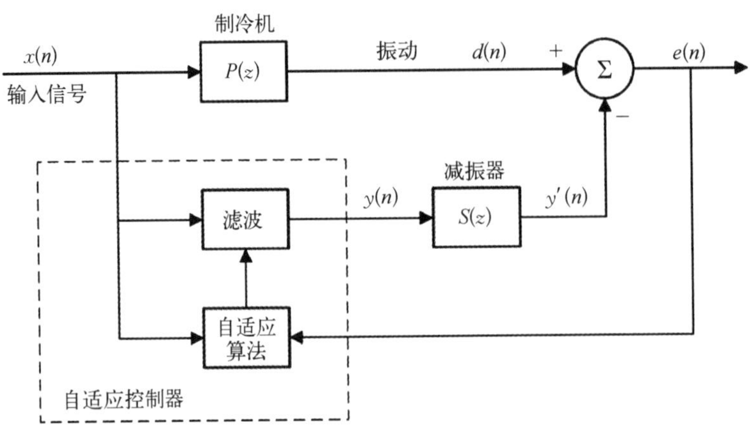

图5.27　自适应振动控制的信号模型

根据自适应算法的基本原理，可以得到式(5.6)：

$$y(n) = \sum_{l=0}^{L-1} w_l(n)x(n-l) \tag{5.6}$$

$$w(n+1) = w(n) + 2\mu e(n)x(n) \tag{5.7}$$

式中，$w(n)$为滤波器权系数；μ为算法的收敛因子，其大小决定了自适应算法的收敛速度以及权系数向量迭代解的误差；n为滤波器的阶数，决定了算法的计算复杂度。

一般来说，μ需要满足式(5.7)的收敛条件才是能保证算法收敛；其次，μ越大，算法收敛越快，反之越慢；再者，μ越大，则算法稳态误差越大，反之则越小。若不要求较快的收敛速度，一般μ会取一个较小的值。

$$0 < \mu < \frac{1}{\lambda_{\max}} \tag{5.8}$$

滤波器阶数L越大，则计算量越大，同时，算法的稳定性越好，精度也越高。阶数L还受限于调制目标，若滤波器的阶数太短，则会达不到调制要求。

由于制冷机的每一阶振动在时域上可以看成一个正弦波，由正弦波的定义式$x(n)=A\cos(\omega n+\varphi)$可知，存在3个参数幅值$A$、频率$\omega$以及相位$\varphi$，而由于每一阶的频率都是已知的，因此未知变量只有参数幅值A和相位φ，振动信号可以通过对每阶的参考信号进行幅度以及相位调制后得到。

对于一个正弦波$x(n)=A\cos(\omega n+\varphi)$，可以将其分解为两个三角函数相加的形式，即

$$A\cos(\omega n+\varphi) = w_1\cos(\omega n) + w_2\sin(\omega n) \tag{5.9}$$

其中,A和φ可分别表示为

$$\begin{cases} A = \sqrt{w_1^2 + w_2^2} \\ \varphi = \arctan\left(\dfrac{w_2}{w_1}\right) \end{cases} \tag{5.10}$$

又$\sin(\omega n)=\cos(\omega n-\pi/2)$,可引入希尔伯特(Hilbert)变换来刻画幅度和相位之间的关系,对于每阶振动频率点,参考信号$x_0(n)=\cos(\omega n)$及其经Hilbert变换后的信号$x_1(n)=\sin(\omega n)$,分别乘以系数w_1及w_2后相加,就可得到期望的振动正弦波信号。

因此,每阶参考信号及其Hilbert变换后的信号可以充分表征该窄带频率振动信号的幅度及相位信息。所以,振动控制可以通过2阶FIR滤波器完成,大大降低了运算量。

另外,考虑到减振器响应的延迟效应造成控制算法中$e(n)$与$x(n)$相位不同步,必须通过相位补偿来弥补这个问题,否则,若相位差大于90°,则原来的收敛过程将变为发散过程,减振变为增振,只有当相位差小于90°时,才能保证算法收敛,相位差越小,收敛速度则越快。由此,得到了如图5.28所示的自适应陷波滤波器。

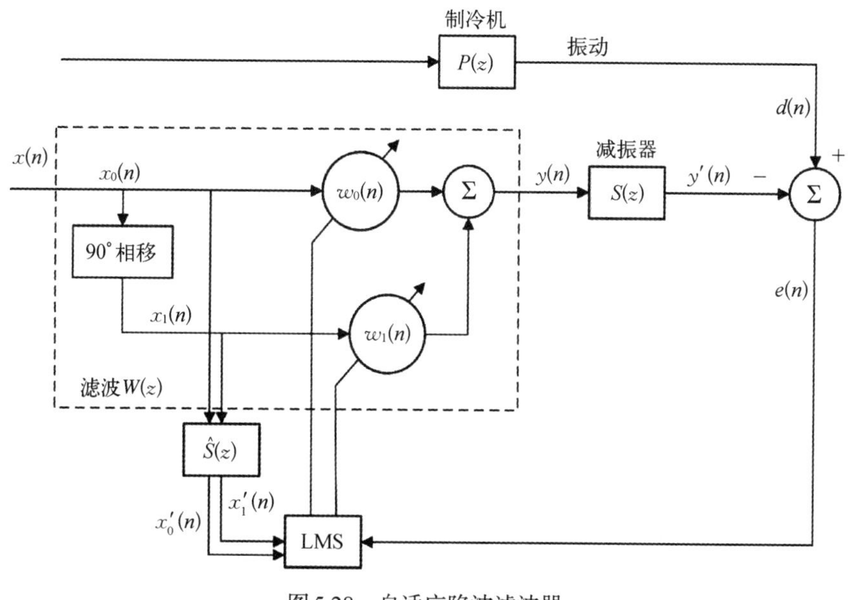

图5.28 自适应陷波滤波器

采用此算法分别对80 K@2 W及90 K@6 W的斯特林制冷机进行了高阶振动控制,如图5.29、图5.30所示,使得80 K@2 W制冷机的振动由3.44 N_{RMS}减为0.051 N_{RMS},下降了36.6 dB;90 K@6 W制冷机的振动由20.1 N_{RMS}减为0.102 N_{RMS},下降了45.9 dB。减振器的驱动功耗均小于0.5 W,自适应收敛时间为10 s左右,并且系统在制冷机不同的安装平台、工作参数下依然保持良好的适应性。

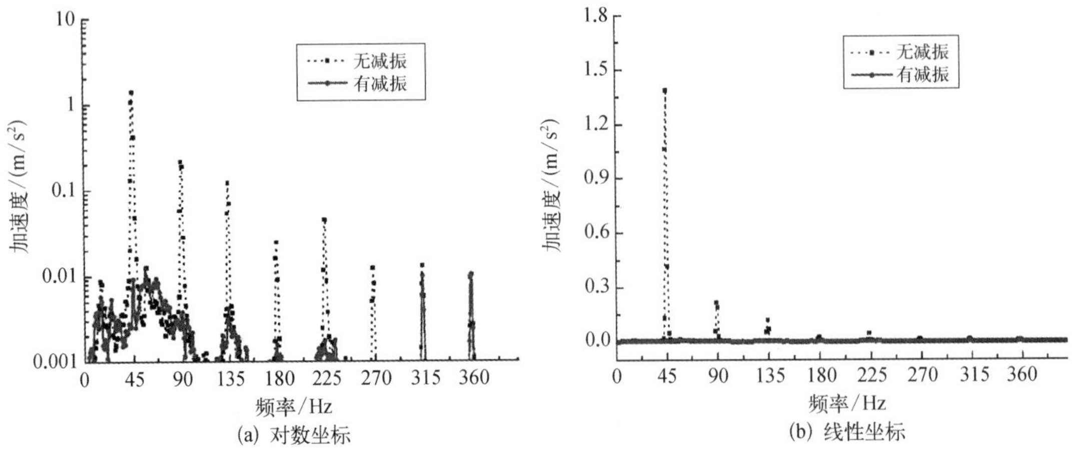

图 5.29 80 K@2 W 斯特林制冷机减振前后的效果对比

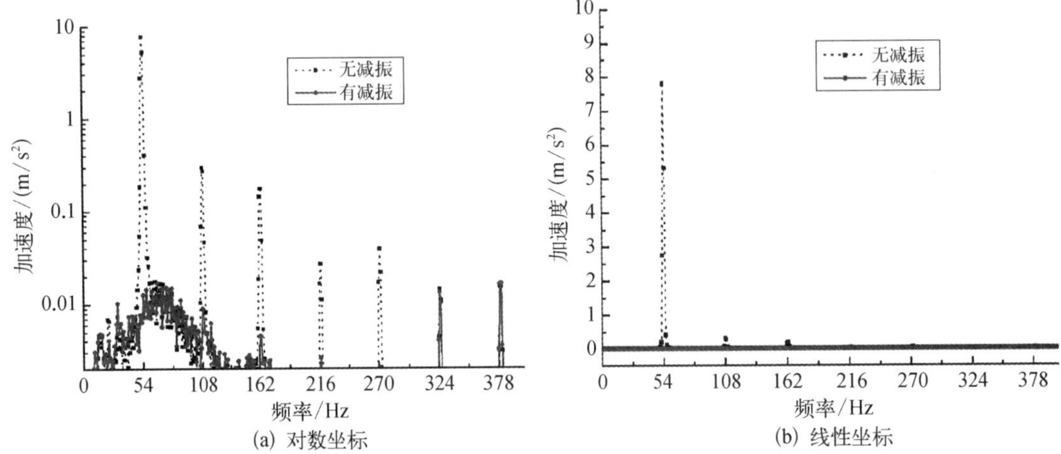

图 5.30 90 K@6 W 斯特林制冷机减振前后的效果对比

5.6 电磁干扰控制技术

对于空间飞行器，由于本身的设计要求，空间制冷器携带的电子设备数量多，种类复杂，具有大功率的工作设备和精密的信号电路共同存在的特点。而空间飞行器自身的结构紧凑，有效空间较小，使得空间飞行器所载的电子设备的体积、质量受到严格的限制。此外，空间飞行器中的电子设备所处的电磁环境十分恶劣。所以，空间飞行器电子设备的电磁兼容问题十分严峻（周清根和王九兴，2007）。

空间电子设备的可靠工作是空间飞行器正常工作的最基本保证，电磁兼容（electro magnetic compatibility，EMC）问题工作可能会导致电子设备的工作异常，严重者将带来灾难性后果，因此必须重视并落实空间飞行器电子设备的EMC设计，一方面加强电子设备在恶劣电磁环境下的适应能力，另一方面要确保正常工作的电子设备不会产生噪声，从而影响其他的设备。

作为应用在空间飞行器中的低温制冷机控制电路，由于处在较为恶劣的太空环境中，电路受到多种电磁辐射的干扰。同时，其他处在同一个供电系统的其他设备也可能将自身的干扰通过不同的耦合路径而耦合至温控电路上。对关键信号器件的干扰，可能导致整个温控电路的失效，甚至崩溃，所以必须提升温控电路的抗干扰性。同时，由于制冷机温控电路在驱动低温制冷机工作时，具有较大的功率电流，同时功率开关管H桥的应用，会产生较多的高频噪声，如果不能够对产生的噪声进行处理，将会影响其他精密电路仪器的正常工作。

5.6.1 电磁干扰分析

如图5.31所示，电磁干扰产生有三个要素：干扰源、耦合途径和敏感器件（保罗，2007），在空间制冷机驱动控制系统里，主要关注的是干扰源和耦合路径的特性。同时干扰又主要分为传导干扰和辐射干扰。空间制冷机由于具有低频、大功率的特点，其干扰主要为传导干扰。

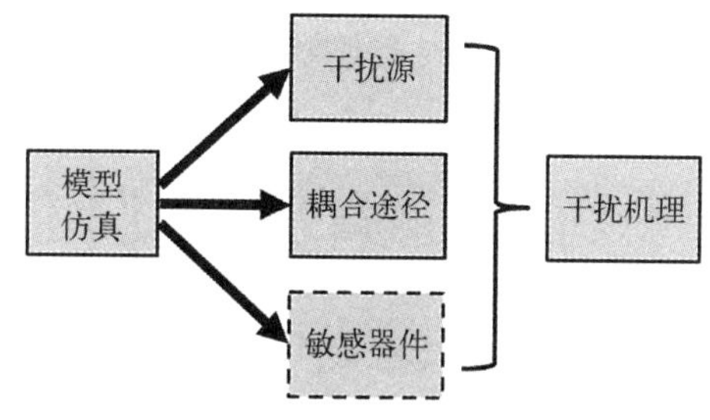

图5.31 电磁干扰产生要素

1. 干扰源特性

分析空间制冷机的干扰源机理，可以发现干扰源的产生主要是由于开关管的使用，高频率的开关动作会产生较大的dI/dt和dV/dt，同时整个驱动回路所存在的电感、电容会使其转化为噪声电压电流：

$$V_{\mathrm{noise}} = L\frac{\mathrm{d}I}{\mathrm{d}t} \tag{5.11}$$

$$I_{\mathrm{noise}} = C\frac{\mathrm{d}V}{\mathrm{d}t} \tag{5.12}$$

如果将噪声源假设为一个梯形脉冲序列，假定上升与下降时间相同，则对噪声源进行时频域变换，可以得到噪声源电流如下（Lai et al., 2006）：

$$I_{\mathrm{dm}} = 2Id\frac{\sin(n\pi d)}{n\pi d}\frac{\sin(n\pi t_f/T)}{n\pi t_f/T} \tag{5.13}$$

该噪声源频谱如图5.32所示。

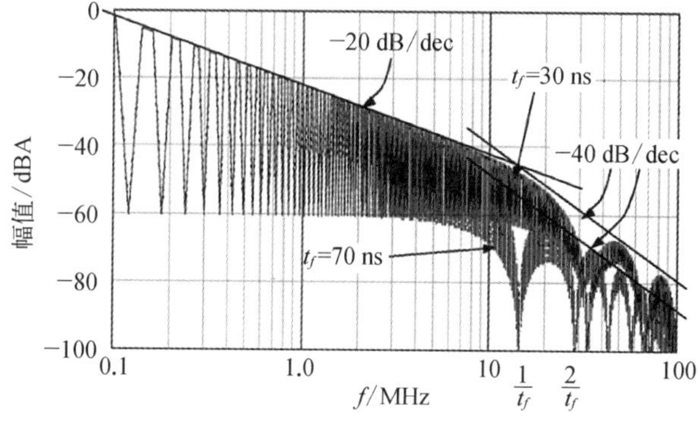

图5.32 噪声源频谱

2. 耦合特性

空间制冷机传导干扰，按照干扰路径的不同，如图5.33所示，主要分为共模干扰与差模干扰两种类型，每种类型对应的干扰耦合路径各不相同。

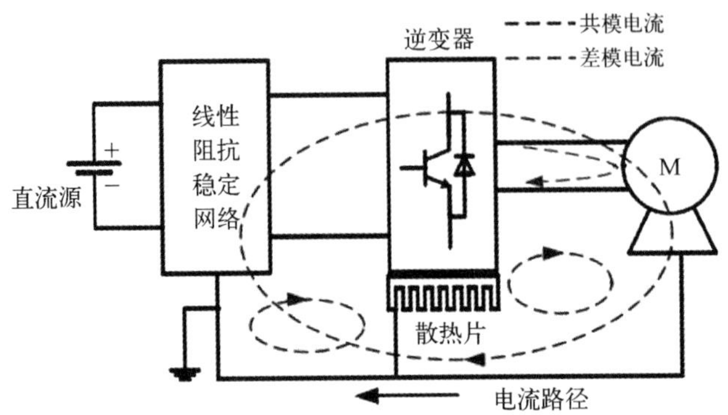

图5.33 制冷传导干扰路径示意图

1）共模干扰

在空间制冷机控制系统中，共模干扰噪声的传导主要借助于大地，由大地将噪声传导至外部设备，并形成传导干扰。对于使用LISN进行传导干扰测试的制冷机及其驱动电路，共模干扰的路径主要有两条（王举贤，2016；周运斌，2006）。

路径1：逆变器（包括逆变器管脚）与散热片之间的寄生电容—散热片接地—线性阻抗稳定网络（LISN）接地—LISN支路与逆变器之间的电源线；

路径2：LISN 接地—LISN支路—LISN与逆变器之间通路—逆变器与电机之间的连接电缆—电机与接地机壳间的寄生电容。

如果不能采取相应的措施进行共模噪声抑制的话，共模噪声会通过路径1与路径2对系统外设备产生噪声干扰。

2）差模干扰

相对于共模干扰的传播路径，差模干扰通过电源线与出线之间形成的环路进行传播，最后会通过电源线传输至外部设备，而不会经由大地进行传输。

差模传输路径：LISN支路—LISN与逆变器之间通路—逆变器与制冷机之间的入线连接电缆—逆变器与制冷机之间的出线连接电缆—LISN与逆变器之间通路—LISN支路。

5.6.2 电磁干扰抑制设计

对于电磁干扰控制的设计，应尽可能地在电路设计初期完成，从而能够最大限度地节约成本，同时提升系统的性能与稳定性。对于电控箱整体的电磁干扰抑制设计，在此提出以下几条设计建议：电路中的电流环路尽可能设计得小，信号线和回线应该尽可能接近，可以使用双绞线进一步提升干扰抑制性能；应该使用较大的地平面以减小地线电阻，地线及功率线要加粗并尽可能短，这样能够使环路电感尽可能地减小，从而降低由开关管开断而产生的高频噪声；PCB板应采用至少4层板布板设计，中间层设定为地层，可以有效减少最小电流回路，采用倒角布线设计，走线避免产生锐角和直角，芯片电源对地就近设置去耦电容（魏广等，2013）。

电控箱内部电路应设计合理的地线，包括一次地、二次地、数字地、模拟地、保护地、机壳地等的设计应合理。数字地与模拟地在电控箱内应单点接地，并进行两者间的隔离；驱动信号与功率电路应通过光耦等进行强弱信号间的隔离；一次地、二次地与机壳地之间应进行相互隔离（魏广等，2013）。

在电源入口处，合理地设置滤波器可以有效地抑制传导干扰，滤波器针对抑制的干扰类型的不同，分为共模滤波器和差模滤波器，现在许多厂家也会将两种滤波电路结合起来，能对共模与差模噪声均进行有效的抑制。选择滤波器时，应根据电路干扰的特性进行合理地选择，同时应进行正确的安装与接地，从而能够使得滤波器最有效地进行干扰抑制。

为了降低制冷机电控箱箱体内的电磁耦合，应对电控箱内部的功率线与信号线进行分别捆扎与分隔敷设，同时应对各线路的进线与回线使用绞线方式，进一步减小对外部的干扰。电控箱输入输出的各个线缆应使用屏蔽电缆，同时对屏蔽线缆使用正确的接地方式，避免“猪尾巴”方式的接地，从而不会引入外部的辐射干扰。

5.6.3 物理磁屏蔽技术

上文讲述了预防外界干扰对控制电路影响的电磁兼容技术，本小节讲述预防空间机械制冷机对探测器及整星其他磁敏感部件影响的物理磁屏蔽技术。空间机械制冷机中直线振荡电机工作时，产生与工作频率相同的交变磁场，对探测器中放大电路产生较大的噪声，影响探测器成像质量；同时该交变磁场也会对整星其他磁敏感部件如场强仪等产生影响。因此磁场的屏蔽问题，是一个具有实际意义的问题。根据条件的不同，电磁场的屏蔽可分为静电屏蔽、静磁屏蔽和电磁屏蔽三种情况。现阶段机械制冷机的运行频率均小于1 000 Hz，远小于100 kHz，属于静磁屏蔽范畴。

静电屏蔽利用的是导体静电平衡原理，电磁屏蔽利用涡电流原理，高频干扰电磁场在屏蔽金属内产生电涡流，消耗干扰磁场的能量。静磁屏蔽的原理可以用磁路的概念来说明。在外磁场中，一部分磁通在空气中穿过，另一部分磁通集中在铁磁回路中。可以把铁磁材料与空腔中的空气作为并联磁路来分析。

$$\phi_{空气}=\frac{F}{R_{空气}}=\frac{IN}{Sl/\mu_{空气}} \tag{5.14}$$

$$\phi_{屏蔽}=\frac{F}{R_{屏蔽}}=\frac{IN}{Sl/\mu_{屏蔽}} \tag{5.15}$$

式中，$\phi_{空气}$和$\phi_{屏蔽}$为磁通量；F为磁动势；I为线圈中电流大小；N为线圈匝数；$\mu_{空气}$为空气中的磁导率；$\mu_{屏蔽}$为铁磁材料的磁导率。

因为铁磁材料的磁导率比空气的磁导率要大几千倍（$\mu_{屏蔽}\gg\mu_{空气}$），所以空腔的磁阻比铁磁材料的磁阻大得多($R_{空气} \gg R_{屏蔽}$),外磁场磁通量的绝大部分将沿着铁磁材料壁内通过($\phi_{屏蔽} \gg \phi_{空气}$),而进入空腔的磁通量极少。这样,被铁磁材料屏蔽的空腔内基本上没有外磁场,从而达到静磁屏蔽的目的。材料的磁导率越高,筒壁越厚,屏蔽效果就越显著(表5.3)。因为常用磁导率高的铁磁材料如软铁、硅钢、坡莫合金作屏蔽层,因此静磁屏蔽又叫作铁磁屏蔽。

表5.3 磁屏蔽材料分类及特点(万刚和李荣德,2003)

种类	特点	用途
电工纯铁板	高饱和磁感应强度	屏蔽强磁场,如超导设备屏蔽
Fe-Ni坡莫合金	高磁导率μ_m,产品价格昂贵	用于弱磁场屏蔽,各种精密电工仪器仪表用高磁导率合金磁屏蔽,代表合金有1JS0、1J51、1J65、1J79和1J85五种
内磁屏蔽钢	要求有良好的磁性能、成型性和点焊性能,退火表面能生成附着性优良的黑色保护膜等	用于彩色显像管和彩色显示器,减小地磁场(约28 A/m)及其他杂散场对电子枪电子运动轨迹的影响
磁屏蔽用硅钢片	磁性能介于纯铁和坡莫合金之间,是重要的电工产品	用于电抗器或变压器部件,用作器身、箱壁、夹件等的磁屏蔽
非晶屏蔽材料	厚度10～40 μm	在原始屏蔽体上增加一层非晶态物质,通过非晶态物质的特殊性质和原来磁屏蔽体复合后达到较好的电磁屏蔽性能

利用上述原理对某款压缩机进行了理论计算和试验测试,使用1J85作为磁屏蔽罩,屏蔽效果明显,磁场衰减量达46%,且制冷机性能无影响,如图5.34所示。

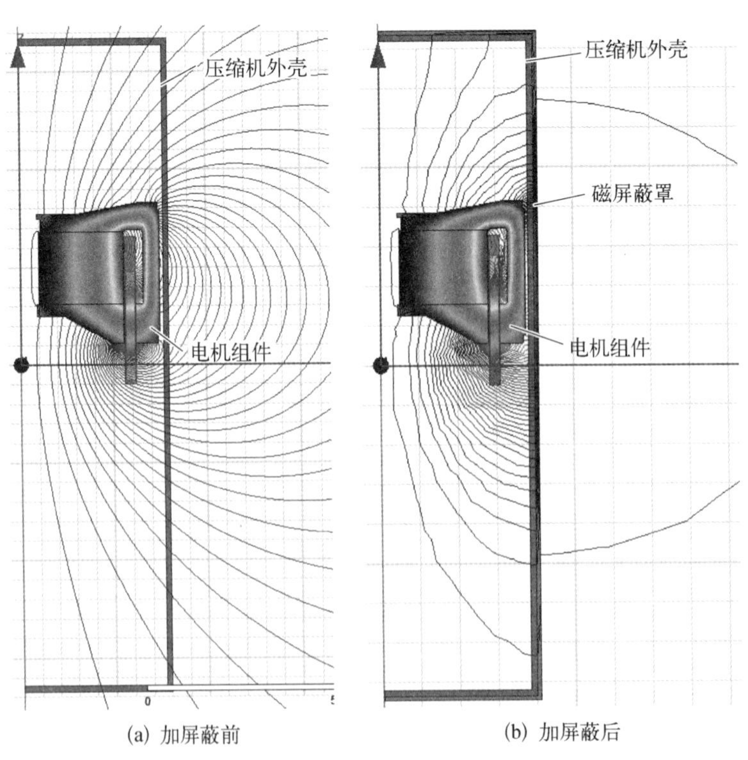

(a) 加屏蔽前　　(b) 加屏蔽后

图5.34 脉管制冷机屏蔽前后的模拟效果对比

采用磁屏蔽措施后，可以大大减少制冷机对外界的磁干扰。在实际的工程应用中，可以结合被干扰物的磁屏蔽措施，在对压缩机外加磁屏蔽的同时，在被干扰物外如探测器杜瓦的外围增加磁屏蔽，进一步强化磁屏蔽效果（表5.4）。

表 5.4　有无磁屏蔽罩下实验测得动静态磁感应强度大小情况表

状态 感应强度	无磁屏蔽罩/μT	有磁屏蔽罩/μT	衰减量/μT	衰减比例/%
静　态	394.12	207.19	186.93	47.43
动　态	56.18	35.79	20.39	36.29
总　计	450.30	242.98	207.32	46.04

5.7　本章小结

空间制冷器作为单机或者子系统应用于空间仪器载荷中，需要综合考虑光、机、电、热等的适应性和与相连系统的接口关系及参数传递关系。本章从机械制冷机与应用目标红外探测器的耦合技术出发，介绍了空间机械制冷机应用耦合技术的分类和应用，以及随着机械制冷机大量应用，空间载荷的耦合技术发展趋势；然后介绍了机械制冷机应用仪器载荷的集成安装技术，阐述了工程应用中的要求和注意事项；结合机械制冷机主动制冷方式产生热量需要散热这个应用约束，介绍了机械制冷机应用于载荷仪器时的热控技术要点。

空间制冷器应用中，需要控制系统对其工作特性进行测量、控制盒检查，这就需要制冷机控制技术。本章回顾了空间应用测温元件的测温原理及技术，分别阐述了机械制冷器控制技术和辐射制冷器控制技术。由于机械制冷机内存在运动部件，不可避免地产生振动，对光机载荷产生一定的影响，本章着重描述了空间应用中常用的被动减振技术和具有专业特色的主动减振技术。考虑到机械制冷机应用中的电磁干扰因素，本章在进行电磁分析的基础上，介绍了电磁干扰抑制设计和物理磁屏蔽技术。

参 考 文 献

保罗.2007.电磁兼容导论.2版.北京：人民邮电出版社.

纪国林，吴亦农，许妙根，等.1998.空间机械制冷与红外探测器的耦合技术.真空与低温，4（2）：69-73.

李刚，艾良.2008.基于SPWM的正弦波设计与实现.现代电子技术，31（13）：154-155.

李军，刘梅冬，曾亦可，等.2001.非接触式红外测温的研究.压电与声光，23（3）：202-205.

刘晓华.2000.空间机械制冷机与空外系统耦合技术的研究.上海：中国科学院上海技术物理研究所博士学位论文.

师克宽，等.1997.计量测试技术手册.北京：中国计量出版社.

万刚，李荣德.2003.电磁屏蔽材料的进展.屏蔽技术与屏蔽材料，（1）：40-41.

王举贤.2016.PWM逆变器共模传导电磁干扰及其抑制方法研究.长春：吉林大学博士学位论文.

魏广，马少君，李元明，等.2013.空间用斯特林制冷机电控箱的EMC设计与试验.低温与超导，41(12)：28-31.

吴明勋.2006.空间机械制冷机与超长线列红外焦平面探测器耦合研究.上海：中国科学院上海技术物理研究所硕士学位论文.

宣向春.2000.HY-1卫星海洋水色扫描仪红外机械制冷系统研制.上海：中国科学院上海技术物理研究所博士学位论文.

张明春，肖燕红.2009.热电偶测温原理及应用.攀枝花科技与信息，34(3)：58-62.

郑忠，何腊梅.2005.红外测温技术及在钢铁生产中的应用.工业加热，34(3)：25-29.

周清根，王九兴.2007.箭载电子设备的电磁兼容(EMC)设计探讨.质量与可靠性，(2)：41-45.

周运斌.2016.单相逆变器共模EMI分析及有源抑制技术研究.武汉：华中科技大学博士学位论文.

Aubrun J N, Clappier R R, Lorell K R, et al. 1991. A high-performance force cancellation control system for linear-drive split-cycle Stirling cryocoolers. Advances in Cryogenic Engineering. Boston: Springer: 1029-1036.

Aubrun J N, Lorell K R, Reshatoff P J, et al. 1993. Adaptive error correction control system for optimizing stirling refrigerator operation: US, 5245830.

Bruckman D R, Kieffer M H. 2016. Adaptive phase control of cryocooler active vibration cancellation: US, WO2016/025072A1.

Champion S L, Wu Y W A, Kieffer M H. 1998. Adaptive feedforward vibration control system and method: US, 5836165.

Holliday E S. 2014. Driving an active vibration balancer to minimize vibrations at the fundamental and harmonic frequencies: US, 8800302.

Hon R C, Silny J F. 2014. Time domain vibration reduction and control: US, 8639388.

Johnson B G, Flynn F J, Gaffney M S, et al. 1992. Demonstration of active vibration control on a Stirling-cycle cryocooler testbed. American Control Conference, IEEE: 1630-1631.

Ross Jr R G. 2003. Vibration suppression of advanced space cryocoolers—An overview. Proceeding of SPIE, 5052: 1-12.

Lai J S, Huang X, Pepa E, et al. 2006. Inverter EMI modeling and simulation methodologies. IEEE Transactions on Industrial Electronics, 53(3): 736-744.

Lavietes A D, Mauger J, Anderson E H. 2000. System and method of active vibration control for an electro-mechanically cooled device: US, 6131394.

Mon G R, Smedley G T, Johnson D L, et al. 1995. Vibration characteristics of Stirling cycle cryocoolers for space application. Cryocoolers 8. New York: Plenum Publishing Corp.: 197-208.

Neufeld K M. 1996. Electromechanical Cryocooler: US, 5582013.

Ross R G Jr, Green K E. 1997. AIRS cryocooler system design and development. Cryocoolers 9. New York: Plenum Publishing Corp.: 885-894.

Ross R G Jr, Johnson D L, Collirs C A, et al. 1999. AIRS PFM pulse tube cooer system-level performance. Cryocoolers 10: 119-128.

Ross R G Jr, Johnson D L, Kotsubo V. 1992. Vibration characterization and control of miniature Stirling-cycle cryocoolers for space application. Advances in Cryogenic Engineering, 37: 1019–1027.

Ross R G Jr. 1990. Requirement for long-life mechanical cryocoolers for space application. Cryogenics, 30: 233–238.

Rutter J, Jungkman D, Stobie J, et al. 1995. An advanced PV/PC HgCdTe hybrid focal plane/dewar assembly for the AIRS instrument. Huntsville: Space Programs and Technologies Conference.

Sievers L A, von Flotow A H. 1992. Comparison and extensions of control methods for narrow-band disturbance rejection. IEEE Transactions on Signal Processing, 40(10): 2377–2391.

Veprik A M, Meromi A, Leshecz A. 1997. Novel technique of vibration control for split Stirling cryocooler with linear compressor. Proceedings of SPIE, 3061: 640–651.

Veprik A M, Riabzev S V, Pundak N. 2004. Dynamically counterbalanced pneumatically driven expander of a split Stirling cryogenic cooler. Proceedings of SPIE, 5406: 770–779.

Wu A. 1993. Stirling-cycle cryocooler active vibration control. Vancouver: IEEE Conference on Control Applications, 2: 545–549.

Wu Y W A. 1995. Cyrogenic cooling system with active vibration control: US, 5412951.

Yang B B, Wu Y N. 2013. Adaptive control system for vibration harmonics of cryocooler. Proceedings of SPIE, 8704: 1–9.

第6章 低温系统集成经典案例介绍

在航天探测中，由于红外能够穿过太空中的尘埃和厚厚的气团，常常采用红外望远镜来观测太空中星体的构成、大气成分以及低温目标的信息。探测过程中，由于通常目标信号微弱，信号距离远且温度偏低，红外望远镜本身的光学系统与其支撑结构产生的寄生热成了影响探测器性能的主要因素。另外，由于热胀冷缩变形，探测器各元器件因变形量不同会产生相互干涉，影响偏移量，大的温差会影响其探测精度。因此，只有降低光学仪器的工作温度，探测器才能充分发挥其作用。为使红外望远镜具有高的精度、信噪比、灵敏度，并具有良好的结构稳定性，需采用低温制冷技术将光学系统及相关部件冷却下来，通过将各式各样的低温制冷技术与光学系统耦合，同时控制各种可能的漏热，使光学器件控制在稳定、均匀的温度场中。低温光学技术成为提高仪器灵敏度和分辨率的重要手段，在红外探测技术领域中越发重要。

在实际的空间应用中，由于目标负载运行轨道、结构质量要求、工作内容等的不同，不同工作条件下如何选取合适的制冷方式以及怎样实现与系统的恰当耦合是热控过程能否准确完成的关键。为此，本章分别介绍了哈勃太空望远镜（HST）、詹姆斯 · 韦伯太空望远镜（JWST）、空间红外望远镜（space infrared telescope for cosmology and astrophysics, SPICA）及风云四号气象卫星的低温集成系统，以便读者系统了解低温系统如何整合到不同的总体结构中。

6.1 哈勃太空望远镜低温集成系统

哈勃太空望远镜（HST）于1990年4月24日在美国肯尼迪航天中心搭载“发现者”号成功发射，它是以美国著名天文学家哈勃（Hubble）命名，位于地球静止轨道，其任务包括探索宇宙起源、验证相关定律、研究恒星行星的形成等。哈勃的超深空视场是目前太空能获得的最深入、最敏锐的太空光学成像，其主要的组件如图6.1所示（Gonzaga and Al, 2012）。

哈勃太空望远镜的科学仪器均置于主镜之后，其中近红外相机和多目标分光计（near infrared camera and multi-object spectrometer, NICMOS）属于近红外探测器，用于提供1.0 ～ 2.5 μm光谱范围内的探测，因而需采用制冷系统对其制冷到指定工作温度（58 ± 2）K。NICMOS工作台于1997年作为第二批哈勃望远镜科学仪器成功装载。该

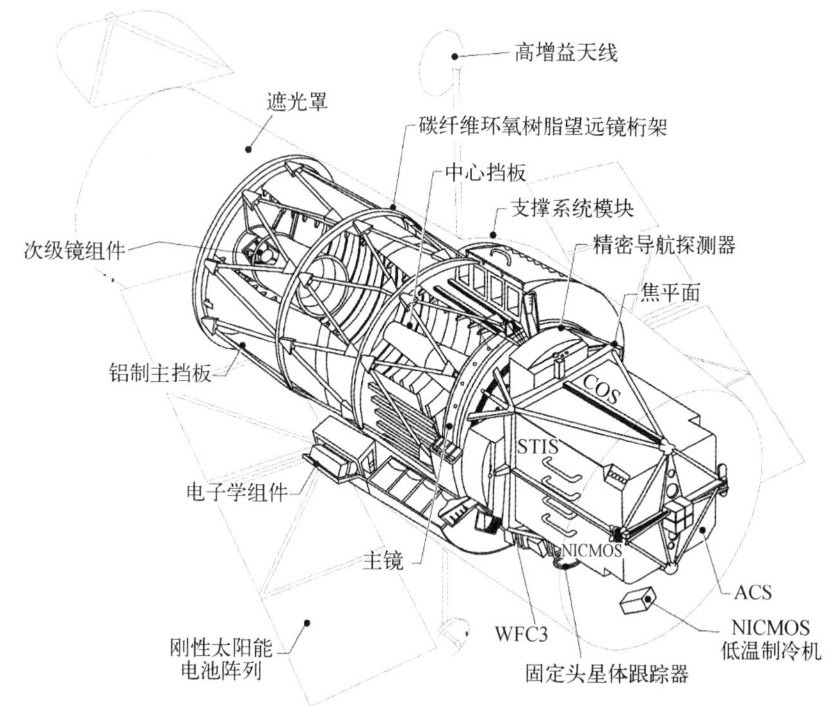

图6.1　哈勃太空望远镜主要组件分布

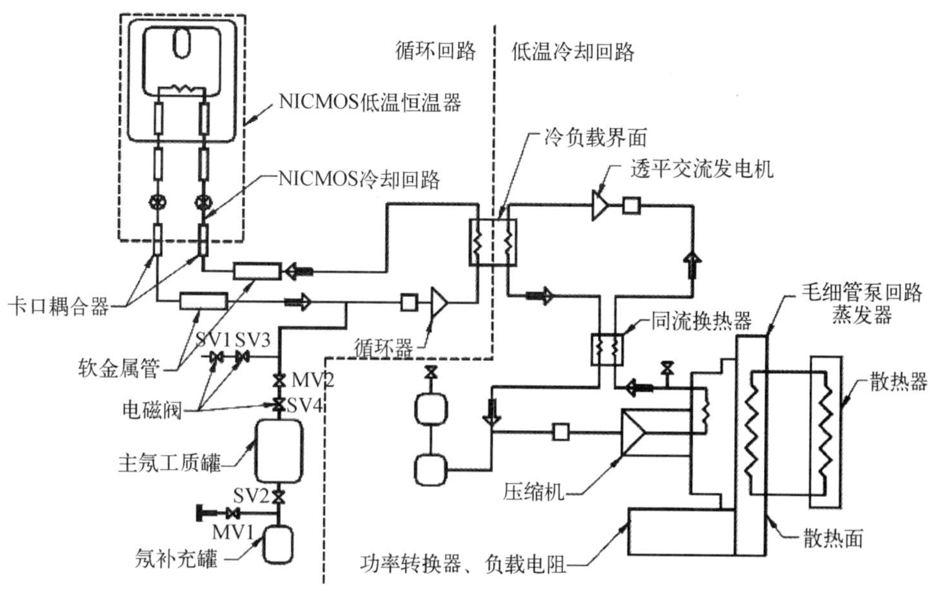

图6.2　NICMOS低温集成系统

制冷系统最初采用的为混合式固氮/铝泡沫杜瓦，杜瓦的循环回路如图6.2（Jedrich et al., 2003）左半边部分所示，采用三层屏蔽进行绝热保护，即蒸汽冷却屏蔽、热电制冷内屏蔽和热电制冷外屏蔽，并通过冷却回路、耦合组件、软管、阀门等与储氮罐相集成，探测器在杜瓦的三层屏蔽层的温度保护下正常工作。

由于杜瓦提供的制冷存在工质储量的限制，不能长期对探测组件提供热沉，在2000年，由于原有系统固氮消耗过快，哈勃望远镜对NICMOS低温系统加装制冷机与新的辐射板，采用机械制冷的方法与原有的冷却回路进行集成，以提供NICMOS长期的运行环境，如图6.2右半边部分所示，新制冷系统由同流换热器、毛细管泵回路蒸发器、压缩机、功率转换器、负载电阻、辐射面构成。两个回路之间通过冷负载换热器（CLI）建立冷连接，系统通过原有的冷却回路将载荷发热带走，热量通过CLI后传给机械制冷回路，并同时带走Ne循环回路中管路和支撑结构的寄生热。机械制冷回路中受热气流穿过金属回热器，然后进入透平机膨胀，膨胀后的气体穿过CLI换热器吸热，并通过回热器低压一侧进入压缩机进口，工质Ne在离心式循环泵作用下被压缩，然后流经冷却盘管将热量传给辐射板散入太空。改进后的制冷系统将探测器维持在77.15 K的工作环境，输入功320 W的条件下提供7 W制冷量（Jedrich et al., 2003）。

6.2 詹姆斯·韦伯太空望远镜低温系统集成

詹姆斯·韦伯太空望远镜（JWST），原名下一代太空望远镜，是NASA、ESA、CSA国际合作项目，是对哈勃太空望远镜（HST）以及斯皮策太空望远镜（Spitzer）的继承，具有更高的灵敏度、红外空间分辨率以及中红外光谱分辨率。其目的是在0.6～28 μm范围内进行空间探测，探测宇宙大爆炸以来首个发光体、银河系演变、恒星系行星系的诞生等。JWST计划于2021年发射，主要构成为可展开口径6.5 m的主镜以及4台主要有效载荷：近红外摄像机（NIRcam）、近红外光谱仪（NIRSpec）、中红外仪（MIRI）、精细导星感测器（FGS）。其中，MIRI由于对红外的敏感度高，需要较低的温度6.2 K，另外三台仪器则只需降温至36～40 K即可达到要求（刘东亚等，2013）。

由于JWST（图6.3）所处轨道位于第二拉格朗日点，距离太阳很远，因此采用被动的辐射制冷方法便能使背阳一侧获得30～50 K的低温，NIRcam、NIRSpec和FGS无须额外的

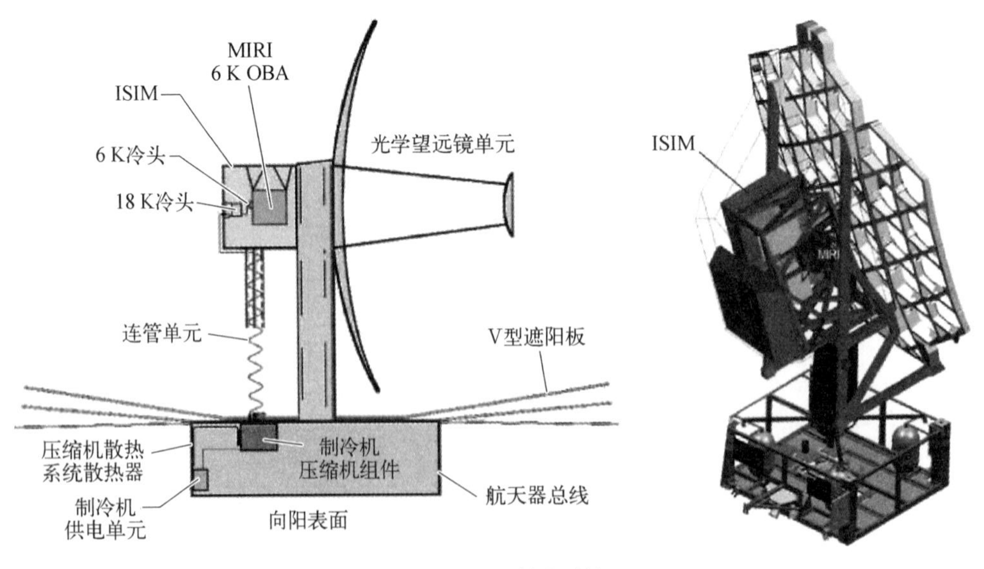

图6.3 JWST制冷系统

主动制冷设备。而MIRI的光学模块及焦平面阵列采用了先进制冷机研发项目中由诺斯罗普・格鲁曼公司提出的设计方案，实施6 K以下温区的冷却。该系统采用混合式6 K/18 K双级J-T循环低温制冷机，并采用牛津型线性压缩机驱动的三级脉管制冷机预冷，J-T节流制冷技术可利用He在10 K以下温区的非理想特性获得较高制冷效率。最终，制冷性能分别达到65 W@6 K和77 W@18 K（Ross，2005）。随后，为提高整体性能，MIRI光学组件添加了主动冷却的热屏蔽，要求制冷机在冷却光学器件的同时使热屏蔽维持在23 K。JWST成了第一个采用机械制冷机取代固氢/液氦杜瓦制冷的空间探测项目。

6.3 空间红外望远镜低温系统集成

SPICA是日本宇宙航空研究开发机构（Japan Aerospace Exploration Agency，JAXA）与ESA联合的前瞻性计划，预计于2020年后发射，环绕第二拉格朗日点运行。其任务包括揭示银河系的起源和演变，以及行星系的形成过程。SPICA将会通过其2.5 m口径的望远镜在5～210 μm波长范围内对宇宙进行探测与成像。其主要载荷分别为SPICA中红外设备和SPICA远红外设备。SPICA最终选择了带有V槽结构遮阳板且望远镜水平放置的结构（图6.4）。有效载荷舱中的科学仪器组件要求冷却至8 K以下，其中SMI设备要求1.8 K的低温，而SPICA远红外设备中的超导转变边缘传感器设备需要50 mK的低温（Shinozaki et al.，2016）。

SPICA采用了辐射制冷与机械制冷相结合的方式，由于用机械制冷方法替代了储液杜瓦制冷方式，大大减少了飞船质量。系统采用了8台两级斯特林制冷机和4台J-T制冷机（含备用）为SIA制冷。通过被动辐射制冷方式，第三层V槽结构遮阳板可冷却到45 K，靠近镜筒的遮阳板由两级斯特林制冷机通过热传输带进行冷却，可冷却至25 K，两级斯特林制冷机性能可达200 mW@20 K。除此之外，两级斯特林制冷还要为4 K的J-T制冷机以及1 K的J-T制冷机分别提供20 K、15 K的预冷。4 KJ-T制冷机工质为^{4}He，制冷能力为40 mW@4.8 K，保证遮

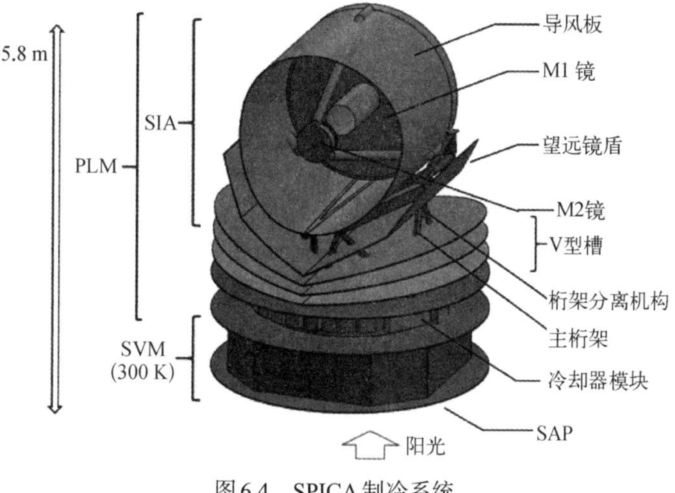

图6.4　SPICA制冷系统

光罩处于8 K的工作温度，冷却主镜。1 K J-T制冷机工质为^{3}He，制冷能力为10 mW@1.8 K，为SMI以及SAFARI提供制冷，而对于TES设备，需要进一步采用吸附式制冷机和绝热去磁制冷机冷却至50 mK（Ogawa et al., 2016）。

6.4 风云四号卫星低温系统集成

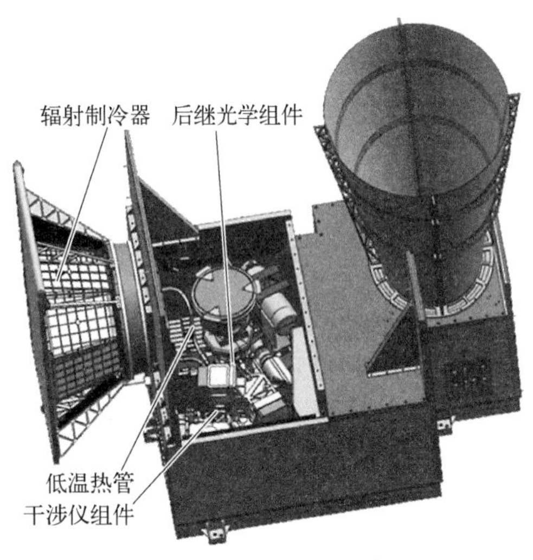

图6.5 低温光学制冷子系统在探测仪上的布局

风云四号是我国新一代气象卫星，于2016年12月11日发射成功，其上搭载了大气垂直探测仪，它采用空间傅里叶干涉成像技术获得红外光谱，用于探测大气温度、湿度垂直分布廓线和云参数等，是风云四号的关键有效载荷之一。为了保证大气垂直探测仪的工作环境，采用了特定的低温光学制冷子系统集成对其进行热控。低温光学制冷子系统是大气垂直探测仪的重要组成部分之一（图6.5），用来降低探测仪的背景辐射，提高探测灵敏度。该系统由辐射制冷器、冷量传输单元（低温热管、柔性冷链）、隔热支撑等组成，辐射制冷器的有效热负载为后继成像光路（包括后光路及探测器杜瓦组件）。该系统有效地将辐射制冷器的冷量传输到后继光学部件，将后继光学部件工作温度控制在（200 ± 1）K，并同时保证低温光学部件以及干涉仪框架具有均匀的温度场和较高的温度稳定性，减小部件低温形变产生的光路偏移，使干涉仪工作温度控制在（290 ± 5）K，其工作原理如图6.6所示。

风云四号卫星大气垂直探测仪低温光学制冷子系统设计采用“辐射制冷器+低温热管+柔性冷链”的方案，通过采用PID主动控温方案实现温度稳定性的控制。系统采用辐射制冷器作为冷源，乙烷低温热管及高导热柔性冷链作为冷量传输单元。辐射制冷器通过与

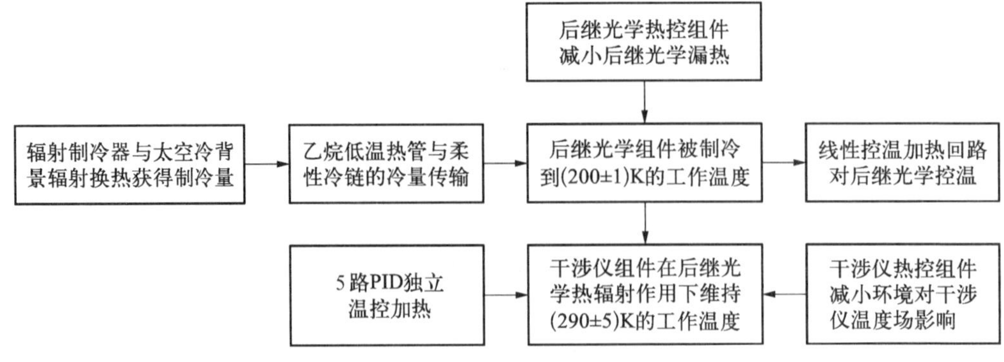

图6.6 低温光学子系统工作原理框图

太空冷背景进行辐射换热的方式获得制冷量，冷量传输单元将辐冷器的冷量传输到后继光学组件，从而实现后继光学及探测器杜瓦的降温，通过对后继光学采取均温化设计，减小整个后继光学的温度场梯度，减小后继光学结构由材料的低温形变对红外探测性能造成的影响。在后继光学组件冷却至200 K后，通过其辐射作用可继续对干涉仪进行冷却，并采用5路PID控温方式实现对干涉仪的控温。

大气垂直探测仪低温光学辐射制冷器采用单级冷块制冷方案，设计了铝合金镀镍抛光平板拼接的锥型太阳屏结构。一级冷块与辐冷壳体之间采用杯状支撑隔热连接，保证结构的强度和力学稳定性。辐冷器的外壳、太阳屏和辐射板共同组成外壳级。外壳通过环氧玻璃钢安装座与大气垂直探测仪南散热板连接，由太阳屏和辐射板通过与外太空进行辐射换热获得辐冷器整个壳体级的平衡温度，并屏蔽太空外热流，确保一级冷块具有足够的制冷量，满足低温光学部件的低温工作需求。辐冷器一级组件通过三个隔热玻璃钢支撑于辐冷外壳，一级冷块具有高发射率的辐射面，通过与太空冷背景辐射换热的方式获得制冷量。

通过辐射制冷器获得的制冷量经过与一级组件连接的低温热管相耦合，将冷量传输到后继光学组件。热管蒸发端通过柔性冷链与后继支架连接，后继支架与探测器杜瓦直接耦合，将辐冷的冷量传输到探测器杜瓦，这样，杜瓦组件便可降低到工作温度。

干涉仪周围环境温度正常工作范围为(290 ± 5)K，通过辐射换热进行冷却，当干涉仪周围环境温度高于295 K时，200 K的后继光学镜筒便对其以辐射换热的方式进行制冷，若干涉仪周围环境温度低于285 K时，由5路PID加热回路进行加热，使温度得到有效控制。

为了减小低温光学子系统的漏热，对低温热管和后继光学组件进行40层隔热多层组件包扎。对干涉仪组件进行20层隔热多层组件包扎。低温热管在研制过程中采用常温氨槽道热管工艺，有效地遏制其在工作时的工质泄漏问题，大大增加了其工作寿命。另外，在辐冷器一级冷组件和后光路控温、测温中均采用了主备方案，增强了关键测控温的可靠性。

6.5 本章小结

随着低温光学技术逐渐成为提高仪器灵敏度和分辨率的重要手段，低温系统集成技术在红外探测技术领域中越发重要。本章分别介绍了哈勃太空望远镜（HST）、詹姆斯·韦伯太空望远镜（JWST）、空间红外望远镜（SPICA）三大享誉国际的低温光学系统，引出低温系统集成概念、技术特点和热机结构设计考虑，进而以国内风云四号气象卫星低温集成系统为典型案例，介绍了低温光学子系统的在探测仪上的布局和工作原理，阐述了大气垂直探测仪制冷光学辐射制冷器采用的单级冷块制冷方案和辐射制冷器制冷量与一级组件连接的低温热管相耦合方案，进一步阐述了低温光学系统的漏热控制策略，以便让读者系统了解低温系统如何整合到不同的总体结构中。

参 考 文 献

刘东立，吴镁，汪伟伟，等.2013.詹姆斯·韦伯太空望远镜低温制冷系统的发展历程.低温工程，(6)：56–62.

Gonzaga S, Al E. 2012. Hubble space telescope primer for cycle 21. Hubble Space Telescope Primer. http://adsabs.harvard.edu/[2012–12].

Jedrich N M, Cheng E S, Petro L. 2003. Cryogenic cooling system for restoring IR science on the Hubble Space Telescope. Proceedings SPIE, 4850: 1058–1069.

Ogawa H, Nakagawa T, Matsuhara H, et al. 2016. New cryogenic system of the next-generation infrared astronomy mission SPICA. Edinburgh: SPIE Astronomical Telescopes and Instrumentation.

Ross R G. 2005. A Study of the Use of 6 K ACTDP Cryocoolers for the MIRI Instrument on JWST. Boston: Springer: 15–24.

Shinozaki K, Ogawa H, Nakagawa T, et al. 2016. Mechanical cooler system for the next-generation infrared space telescope SPICA. Edinburgh: SPIE Astronomical Telescopes and Instrumentation.

第7章 其他形式空间制冷技术

7.1 液化气体杜瓦

在空间制冷技术应用中，有时出于减少所耗电功和经济性的考虑，常常会采用储液式制冷方式，其原理是采用所携带的低温液体在低温下的相变特性对载荷进行热量吸收。因此通过消耗亚临界、超临界状态下的深低温液体，可对对应的设备进行简单、持续、低电功耗的制冷及控温（程德威等，1999）。其温度范围可覆盖1.5 K（超流氦）至150 K（固态NH_3）。常见的液体制冷剂及其沸点为：氩Ar（87.5 K）、氮N_2（77.4 K）、氖Ne（27.1 K）、氢H_2（20.3 K）、氦He（4.2 K）。然而，由于该方法长时间运行时会消耗所储存的一次性制冷剂，而制冷剂量的多少直接影响制冷系统的寿命，同时制冷剂还受负载质量要求的限制，因此储液式制冷方式因不能长时间制冷而受限。

在实际空间深冷系统中，由于极低温较难获得，故在众多需要极低温环境的卫星上，仍需要以氦作为制冷介质来提供液氦温区的制冷量，因此超流氦杜瓦受到了广泛的关注与应用。

正常的液氦一般表示为He Ⅰ，超流氦则表示为He Ⅱ。在1个标准大气压下（$1\ atm=1.013\ 25\times10^5\ Pa$），液氦的沸点为4.215 K（$^4He$），该气压下不会凝固，加压至高压（25 atm）时才有可能出现固态。液氦能在接近0 K的环境下工作，并且在不同温区有不同的状态，分别为：超临界态（大于5.2 K）；正常态（2.18 ～ 5.2 K）；超流态（小于2.17 K）。

超流氦的获取方式有如下几种（郑金宝，1992）。① 直接节流：采用节流阀将饱和的液氦节流至1.6 kPa，得到压力1.6 kPa、温度1.8 K的饱和超流氦液体与饱和蒸汽的混合物，对应图7.1中1—2的等焓过程。② 带有预冷的节流：是对直接节流方案的改进，对应图7.1中1—5—6，即增加了1—5的预冷过程。相比直接节流，该方式提高了超流氦的液体率。③ 抽真空获取：先将液氦容器真空维持在5.3 kPa，使液氦温度降到2.2 K左右，再将杜瓦抽真空至1.6 kPa，对应图7.1中1—3过程。理论上能得到100%的超流氦液体率，但设备比较复杂，需增设真空泵系统和液氦杜瓦。④ 抽真空与节流结合：先抽

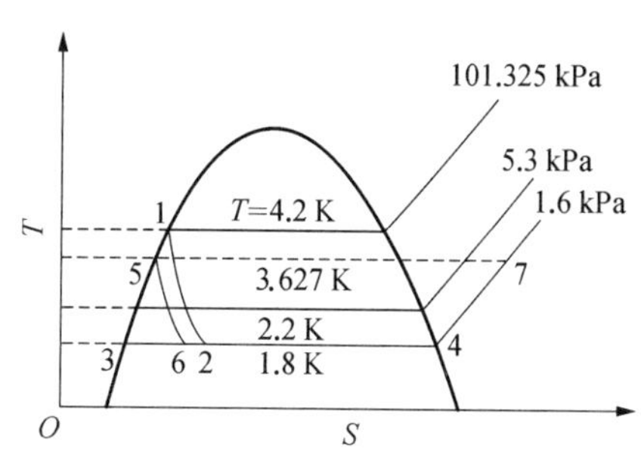

图7.1 液氦焓熵图

真空至5.3 kPa,再进行节流,可对③进行适当简化,得到90%左右的液体率。

由于超流氦性质的特殊性,经常采用超流氦作为工作工质,其特性表现在以下几个方面。① 超流性,即无黏性,液氦的黏滞度随温度下降而增高,温度下降至He Ⅱ温度时能沿极细毛细管(0.1 μm)流动,不呈现任何黏性。超流性的本质即为玻色-爱因斯坦凝聚现象,此时超流氦中存在两部分,其中仍有一部分液氦原子处于激发态中。② 热效应,包括机-热效应和热-机效应,其中机-热效应是机械力引起的热量迁徙,外力注入使得液氦压力升高时,液氦中低熵的超流成分能通过毛细管或多孔塞,高熵正常成分不能通过,熵降低的一侧温度降低,熵增高的一侧温度升高。而热-机效应为上述过程的逆过程,液氦受热后,内部成分变化,低熵的超流成分减少,与其用毛细管或多孔塞相连的另一侧中的超流成分会被吸入,形成压力差。③ 超导热性,当液氦降压减温时,开始会发生强烈的汽化,伴随大量的气泡,随着压力下降,温度达到2.17 K(λ点)以下时,液面呈现镜面,这表明He Ⅱ中不存在温差,超流氦不符合傅里叶导热定律。

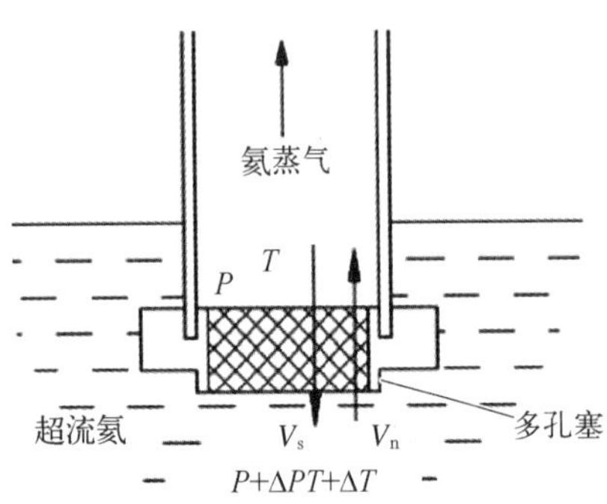

图7.2　多孔塞相分离器原理图

超流氦的超流性、热效应以及超导热性使得超流氦在对空间负载器件有良好制冷效果的同时,能克服微重力条件下由气液相不随重力场分布造成的排出质量难以控制的麻烦。超流氦杜瓦中,气液相分离技术是一项关键的技术,利用超流氦热机效应,通过多孔塞相分离可使汽化后的氦蒸气排向外太空(余兴恩等,2004)。其工作原理如图7.2所示。

根据热机效应,液氦中超流的部分会穿过多孔塞,从低温部分流向高温部分,超流氦会流向液体内部,被动地使超流氦不随氦蒸气流失。超流氦在多孔塞下游受热而蒸发,于是沿流动方向建立了温差与压差,由于温差的影响,处于低温的下游中的超流氦部分会向高温的上游流动,反向穿过多孔塞,于是防止了超流氦的泄漏。

超流氦杜瓦中涉及的其他关键技术包括:保证杜瓦能够承受过载、冲击、震动的支撑系统;多层绝热设计和工艺;用于液氮预冷杜瓦;焊在杜瓦内胆外壁的预冷盘管;位于杜瓦内部、防止液氦减压出现热分层而两相共存的热交换器;温压测量、控制系统和液氦补给系统等。

下面就国际大型空间项目中超流氦杜瓦的应用情况做简单介绍。

图7.3是美国NASA的红外天文卫星(IRAS),其工作时间为1983年1～11月,是第一台空间超流氦杜瓦(Urbach et al., 1978),用于口径为0.57 m的红外望远镜的冷却,超流氦储量480 L,首次采用多孔塞相分离器,杜瓦采用了9根环氧树脂玻璃纤

图7.3　IRAS上第一台空间应用的超流氦杜瓦

维支撑带进行支撑，采用3个蒸汽冷却的热屏蔽和多层隔热系统，外壳通过辐冷方式冷却至170 K。

图7.4为美国NASA的宇宙背景探测器，其工作时间为1989年11月至1993年12月，其超流氦杜瓦沿用与IRAS同样的设计，用于远红外绝对分光光度计和漫射红外线背景试验设备的冷却，超流氦储量650 L。杜瓦为环形结构，液氦沿着通信阵列附近的旋转轴流出，包含远红外绝对分光光度计和漫射红外线背景试验的低温光学集成用螺栓连接，焊接于低温罐尾部的法兰上，低温罐采用12根环氧树脂玻璃纤维张力带与真空壳相连，真空壳通过杜瓦支撑结构安装在探测器上，该支撑结构的材料采用了钛金属，以便减少热传导。真空壳和低温罐由铝制成。

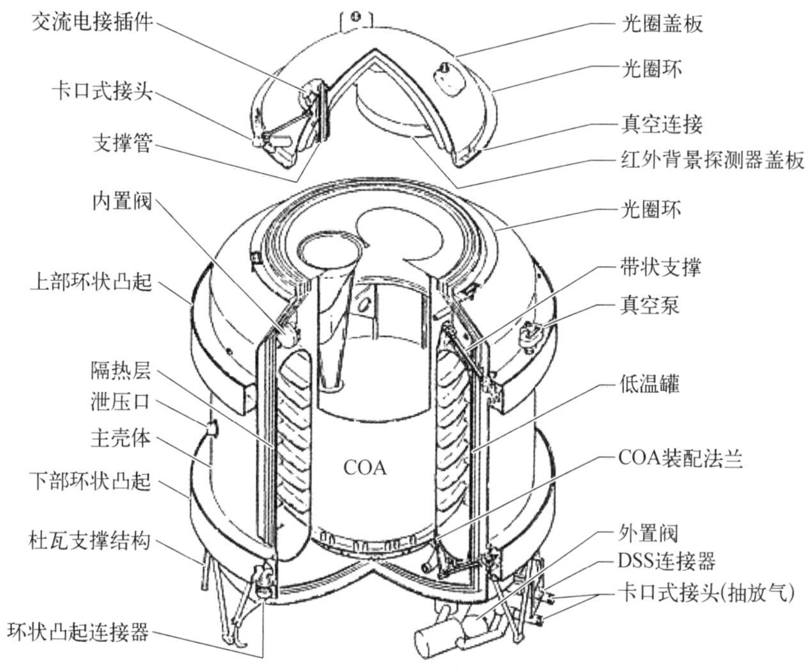

图7.4　宇宙背景探测器超流氦杜瓦系统

图7.5为日本ISAS的空间红外望远镜（Fujii et al., 1992），其工作时间为1995年3～4月，作为太空飞行器单元的载荷，其上口径0.15 m的望远镜由超流氦杜瓦冷却至1.8 K，超流氦储量100 L。空间红外望远镜上的超流氦杜瓦由超流氦罐、红外望远镜、焦平面仪器、三台蒸汽冷却的辐射屏蔽（IVCS、MVCS、OVCS）以及外壳构成，采用低热导率支撑带来减少热损。

ESA发射的红外线太空天文台，其工作时间为1995年11月至1998年4月，杜瓦超流氦储量为2 200 L，是口径0.6 m的低温望远镜制冷，使望远镜上设备工作温度达到1.8～10 K。ESA还发射了远红外空间望远镜，后更名为赫歇尔空间天文台（Hohn et al., 2004），其工作时间为2009年5月至2013年4月，用于将口径为3.5 m的望远镜冷却至1.6～20 K，超流氦储量约为2 000 L。

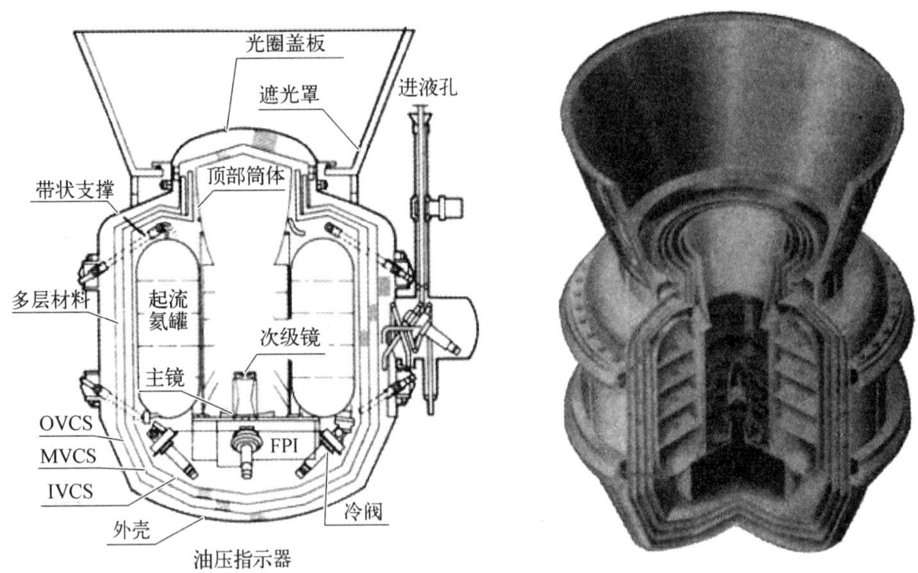

图7.5　IRTS超流氦杜瓦

图7.6为空间红外望远镜的超流氦杜瓦，即后来的斯皮策太空望远镜（Spitzer），其工作时间为2003年8月至今，用于口径为0.85 m的红外望远镜的冷却，超流氦储量360 L，其中探测器阵列由杜瓦直接冷却，冷却温度范围为1.4 ～ 10 K，望远镜通过排气冷却至6 K。

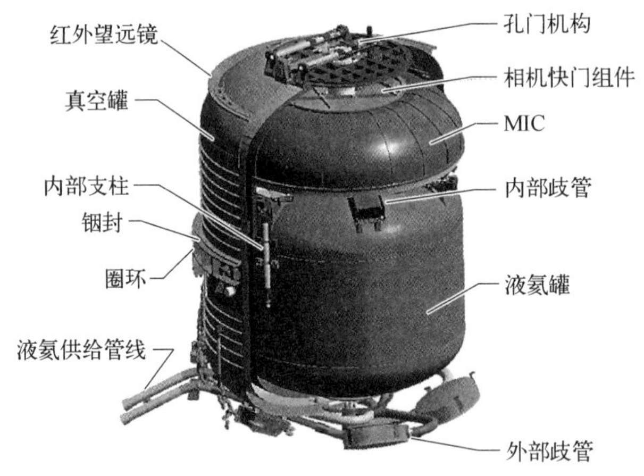

图7.6　SIRTF超流氦杜瓦

2005年，美国NASA发射了X射线光谱仪（Breon et al., 1996），寿命2.5 ～ 3年，采用由超流氦杜瓦提供制冷的绝热去磁制冷机冷却至65 mK，杜瓦超流氦储量25 L，由日本的17 K固态氖杜瓦将其冷却至1.3 K，固态氖杜瓦又由住友集团的斯特林制冷机提供制冷。该设备达到58 mK的稳定状态，达到空间低温新纪录。

其他涉及超流氦杜瓦的空间任务还有：1996年NASA的高级X射线天文物理学装置，超流氦储量200 ～ 400 L，寿命8年；20世纪90年代NASA的广义相对论实验、超流氦储量

1 580 L，工作寿命15个月；20世纪90年代末NASA的毫米波红外跟踪，超流氦储量1 025 L，工作寿命2年；2000年NASA的大型展开式反射器，超流氦储量10 000 L，工作寿命5年；1998年天体磁学实验室，超流氦储量3 100 L，寿命6～8年；1997年临界点现象实验室，超流氦储量200 L，寿命5年；普朗克天文台，工作时间为2009～2013年，超流氦杜瓦向其提供了0.1 K的制冷，并于2012年1月耗尽；引力探测器B（GPB），工作时间为2004年4月～2005年9月，其超流氦杜瓦由洛克希德·马丁空间系统公司制造，超流氦储量2 440 L，制冷温度为1.8 K。

7.2 布雷顿制冷技术

布雷顿循环是在1876年由Brayton提出，可用于热力发动机循环，而逆向布雷顿循环用来制冷，简称布雷顿制冷循环。布雷顿循环制冷机不同于回热式制冷机，首先它采用间壁式换热器进行冷热流体的热交换；其次布雷顿循环制冷机系统中采用了透平膨胀机，利用气体在膨胀机中的绝热膨胀过程来获得冷量。

理想的布雷顿制冷循环由两个等熵过程与两个等压过程组成，经过简单的热力学推导，可以得到其效率为

$$\varepsilon = \frac{1}{\frac{T_a}{T_c}\left(\frac{p_h}{p_l}\right)^{\frac{\kappa-1}{\kappa}} - 1} \tag{7.1}$$

式中，T_a和T_c分别为环境温度和制冷温度。从该式可知，布雷顿制冷循环的热力学效率小于相同环境温度和制冷温度时的卡诺效率。降低环境温度，提高制冷温度以及采用低压力比都会使制冷系数得以提高。理论分析指出，布雷顿制冷循环具有最佳压力比，在最佳压力比下对应的输入功和机器质量最小，通常，最佳压力比为2.5～3（陈国邦和汤珂，2010）。

实际的布雷顿循环制冷机系统主要由压缩机、级后冷却器、间壁式逆流换热器、透平膨胀机以及冷箱组成，如图7.7所示。布雷顿循环制冷机一般采用氦气作为制冷工质，也有采用其他气体（如氢和氖等）作为工质的。不同于回热式低温制冷机，布雷顿制冷机系统中的制冷剂在闭合回路中为连续流动，从而回避了对回热材料的需要。图7.8是布雷顿循环制冷机的主要部件实物图（Breedlove et al., 2013）。

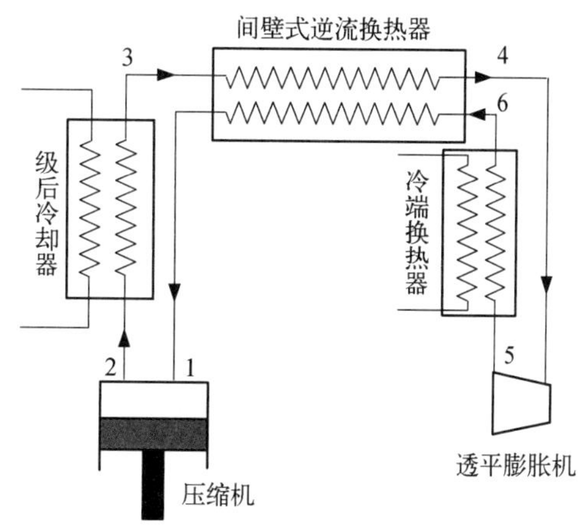

图7.7　具有间壁式换热器的布雷顿循环制冷流程

布雷顿循环制冷机具有质量轻、整机紧凑、可靠性高、振动小等优点。在制冷量需求

压缩机

回流换热器

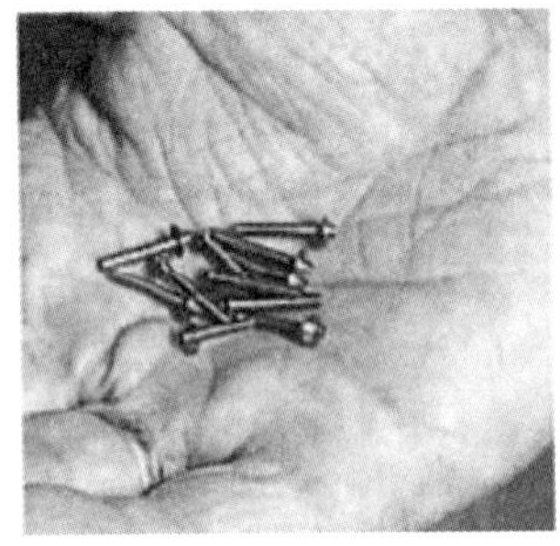

涡轮(透平)

图7.8　布雷顿循环制冷机的部件

较大的情况下，仍能保持较高的效率，使得它经常被用于太空任务中制冷温度低且对制冷量有较大需求的场合。

1994年，Creare公司研制了一台可在两相区内运行的微小型布雷顿循环制冷机，并在费米实验室进行了相关测试。膨胀机转子直径仅为4.76 mm，设计转速384 000 r/min，设计制冷量444 W。通过费米实验室的控制系统调节膨胀机的进口温度和压力以及通过阀门控制流量，测试显示，膨胀机的排气口处于两相区下仍能稳定工作数小时，但是膨胀机的喷嘴被管道和过滤器间的碎片堵塞，导致流量减小以及效率低下（Sixsmith et al., 1990）。

图7.9　NICMOS制冷系统

2002年3月，哈勃太空望远镜发射，HST上的近红外照相机和多目标光谱仪等器件由Creare公司研制的NICMOS制冷系统（NCS）冷却，NCS内采取的就是布雷顿循环制冷机，这是布雷顿循环制冷机首次在太空探索中得到应用。图7.9为NICMOS制冷系统实物图，NCS能在70 K的制冷温度下制取7 W的冷量，2005年的监测数据显示，NCS稳定运行3年多后，未出现性能衰减的现象（Breedlove et al., 2013；Ross et al., 2004；Swift et al., 2003）。

2009年，日本研制了世界上首台采用氖作为工质的布雷顿循环制冷机，预计在70 K下可提供2 kW的制冷量，实际运行发现，制冷机可在

65 K制冷温度下提供相同的冷量，主要用于冷却高温超导系统中的液氮，使之处于过冷状态。选用氖作为工质的原因主要是考虑到氖比氢和氦具有更高的热容及相对分子质量，有利于制冷机的轻量化和小型化。该制冷机系统由一台往复式压缩机、级后冷却器、氖换热器、冷箱以及直径仅有25 mm的微小透平膨胀机组成，其中，透平膨胀机的最高转速可达1 000 000 r/min，实际运行情况表明，膨胀机的理想转速为96 000 r/min，制冷机效率可达0.047，高于设计效率0.04（Hirai et al., 2009）。图7.10为氖工质布雷顿循环制冷机系统部件图。

图7.10　氖工质布雷顿循环制冷机部件

2014年，Creare公司研制了一台两级布雷顿循环制冷机，制冷机的工质为氦气，采用3台压缩机串联的方式，为制冷机系统提供合适的压比。该制冷机可用于10～20 K的空间制冷。试验显示，样机的最低制冷温度可达8.9 K，能提供128 mW@10 K或500 mW@18.5 K的制冷量，其中，在中间温度62～68 K下可以获得1.6～3.5 W的制冷量。该制冷机的研制和测试工作将对美国国防部和NASA未来的任务产生极高的价值（Breedlove et al., 2013）。图7.11为Creare公司研制的两级布雷顿循环制冷机样机图。

我国自20世纪60年代起就在低温工程领域引进了布雷顿循环制冷机，西安交通大学于70年代开始研究气体轴承技术，并于80年代研制出了国内首台气体轴承透平膨胀机。我国

图 7.11　Creare公司研制的两级布雷顿循环制冷机样机

的航空航天领域对布雷顿循环制冷机的研究始于1994年，并于次年研制出第一台布雷顿循环制冷机（Hou et al., 2006）。

用于布雷顿循环制冷系统的压缩机和膨胀机通常有活塞式与透平式两种，机器类型的选择应视使用条件、装备的大小及制造条件而定。对于制冷量大的装置，采用透平机械较为合适，这是因为它的效率高、运行可靠、连续运转时间长。但其一般采用气体轴承和间隙密封技术，这样可以让转子高速运转成为可能，而气体轴承也是该项技术的关键和难点所在。

7.3　VM制冷技术

VM制冷机属于热压缩机驱动的斯特林（无配气阀门，仅采用容积变化来控制流率）制冷机，最早是在1918年由维勒米尔（Vuilleumier）提出的。VM制冷机与斯特林制冷机的区别在于两者的驱动方式不同，前者采用由气缸、高温排出器、高温回热器和高温端换热器组成的热压缩机系统驱动，而后者采用机械压缩机驱动，如图7.12所示。VM制冷机的优势在于不使用机械压缩机，而直接利用热能作为驱动力的主要来源，前者使VM制冷机不需在封闭空间内压缩气体，使用寿命长；后者使VM制冷机在有可供利用的高温热能场合具有很高的适应性，如可利用反射性同位素放出热量、航空中太阳能、废热能或焚烧矿物材料等。

对于热压缩机系统，高温排出器与室温换热器行程的工作腔为室温腔，高温排出器与高温端换热器行程的工作腔为高温腔。室温腔和高温腔通过回热器连通，工质在两个工作腔之间等容流动，系统总体积（主要为高温腔和室温腔）恒定。高温排出器向高温端加热器运动时，工质从高温腔通过高温回热器流向室温腔；高温排出器向室温端换热器运动时，工质从室温腔通过高温回热器流向高温腔。由于高温腔温度远高于室温腔，当高温排出器移动到最下端时，高温腔体积达到最大，工质集中在高温腔，系统压力达到最大；当高温排出器移动到最上端时，高温腔体积达到最小，工质集中在室温腔，系统压力达到最小。高温排出器的往复运动在高温腔和室温腔之间产生等容交变质量流，从而产生压力波，通过与膨胀机部分直接相连的室温换热器驱动膨胀机，实现制冷效果，并且，高温排出器和膨胀机中的低温排出器的运动是相互关联的，以使热压缩机产生的压力波能够正确地驱动膨胀机部分，实现斯特林循环制冷。在实际运行中，高温排出器的运动相位角要滞后于低温排出器约90°（陈国邦和汤珂，2010）。

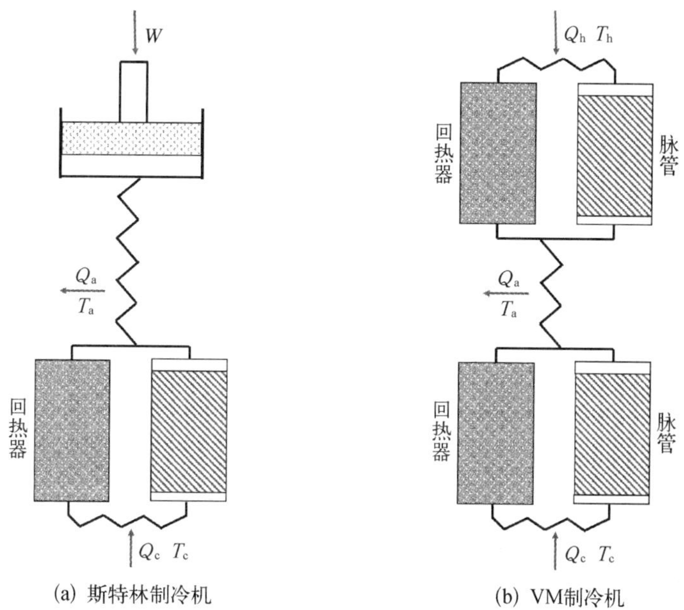

图7.12　回热式低温制冷机流程图

早在20世纪60年代，为满足军事应用需求，美国空军就在加利福尼亚州的休斯飞机公司（Hughes Aircraft）和纽约布莱尔克利夫（Briarcliff）庄园的飞利浦实验室开展了VM制冷机的研究工作（Ross and Boyle, 2006）。

1971年10月，RM-19发射后仅仅数月，首台具有先进技术的制冷机——休斯飞机公司生产的两级VM制冷机（图7.13），作为国防部SESP 71-2的技术示范任务的一部分，因参与了天图绘制计划而搭载升空。在427 W的输入功率下，制冷机在60 K下提供3.5 W的制冷量，13 K下提供0.15 W的制冷量。系统累积运行时间1 179 h，其中包括发射前689 h的检查时间以及490 h的轨道运行时间。系统运行在额定工况附近，排热冷却剂回路失效时会导致系统关停。在轨道运行过程的大部分时间内，该装置都维持在特定的温度。

图7.13　休斯飞机公司两级VM制冷机

图7.14　休斯飞机公司采用双对置活塞的三级VM制冷机

之后，VM制冷机的研究工作致力于三级机，在2 700 W的输入功率下，在11.5 K时有0.3 W制冷量，33 K时有10 W制冷量，75 K时有12 W制冷量。飞利浦的装置在减振菱形结构中采用双旋转轴，而休斯的装置采用了平衡振动的对置活塞（图7.14）。由于VM循环是热力驱动的，因此运行时直接采用放射性同位素或太阳能热源是可行的，并在这基础上对这种类型的系统做了大量研究。与此同时，NASA的戈达德太空飞行中心在1969年开始支持单级VM制冷机技术，以供美国国家航空航天局在更高温度下应用，于是诞生了由盖瑞特艾雷赛奇（Garrett AiResearch）公司制造的低温制冷机，在300 W的输入功率下，当温度为75 K时制冷量为7 W，并且测试运行了6 000 h。

20世纪80年代，美国国防部VM制冷机研发计划工作的焦点放在了休斯飞机公司“Hi Cap”制冷机的研发，如图7.15所示。这台三级制冷机的设计要求为温度在11.5 K时制冷量0.3 W，温度在33 K时制冷量10 W，温度在75 K时制冷量为12 W，并在2 700 W的最大输入功率下长时间运行。休斯飞机公司采用了干式润滑球轴承的润滑方式，并采用材料为含5%（质量分数）二硫化钼的Roulon A（注满聚四氟乙烯）的轴承套。该机器在冷、热排出器以及排出器驱动杆接口上的挠曲轴都采用了摩擦密封。过去的机器存在金属疲劳、内污染以及密封磨损等诸多问题。于是在20世纪80年代中期，新的工作得以开展，以改善“Hi Cap”制冷机的可靠性。工作内容包括对现存制冷机的大量测试试验，以对密封结构、蓄冷器以及其他组件进行评估。

图7.15　休斯飞机公司三级“Hi Cap” VM制冷机

1985～1995年，由于导弹防御低温制冷机技术方面经费的积极投入，制冷机的发展朝更小型、成本效益更高的方向发生了重大改变。1992年，所有关于VM制冷机的大型国防部项目都已终结，它们都未能应用于太空。相反，人们将焦点转向了更小体积、更高温度（50 ～ 80 K）下的低温制冷机。

7.4 J-T制冷技术

英国科学家Joule和Thomson在19世纪50年代首先研究了气体从高压等焓膨胀到低压导致温度降低的现象。气体在高压下流经管道中的小孔使压力显著降低的过程称为节流。从能量转化的角度看，由于气体经过节流小孔时的流速增大、时间短，来不及与外界进行热交换，因此可把节流过程近似看作绝热过程；由于节流过程有摩擦损失，因此是一个不可逆过程。气体在节流前后无对外做功，无换热，因此节流前后能量保持不变，即节流前后焓相等，这是节流过程的基本特点。需要注意的是，等焓节流是指节流前后的状态焓相同，并非节流过程沿着等焓线进行。焦耳–汤姆孙制冷机（Joule-Thomson cooler，以下简称J-T制冷机）就是利用实际气体非理想特性引起的Joule-Thomson节流效应来获得制冷的。

常见的硅基和锗基红外探测器需要工作在1 ～ 10 K的温区，而用于X射线观测的半导体辐射热计则需要更低的mK级温区。液氦温区不仅是很多探测器工作运行的必要条件，而且也是获得更低制冷温度的前提。为了实现液氦温区的深低温环境，采用传统的液氦直接冷却方案，具有技术相对成熟、无机械振动、无电磁干扰、可靠性高、功耗小等特点。但作为空间应用，其运行寿命受到所携带的液氦量的限制。空间探测器需要携带大量的液氦以满足足够的运行时间，意味着需要更大更复杂的杜瓦系统，这将造成整个装置的发射质量大大增加，发射成本也随之加大。

图7.16给出了实际气体在T–p图上的等焓曲线。从图中可以看出，在某些区域，等焓线斜率为正，通过节流膨胀能够使温度降低；而在另外的区域，等焓线的斜率为负，通过节流膨胀降压使温度升高。将等焓线上的极值点（曲线斜率变化拐点）的轨迹相连，即A—B—C—D—E—F，形成气体的转化曲线。被气体转化曲线所包围的区域为制冷区域，转化曲线之外的区域则为制热区域。

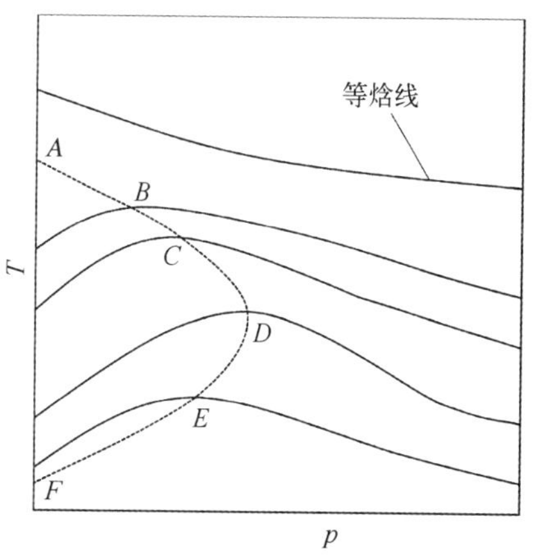

图7.16　实际气体在T–p图上的等焓曲线

图7.16中转化曲线上的点A对应的温度称为最高转化温度，其对应的压力为零。从图中可知，当初始的等焓膨胀的温度高于此温度时，无论压力多高，节流的结果只能使温度升高或维持不变。不同气体的最高转化温度见表7.1，据此可以将常见气体分为两类：最高转化温度高于室温者，即氨、二氧化碳、甲烷、氧、氩、氮和空气等；最高转化温度低于室温者，如氖、氢、氦。对于最高转化温度高于室温的气体，想要通过节流的方式进行制冷，必须通过采用膨胀等其他方法将之预冷到最高转化温度以下才能进行节流。

表7.1　不同气体最高转化温度

气体名称	最高转化温度/K	气体名称	最高转化温度/K
氨	1 194	氮	621
二氧化碳	1 500	空气	603
甲烷	939	氖	250
氧	761	氢	205
氩	794	氦	40

当温度低于15 K时，氦气的非理想特性显著，正好可以利用这一特性来获得较好的节流制冷效果。J-T制冷机由于没有冷端运动部件，因此具有工艺结构简单、寿命长、冷端机械振动和电磁干扰小等优点。加上J-T制冷机中的工质直流流动的特点，采用间壁式换热器，有利于实现压缩机和冷端换热器的远距离隔离，满足空间任务中长距离冷量输送的要求，随之带来的是轴向漏热小，有利于空间应用中需要备用机的情况，可以不采用热开关而进行直接耦合。另外，J-T制冷机的冷头可根据所需冷却的结构进行自由设计：可以在不增加冷头热容的情况下，在很大的面积上提供均匀的制冷，满足分布式供冷和多温位供冷的要求。

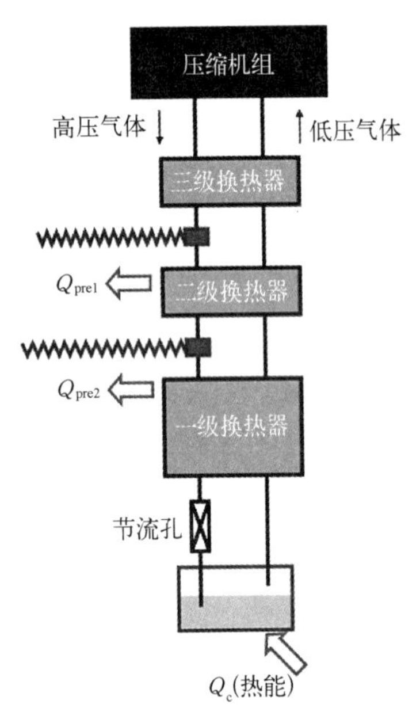

图7.17　典型的J-T制冷机结构示意图

图7.17给出了典型的J-T制冷机的结构示意图。压缩机单元可分为非机械压缩机和机械压缩机两类。前者主要采用吸附压缩机，是目前J-T制冷机研究的热点之一，具有无运动部件、机械振动和电磁干扰小等特点，但是吸附压缩机的效率普遍偏低，压缩机系统的结构也比较复杂；后者则工作在室温下，尽管压缩机单元无可避免地存在一定的机械振动和电磁干扰，但是机械压缩机技术相对成熟，系统结构简单，效率比较高，而且采用混合工质，因此也是目前J-T制冷机实际空间应用的主要驱动类型。对于工作在液氦温区的J-T制冷机，为了提高J-T冷头的效率，减小压缩机端的输入，有必要在数个中间温位对工作流体进行预冷。对于空间应用，斯特林制冷机和斯特林脉管制冷机正好可以胜任中间温位的高效预冷。图7.18是回热式制冷机预冷的液氦温区J-T制冷机结构示意图。采用这样混合制冷机的方案可以有效地发挥两种制冷机各自的优点。

1987年，英国卢瑟福·阿普尔顿实验室（Rutherford Appleton laboratory, RAL）与ESA签订合约，开展采用两级斯特林制冷机预冷J-T节流制冷机到达液氦温区的工作。该J-T节流制冷机被用于运行在L2轨道的Planck卫星中，为冷却高频器件的He−3/He−4稀释制冷机提供预冷，并随Planck卫星于2009年5月14日发射升空，至2013年4月29日仍未停止工作，标志着采用大压比线性压缩机驱动的液氦温区J-T节流制冷机第一次成功应用于空间探测任务。

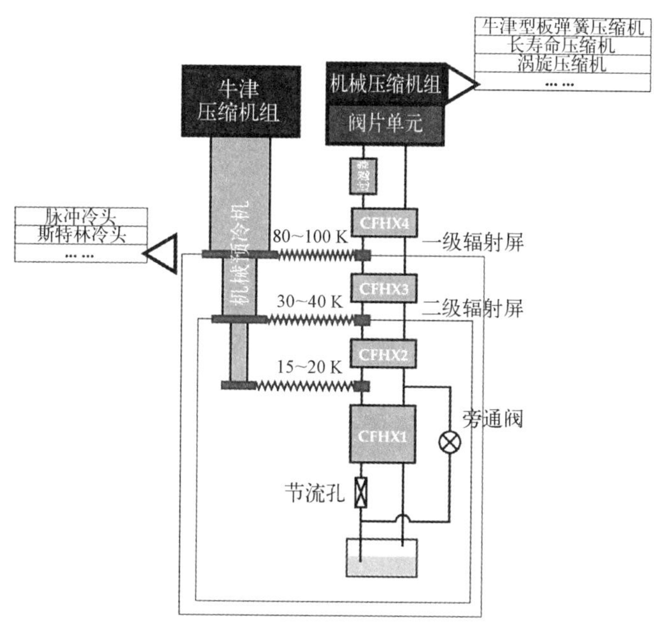

图7.18　回热式制冷机预冷的液氦温区J-T制冷机结构示意图

受到美国NASA的先进制冷机技术开发计划(Advanced Cryocooler Technology Development Program，ACTDP)项目牵引，ACTDP制冷系统结构示意图如图7.19所示，NGAS与Ball公司开展的大压比线性压缩机驱动的J-T节流制冷机被JWST(计划于2018年发射升空)选用，替代原计划的固氢杜瓦技术用于冷却中红外仪器(mid-infrared instrument，MIRI)，MIRI冷却系统结构示意图如图7.19所示。其采用的大压比压缩机由英国牛津大学、美国NGAS和英国Honeywell Hymatic公司在此前用于高效率脉管制冷机的线性压缩机基础上继续共同改造研制而成。

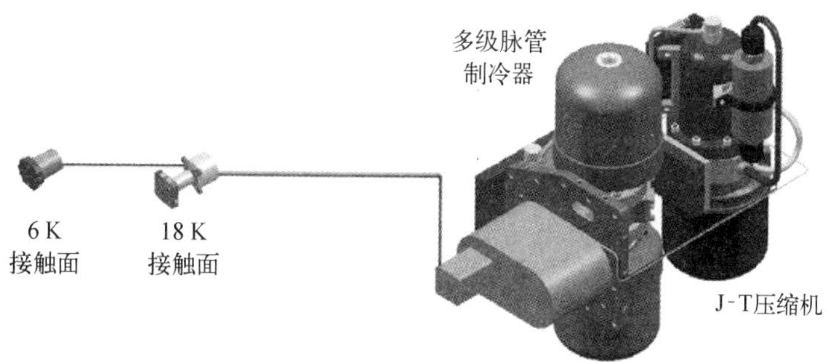

图7.19　ACTDP制冷系统结构示意图

2009年，NGAS尝试对MIRI的制冷机进行改动，在J-T循环中增加一级压缩机，使压比达到约10∶1，在4.4 K获得50 mW制冷量，制冷机总质量49.2 kg，计划用于EPIC(Experimental Probe of Inflationary Cosmology，将运行于L2轨道)项目，为冷却辐射热测定器的绝热去磁制冷机提供预冷，如图7.20所示。而Ball公司也开展了相关工作，其制冷机与NGAS的6 K制冷机相似，该机型能够达到4 K并产生20 mW制冷量，未被JWST项目选用；

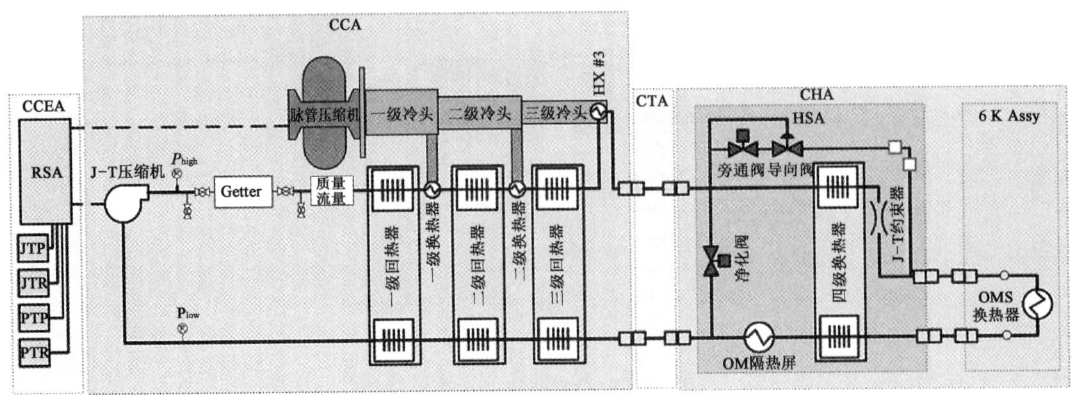

图7.20　MIRI冷却系统结构示意图

图7.21　脉管制冷预冷的J-T制冷机结构图

后者出现于2012年的报道，在4.5 K获得40 mW制冷量，其两级斯特林制冷机分别在68 K和17 K提供预冷，计划用于PIXIE（Primordial Inflation Explorer）项目，为冷却辐射热测定器绝热去磁制冷机提供预冷。

日本住友重机械工业株式会社从1993年开始在日本宇宙航空研究开发机构（Japan Aerospace Exploration Agency, JAXA）的支持下研制大压比线性压缩机驱动的液氦温区J-T节流制冷机。2009年之前该制冷机在4.5 K能够获得20 mW制冷量，被用于国际空间站的超导亚毫米波肢体发射探测器（superconducting submillimeter-wave limb-emission sounder, SMILES）中，如图7.22所示，冷却探测亚毫米波的超导体–绝缘体–超导体（superconductor-insulator-superconductor, SIS）混合器，在轨运行250天，大压比线性压缩机活塞磨损严重，导致性能下降。此后，大压比线性压缩机采用板弹簧替代线性球轴承支撑活塞以保证间隙密封。在2008年公布的最佳性能为：输入功为145.1 W时在4.42 K获得了50.1 mW的制冷量，高压1.999 MPa，低压0.121 MPa，质量流量为8.66 mg/s。该制冷机受到多个项目的青睐，目

图7.22 SMILES制冷系统

前已计划用在SPICA项目中冷却其红外探测器，在Astro-H（将运行于近地轨道）项目中为软X光能谱仪（soft X-ray spectrometer, SXS）的绝热去磁制冷机提供预冷。Astro-H的整套低温系统（包括绝热去磁制冷机在内）也成为高能天体物理望远镜（Advanced Telescope for High Energy Astrophysics, ATHENA，将运行于L2轨道）项目的备选方案，为X射线微量计量计（X-ray micro-calorimeter spectrometer, XMS）提供冷却。

2014年，中国科学院理化技术研究所（IPC/CAS）报道了一台空间应用的J-T制冷机原理样机性能，如图7.23所示，采用三级斯特林脉管制冷机预冷，总输入功为473 W（J-T节流制冷机为22.7 W），可达到无负荷温度为4.41 K，在4.54 K可获得接近12 mW制冷量。浙江大学的甘智华在液氦温区节流制冷方面获得了较好的制冷性能。

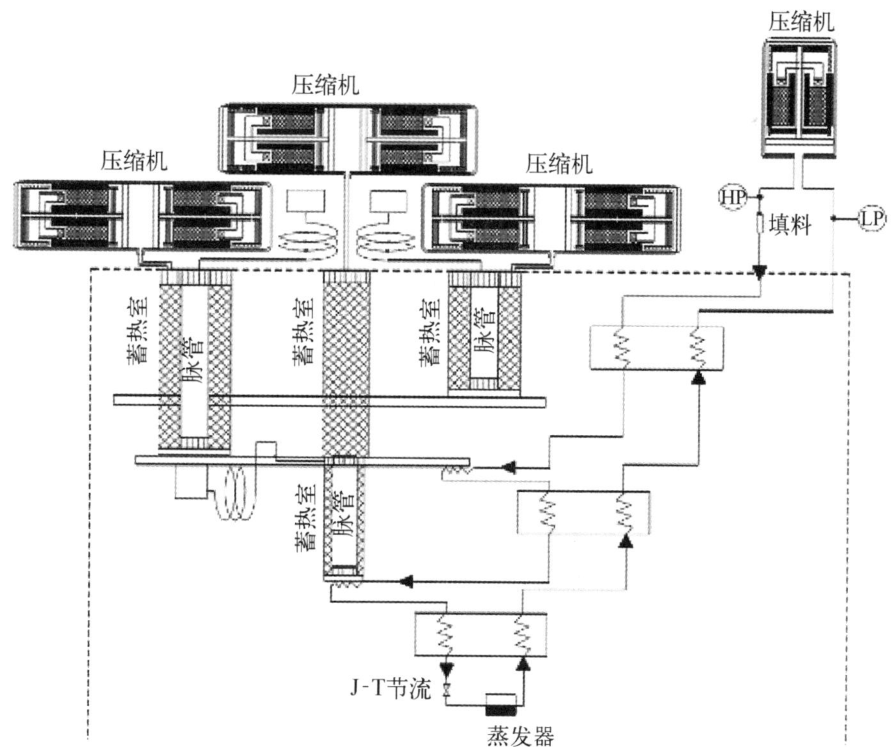

图7.23 三级脉管制冷机预冷J-T制冷机

7.5 固体制冷技术

固体制冷器是利用诸如氮、氢、氩、氖等固态制冷剂在空间与外界进行热量交换，制冷剂吸收热量而升华，并将蒸气排到太空的一种制冷设备。多层真空绝热处理的铝制容器，以高强度低热导率复合材料作为支撑，因其具有良好的绝热性能被用于存储制冷剂。因具有无振动、不消耗功、操作简单、可靠、制造成本低、温度稳定和比液体系统的质量及体积更小等优点，而广泛地运用于空间的各种飞行任务。设计时主要需要考虑的重要特征是单位质量和体积的热容、固态冷源的热导率、升华热、密度以及有效温度及压力范围（Timmerhaus and Flynn，2013；朱建炳，2010；雒慧云和吴纯之，1993）。

固体制冷器可分为单级制冷器和两级制冷器。其中两级制冷器利用不同制冷剂具有不同的升华潜热的原理，用升华潜热高的制冷剂作为辅助制冷剂来保护主制冷剂，减小漏热损失，延长制冷器的工作寿命（朱建炳，2010），常见的两级制冷器有氩/二氧化碳和甲烷/氨的固体组合。固态氢可以提供8 K的制冷温度，最大寿命一般为1年，而甲烷/氨两级固体制冷器在65 K制冷温区下可提供0.5 W制冷量，寿命比固态氢更长（Timmerhaus and Flynn，2013）。

1972年10月，SESPF-2卫星上的两台 γ 射线探测器使用单级固体二氧化碳制冷器来提供冷量。制冷温区为126 K，提供0.156 W制冷量，寿命为1年，实际工作7个月（雒慧云和吴纯之，1993）。

1975年和1978年，两颗雨云F和雨云G气象卫星成功发射，其结构见图7.24，其上装有甲烷/氨两级固体制冷器的红外辐射计。甲烷重6.4 kg，热负载为0.089 W，实际工作7个月；固态氨重5.5 kg，热负载0.226 W，实际工作1年（雒慧云和吴纯之，1993）。

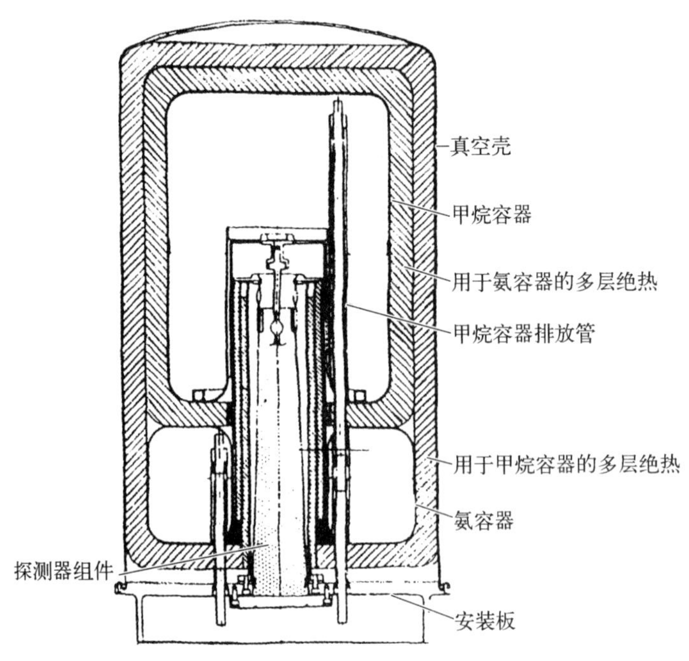

图7.24　用于雨云的两级固体甲烷-氨制冷器

1978年和1979年，美国宇航局又先后发射了HEAO–B、HEAO–C两颗高能天文观测卫星，使用的仍是甲烷/氨两级固体制冷器，用于冷却锗掺锂探测器，其结构如图7.25所示，随后几年又成功研制了寿命长达17个月的氖/甲烷辐射散热器的混合型制冷器（雒慧云和吴纯之，1993）。

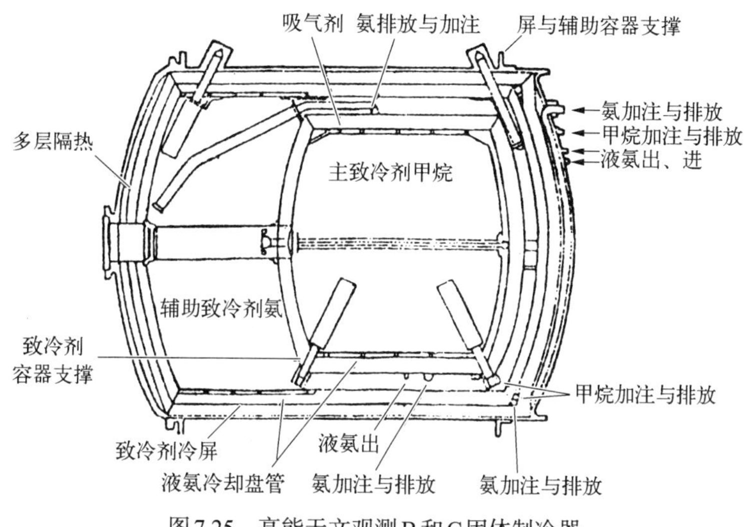

图7.25　高能天文观测B和C固体制冷器

1990年发射的哈勃空间望远镜采用的是固氮制冷器，为红外相机和多目标分光计提供冷量，制冷温区为58 K，是由一层气冷屏、二层热电制冷、固氮容器、绝热支撑组件和外壳组成的。1991年美国宇航局发射的UARS卫星上使用的氖/二氧化碳双级固体制冷器，用于冷却低温分光光谱仪，寿命为2年。在詹姆斯·韦伯空间望远镜的中红外照相兼光谱分析仪最初的设计中，采用的是固氢制冷器，如图7.26所示。光学系统采用固氢制冷器冷却至15 K，探测器焦平面采用另一个较小的固氢制冷器冷却至7 K，共装有固氢1 000 L（朱建炳，2010）。

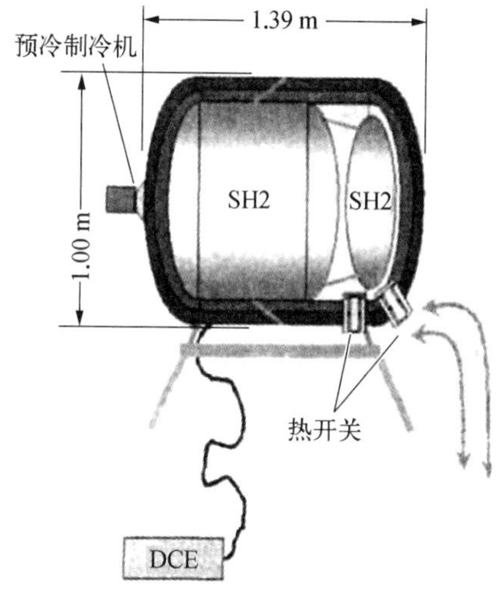

图7.26　空间望远镜固氢制冷器

固态制冷系统的主要缺点是相对于闭环系统和有限的存储寿命，这些系统需要真空灌装，且有充电要求。且随着工作寿命、制冷功率的增加，其对固态制冷器的质量和体积提出了更高的要求。

7.6　热电制冷技术

热电制冷材料是具有热电能量转换特性的材料，在通直流电时具有制冷功能，由于半导体材料（主要为碲化铋）具有最佳的热电能量转换性能特性，因此人们称之为热电制冷。热电制冷技术是建立于塞贝克效应、帕尔帖效应、汤姆孙效应、焦耳效应、傅里叶效应共五种热电效应基础上的制冷新技术。其中,塞贝克效应、帕尔帖效应和汤姆孙效应这三种效应表明电和热能相互转换是直接可逆的,另外两种效应是热的不可逆效应。

(1) 塞贝克效应:1821年,塞贝克发现在用两种不同导体组成闭合回路中,当两个连接点温度不同时($T_1 < T_2$),导体回路就会产生电动势(电流),其温差电动势E与两接头的温差ΔT和金属的温差电动势率α满足下列关系,$E=\alpha\Delta T$,这就是塞贝克效应。

(2) 帕尔帖效应:帕尔帖效应是塞贝克效应的逆过程。法国物理学家帕尔帖在1834年发现,当有外加直流电流流过由两种不同金属组成的闭合回路时,在一个接头上会有热量的吸收,而在另一接头上会有热量的放出。这种吸收或放出的热量称为帕尔帖热。

(3) 汤姆孙效应:当电流流过有温度梯度的导体时,除了产生与电阻有关的焦耳热,还要吸收或放出热量,这就是汤姆孙效应。由于在半导体中这种效应较弱,可以忽略不计。

(4) 焦耳效应:单位时间内由稳定电流产生的热量等于导体电阻和电流平方的乘积。

(5) 傅里叶效应:单位时间内经过均匀介质沿某一方向传导的热量与垂直这个方向的面积和该方向温度梯度的乘积成正比。

由此可见,热电制冷虽是以上五种效应共同作用的结果,但起主要作用的还是帕尔帖效应。

热电制冷技术是利用半导体材料组成P-N结,通过在材料两端施加直流电进行制冷,将电能直接转化为热能的技术。载流子从一种材料迁移到另一种材料形成电流,而每种材料载流子的势能不同。因此,为了满足能量守恒的要求,载流子通过结点时,必然与其周围环境进行能量的交换。能级的改变是现象的本质,这使构成制冷系统成为可能。

如图7.27所示,把一只P型半导体元件和一只N型半导体元件接成热电偶,接上直流电源后,在接头处就会产生温差和热量转移。在上面的接头处,电流方向是N→P,温度下降并吸热,这就是冷端;而在下面的接头处,电流方向是P→N,温度上升并放热,因此是热端。

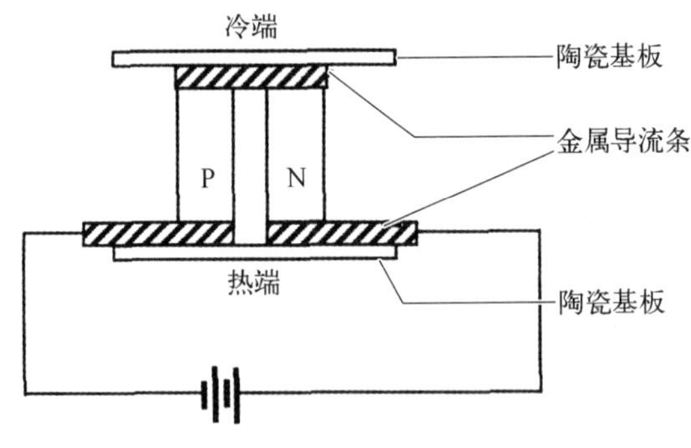

图7.27　热电制冷原理图

在实际应用中一般需要多个(如7～600对)N型和P型半导体对串联,同时需要在热端连接散热器,冷端通过蓄冷片与待冷却物体直接相连。通过改变直流电流的大小,可以改变热电制冷器两端吸收或放出热量的多少,从而使冷端的产冷量或热端的产热量满足实际需求;通过改变直流电流的方向,可以改变冷端、热端的方向。在实际应用中,当一级制冷不能达到所需的工作温度时,可用两级或多级制冷进行工作。

热电制冷中的热电模块是固体电子元件。在所有的冷却系统中，热电制冷系统是唯一一种仅由一个元件组成的冷却系统，具有诸多突出的优点：

（1）无运动部件，因而工作时无噪声，无磨损，寿命长，可靠性高；

（2）不使用制冷剂，故无泄漏，对环境无污染；

（3）热电制冷器参数不受空间方向的影响，即不受重力场的影响，在航天航空领域中有广泛的应用；

（4）作用速度快，工作可靠，使用寿命长，易控制，调节方便，可通过调节工作电流大小来调节器制冷能力，也可通过切换电流的方向来改变其制冷或供暖的工作状态；

（5）尺寸小，质量轻，适合小容量、小尺寸的特殊的制冷环境。

热电制冷器虽有许多优点，但也有一些缺点有待克服：

（1）在大制冷量的情况下，热电制冷器的制冷效率比机械压缩式冷冻机低，因此，热电制冷器只能用作小功率制冷器；

（2）电偶对中的电源只能使用直流电源，如果使用交流电源，就会产生焦耳热，达不到吸热降温的目的；

（3）电偶堆元件采用高纯稀有材料，再加上工艺条件尚未十分成熟，导致元件成本比较高，目前还不能在普通制冷领域广泛使用。

热电制冷技术在空间探测方面也有许多应用。例如，1995年，由多国科学家组成的小组针对罗塞塔着陆器提出了一个拥有11个传感器分系统的先进组件方案，将一个两级热电制冷器直接放在传感器石英晶体后面，根据需要对晶体进行加热或冷却。2002年，哈勃太空望远镜上安装了近红外相机和多目标光谱仪，其中相机的三个热保护板中有两个采用热电冷却，即热电冷却内板和热电冷却外板。将带有热保护板的相机装在固体低温光学台上，密封于氮/铝泡沫杜瓦（瓶）中，可使相机的温度保持在−215℃。2005年，美国、英国、意大利和德国共同研制了星载X射线望远镜，在其背阳面安装的热辐射器也采用了热电制冷器，使探测器冷却到−100℃，从而确保低的暗电流（目的是降低噪声），并且降低了对辐射损伤的灵敏度。卫星升空后，如热电制冷器不能正常工作，就无法达到−100℃或无法维持一个稳定的在轨温度。如果仅采用散热系统，只能将温度控制在−70 ～−50℃，探测器将无法正常工作。

近年来，国内针对热电制冷在航空航天领域的应用也开展了大量研究。例如，上海技术物理研究所针对星载红外探测器需要在低温下工作，设计并实现了红外探测器温度控制系统。在设计中采用了闭环反馈的控制方式，利用热电制冷控制红外探测器的工作温度。哈尔滨工业大学在采用热电制冷技术提高光纤陀螺惯导系统温度稳定性及迅速达到稳定工作状态方面进行了初步探索。北京航空航天大学采用相变材料和热电制冷研制智能温控复合材料与结构方面进行了探索研究，并取得了阶段性进展，该校采用国产热电制冷器分别与金属材料和碳纤维增强环氧复合材料结合，设计并制备了针对不同具体应用的多种智能温控复合材料结构系统。模拟试验表明，该智能温控复合材料可以根据预定指令进行温度控制。

热电制冷技术的发展趋势的如下。

(1) 热电制冷器的小型化。随着电子设备尺寸小型化、结构集成化和功能多样化的不断发展，热电制冷器技术将成为电子元件冷却的主流技术。因此，热电制冷器的小型化、微型化是热电制冷器技术的一个发展方向。另外，由于航空航天方面的应用要求轻量化，因此，超薄大面积热电制冷膜是热电制冷器技术的又一个发展方向。为了解决航空航天器上器件小型化带来的散热问题，美国航空局准备通过纳米技术开发热电冷却器，确保热电冷却器所采用的热电材料满足高的电导率和低的热传导率的要求。采用纳米技术有可能显著地抑制热传导，同时不会相应地降低电子的传输能力。另外，利用纳米技术还能有效地提高TEC与其他器件之间界面处的接触热传导。

（2）热电制冷器的抗振性。在航空航天应用中，热电制冷器的抗振性能至关重要。国外有关试验研究结果证实了热电制冷器不仅具有优异的温控功能，而且还具有优良的抗振性能，这主要得益于热电制冷器中的热电模块是固体电子元件。

（3）将热电制冷器应用于温控复合材料。热电制冷器与被冷却的关键航空航天器结构在功能、结构方面的一体化设计和关键集成技术，符合未来热电制冷器技术应用的发展趋势，特别是在航空航天器中的应用。将热电制冷器与结构材料、功能材料有机结合，开发基于热电制冷器技术的温控复合材料及智能温控复合材料，是热电制冷器技术未来应用的一大发展方向，也是未来热电制冷技术应用研究的一个重要内容。

7.7 吸附式制冷技术

7.7.1 吸附式制冷原理

吸附式制冷技术是利用吸附床加热解析获得高压气体，冷却吸附进行低压抽气的制冷方式，一般与J-T节流阀相结合以实现制冷。其特点是工作寿命长，无运动部件，不会产生振动，可靠性较高。吸附式制冷机的工作温度取决于工质气体种类，吸附式压缩机可远离冷端，放置在航天器平台上（王如竹，2002）。

7.7.2 可再生吸附概念

先于镨铈复合氧化物和氢压缩机的研究，喷气推进实验室和航空喷气发动机公司（Aerojet）研发并测试了大量的可再生物理吸附压缩机，其中将甲烷（65 K）和氪（140 K）与活性炭一起作为吸附材料。尽管加入了再生过程，但由于物理吸附过程效率不高，该技术并没有受到重视。

在20世纪80年代初，由于传统的机械制冷理念想要达到长寿命变得越发困难，作为一种新的选择，吸附式技术开始受到一定程度的认可。喷气推进实验室和加利福尼亚州阿祖瑟市的航空喷气公司将工作重点放在了活性炭-氢物理吸附方法，如图7.28所示。

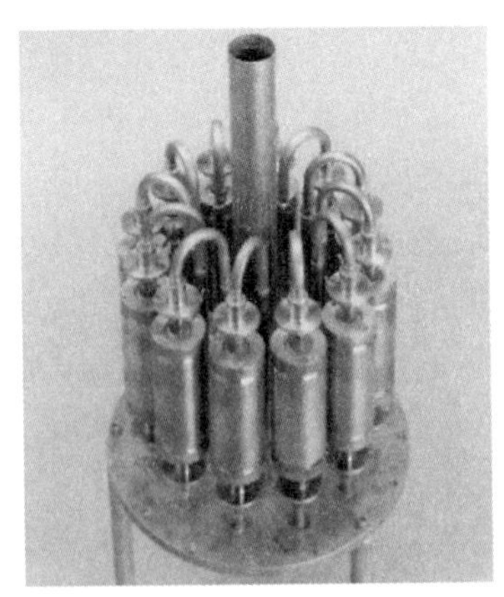

图7.28 1983年喷气推进实验室的20 K活性炭-氢吸附式压缩机

1996年5月，智能眼10 K吸附式低温制冷机实验搭载于空间运输系统77号（STS-77，图7.29），验证了其制冷能力，它用了不到2 min的时间将一台100 mW的负载冷却至11 K以下，然后将负载在该温度下继续维持10 ～ 20 min。这一阶段结束后，闭式循环的J-T吸附式低温制冷机开始为另一个制冷循环做准备。制冷机的周期特性让所需的输入功率在超过4 h的循环时间内能够平均分配，这样便能在平均功率相对较低的条件下设计一台10 K@150 mW的可快速冷却的制冷机。如图7.30所示的制冷机，是由喷气推进实验室和航空喷气公司为战略防御计划组织制造的，他们将金属氢化物吸附式压缩机与三台休斯飞机公司7044H战略型斯特林低温制冷机相结合，为J-T循环的氢气气流在系统冷头蓄冷器中成为10 K的固体氢前提供65 K的预冷。

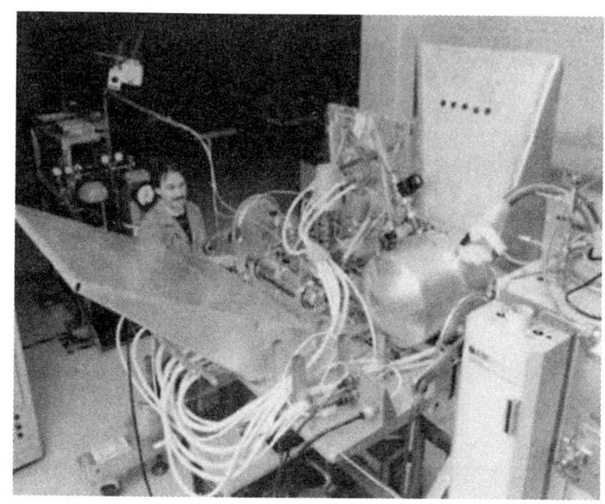

图7.29　1996年搭载于STS-77的喷气推进实验室的智能眼10 K吸附式低温制冷机实验固态氢吸附式制冷机

图7.30　交付于飞船整合时的普朗克（Planck）吸附式制冷机压缩机的组装

7.7.3　1 W@20 K氢吸附制冷机

2009年5月14日，ESA在法属圭亚那库鲁航天中心，借助阿丽亚娜5-ECA型火箭成功发射了Planck卫星，Planck卫星将以最高分辨率上观测远红外光谱，考察137亿年前宇宙大爆炸后瞬间充满宇宙的辐射残余宇宙微波背景辐射，回答人类最关心的问题——宇宙是如何起源和演变的。为了完成这一任务，Planck卫星携带了1.5 m口径的望远镜，望远镜能利用安放在舱内名为低频仪器和高频仪器的高灵敏度传感器收集宇宙微波背景辐射，瞬息敏感度比宇宙背景探测器高10多倍。为了能准确测量微波背景辐射的温度，探测器必须冷却到接近0 K。Planck卫星的低温系统，包括一台60 K辐射制冷器、一台20 K氢吸附式制冷机、一台4 K J-T制冷机和一台100 mK稀释制冷机（Zhang et al., 2004）。

20 K氢吸附低温制冷机由美国著名的JPL研制。其采用6组金属氢化物吸附床和低压气体储存器组成，每个吸附床都通过气隙式热开关控制与辐射散热器之间的热连接的导通和断开。当吸附床加热到450 K时，氢气从吸附床脱附，产生高压氢气，通过逆流换热器冷却至60 K后在减压降温装置中冷却至18 K，并提供制冷量。氢气冷凝后再通过逆流换热器升温至270 K，在吸附床中被吸附，完成制冷循环。该吸附制冷机在20 K可提供1 W的制冷量。总功耗370 W，采用分组吸附床工作方式，可以连续提供制冷量。图7.31和图7.32分别为20 K氢吸附制冷机的结构示意图和原理示意图。

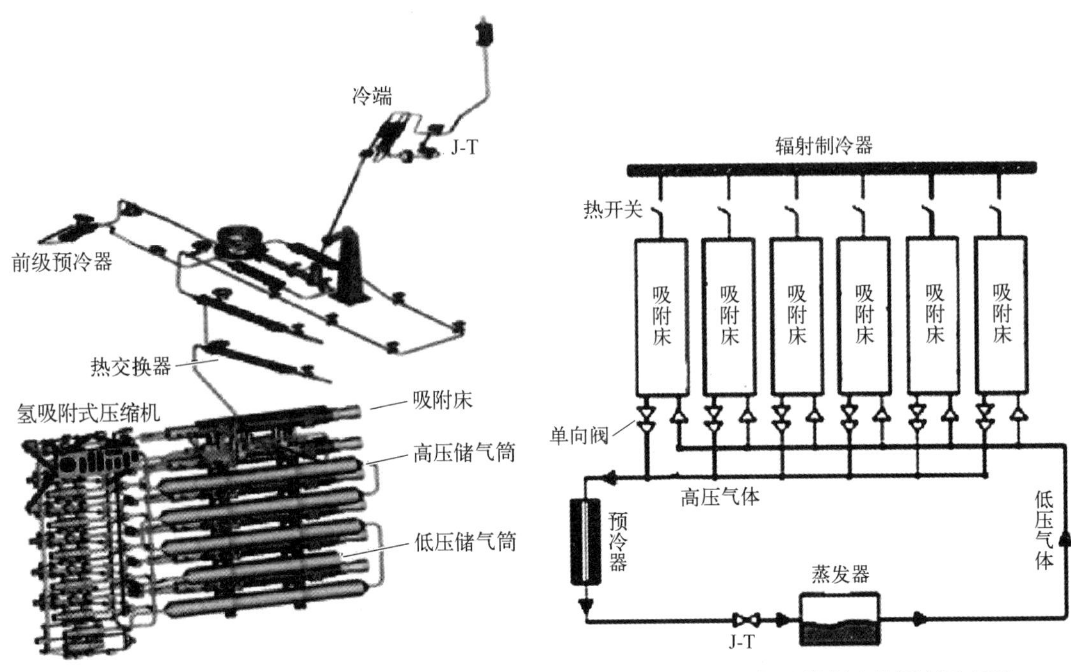

图7.31　20 K氢吸附制冷机

图7.32　20 K氢吸附制冷机原理示意图

吸附式制冷机是空间用低温制冷机的重要组成部分，其研究重点主要集中在以下几个方面（王兆利等，2012）。

1）高性能吸附剂的研究

吸附制冷作为一种无任何损耗部件的制冷技术，其制冷效率很大程度取决于吸附剂的特征，过去活性炭的比表面积只能达到1 000 m^2/g，随着材料科学的发展，现在活性炭的比表面积已经达到3 000 m^2/g，甚至更高，制冷效率大幅提高，在深低温区的制冷效率甚至优于机械式制冷。

2）部件性能的改进

单向阀、开关和节流阀是吸附式制冷系统重要的部件。单向阀使用寿命是一个关键问题，经过专门选购的阀门可满足长寿命的需求，节流阀是整个制冷系统的薄弱环节，小孔节流阀结构最简单，但抗堵性能差。现在多采用金属粉末烧结材料作节流阀，试验结果表明其性能可靠、稳定，且不易堵塞，原因是这种多孔材料提供了无数多的并行通道。低温吸附制冷机常用的部件是热开关，现在主要发展的是气隙式热开关。

3）吸附床效率的提高

吸附制冷机的核心是吸附床，其性能提高手段主要是传热强化和传质强化。传热强化主要包括扩展换热面积、提高传热系数,传质强化则主要采用减小传质路径的技术手段。对活性炭等吸附材料可以通过吸附剂材料压缩固化的办法提高其热导率。金属吸氢材料的热导率往往要比活性炭等吸附剂高得多,导热问题相对不是主要问题。

4）提高整机的热效率

基本的吸附式制冷是间歇型的,要实现连续制冷可采用两台或两台以上的吸附床交替运行。要提高制冷机效率,可对吸附床进行回热循环,对吸附床加热过程中的热量进行再利用,将待冷却的吸附床和待加热的吸附床通过热开关连接起来,利用前者冷却后者、后者加热前者的方式减少前者的加热量和后者向环境的放热量,从而显著提高吸附制冷机的效率。此外,多级吸附床可获得比单级吸附床更高的压力,可以减小吸附床内死体积,从而提高吸附制冷机的效率。目前吸附式制冷机正朝着多床多级、小型化、微型化的方向发展。中国吸附制冷技术的研究主要集中在常温区太阳能或余热利用领域,由于应用对象不同,空间吸附式制冷和常温吸附式制冷在制冷结构、吸附剂、工质气体、加热方式、放热方式和传热方式等方面几乎完全不同。吸附式制冷机可满足空间制冷技术对高可靠性、长寿命、无干扰的要求,开展对空间吸附制冷技术的研究将有重要的科学价值和实用价值。

7.8 复合制冷技术

由于空间制冷需求的多样化,如低温区、大冷量、跨平台、柔性传输等需求,使得将多种制冷形式相结合的复合制冷技术成为空间载荷热控技术的发展方向之一。

目前已用于空间低温制冷的方式主要有:

（1）被动式辐射制冷;

（2）机械制冷,如斯特林制冷机、脉管制冷机等;

（3）半导体制冷;

（4）相变制冷,如固体制冷、液体制冷;

（5）超流氦杜瓦制冷等。

根据不同的制冷能力及应用特点,在不同温区、冷量、安装条件限制下,可采用一定的辅助热传输手段,如槽道热管、回路热管、导热铜索、液体回路等,使用两种或两种以上的制冷方式,通过适当的热耦合形式,最大限度地优化各种制冷方式的使用性能和制冷能力。

7.8.1 辐射制冷复合机械制冷

被动辐射制冷利用宇宙空间特有的3～4 K高真空低温冷背景条件,基于辐射换热原理进行制冷,是最简单、可靠的空间制冷方式。但其运行轨道及安装位置均有严格限制,且制冷温度下降时,辐冷器尺寸会大大增加(尤建钢,2005,2002)。

当前空间遥感仪器所用的机械制冷机的研究热点是斯特林制冷机和脉管制冷机。在空间应用时,还需考虑其自身的发热问题及散热需求,当制冷机自身产热无法被释放或所处环境温度条件极为恶劣时，制冷机将无法保证正常工作。

空间应用中，利用宇宙空间深冷、黑体背景，辐射制冷器在较高温度下能提供较大制冷能力。利用这一特性来冷却机械制冷机压缩机和膨胀机热端，提供合理的散热途径，从而达到机械制冷机理想的工作环境要求。

大气红外探测仪（Ross and Green, 1997）的目的是提供新的、更为精确的、有关大气、陆地和海洋的数据，以便进行气候研究和天气预报。其制冷系统采用了机械制冷、辐射制冷、低温热管相结合的复合制冷技术。使用两台工作于55 K的脉管制冷机将HgCdTe焦平面探测器冷却至58 K。同时，将工作于190 K和150 K的两级辐冷器分别用于冷却分光计光路部分和冷却脉管制冷机热端，其具体结构如图7.33所示。

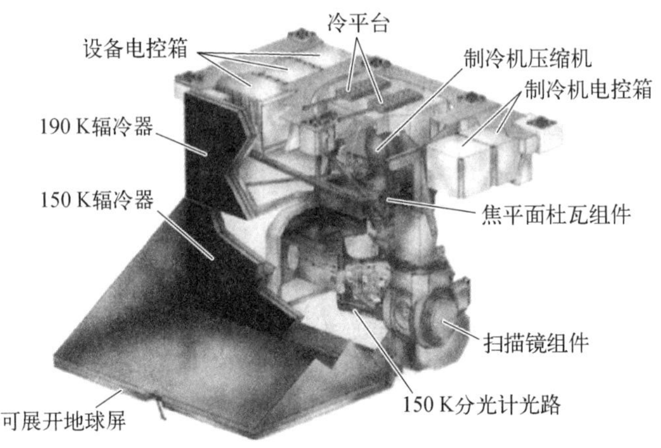

图7.33　大气红外探测仪复合制冷系统示意图

整个冷却系统分为三个温区：红外焦平面工作温区、分光计工作温区、电子元器件及机械制冷压缩机工作温区。红外焦平面为整个系统中温度要求最低点，需要使用长寿命、低振动的斯特林制冷机或脉管制冷机达到其58 K工作温区和五年工作寿命要求。分光计光路部分工作温度为150 K左右，直接使用安装在飞行器背阳面的150 K/190 K两级辐射制冷器冷却。制冷机的压缩机和电子元器件是散热最多的部分，系统使用辐冷器作为其前级制冷。

7.8.2　辐射制冷复合半导体制冷

半导体制冷器同辐射制冷器一样，工作简单、可靠，且体积小、质量轻，工作条件基本无限制，适用于在长寿命、高可靠性、微型化的空间飞行器上使用。普通半导体制冷器效率较低，制冷温差较小，适合于在中低温下工作。可以利用辐射制冷器将半导体制冷器热端热量辐射到宇宙空间，使热端能在200 K下工作，其冷端将可能达到近100 K的空间实用化低温（宣向春，1999）。

半导体制冷器有两种工作状态，即最大制冷量/制冷温差状态与最大制冷效率状态。航天应用时主要考核其制冷效率，在保证达到制冷温差的前提下尽量降低功耗。半导体制冷器每级的最大制冷效率如式(7.2)所示。

$$\varepsilon_{max} = \frac{T_c}{T_h - T_c} \frac{M - T_h/T_c}{M + 1} \tag{7.2}$$

式中,T_h和T_c分别代表热电对的热端和冷端温度;$M=\sqrt{1 + 0.5\bar{z}(T_h + T_c)}$,$\bar{z}$为热电对优值系数。

每级最大制冷温差为

$$\Delta T_{max} = \frac{1}{2}\bar{z}T_c^2 = \frac{(\sqrt{1 + 2\bar{z}T_h} - 1)^2}{2\bar{z}} \tag{7.3}$$

从最大制冷效率公式可以看出,当M增大,即热电对优值系数$\bar{z}$增大时,效率将会提高;当每级制冷温差(T_h−T_c)减小时,效率也将提高。在设计半导体制冷器时,既要使得总制冷效率不能偏低,也必须保证达到设计温差,需要在两者之间进行权衡。

热电对优值系数$\bar{z}$主要取决于P型和N型半导体材料的热电性能。在材料确定的情况下,通过对器件两臂几何尺寸的不同选择,可以使热电ζ对$\bar{z}$值达到最佳,满足

$$\bar{z}_{max} = \frac{(\alpha_1 - \alpha)^2}{(\overline{k_1\rho_2} + \overline{k_2\rho_1})^2} \tag{7.4}$$

式中,α为温差电动势,单位μV/K;k为热导率,单位W/(m·K);k为电阻率,单位Ω·m。

1997年8月,由上海技术物理研究所承办的“空间制冷技术研讨会”对复合制冷技术进行了探讨和交流,这项技术得到了国家的大力支持。“九五”期间,上海技术物理研究所完成的复合制冷系统为辐射制冷余热点制冷/低温热管相结合的方式。主要技术指标为制冷量0.5 W,制冷温度80 K,适用于冷却短波/中波红外探测器。该技术在海洋一号水色卫星上初步得到应用结果:没有使用复合制冷系时,冷却时间8～10 min,功耗为26～28 W;使用复合制冷技术后,冷却时间缩减到5～6 min,功耗降为18～22 W。

7.8.3 超流氦杜瓦复合机械制冷及绝热去磁复合制冷

NASA大型观测计划之一的高级X射线天文物理学装置AXAF(图7.34)采用斯特林制冷机与超流氦杜瓦及绝热去磁制冷相结合的复合制冷技术,制冷温度0.065～0.1 K,工作寿命5年以上。其系统主要包括四个组成部分:

(1)一个能提供1.4 K环境的长寿命超流氦杜瓦瓶;

(2)一个磁制冷机;

(3)多台机械制冷机用于杜瓦瓶散热;

(4)用于机械制冷机与杜瓦相连接的冷链。

杜瓦瓶的作用主要是作为磁制冷机的热沉,提供1.4 K的环境温度。磁制冷机的作用是把温度从1.4 K降到0.1 K,从而达到探测元件正常工作所需的温度。在AXAF制冷系统中,

采用四台机械制冷机，它们主要用于杜瓦的热量排散。经过两年的长时间运行寿命测试，制冷机的工作性能没有明显降低。杜瓦和机械制冷机之间采用冷链结构。其要求如下：① 必须使杜瓦和机械制冷机之间的温差控制在5 K/W以下；② 杜瓦所受到的机械振动力不大于0.5 N。

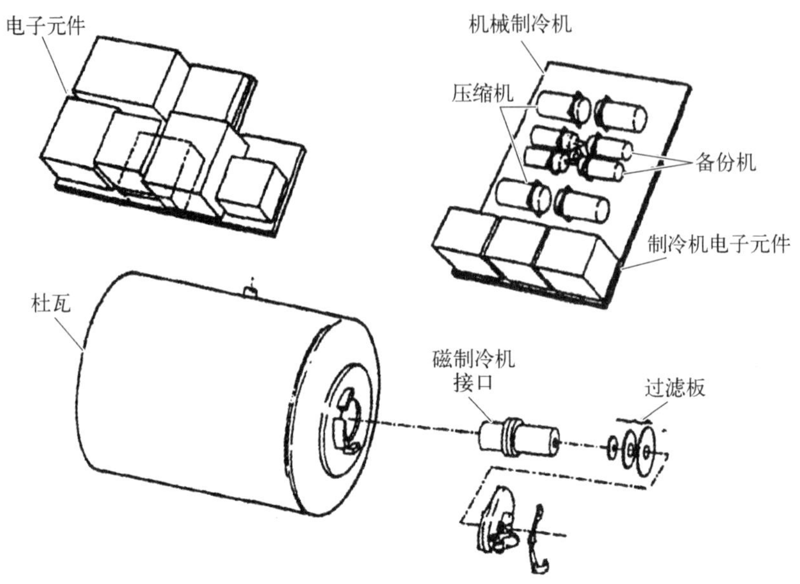

图7.34　AXAF制冷系统解剖图

总体来说，AXAF制冷系统是空间制冷系统的一大改进，它把机械制冷与磁制冷有效地结合起来，从而实现探测元件正常工作所需的0.1 K温度要求。且其更大优势为，当制冷机故障停机时，其能使探测元件持续正常工作400 min。

7.8.4　复合制冷技术的应用趋势

当前，复合制冷技术的应用主要分为两类（尤建钢，2005，2002；宣向春，1999；宣向春和王维扬，1999；Ross and Green, 1997）。

（1）利用一种制冷方式解决另一种制冷方式的散热，为其创造理想的工作环境。如大气红外探测仪中利用空间辐射制冷器来解决机械制冷机热端的散热，使机械制冷机工作环境温度降低，制冷效率大幅度提升。

（2）利用一种制冷方式作为其他极低温制冷方式的前级预冷，从而获得极低的制冷温度，如AXAF制冷系统中采用斯特林制冷机及超流氦杜瓦作为绝热去磁制冷的前级预冷，使得绝热去磁制冷实现0.065 ～ 0.1 K的极低温。

机械制冷机的发展将解决随着红外焦平面探测技术和定量化遥感技术发展产生的低温、大冷量需求，但是同时制冷机本身的功耗会迅速上升，进而增加散热需求。因此，复合制冷技术将是解决这一难点的理想选择。

7.9 激光制冷技术

激光制冷即固体材料激光冷却，也称作光学制冷，是通过光与固体物质相互作用使固体降温的技术。这一技术是基于反斯托克斯散射来实现的。早在1928年，印度科学家拉曼发现，单色光透过介质后会出现两条与入射光频率不同的光线，分别低于和高于入射光，如图7.35所示，后来这两条谱线称为斯托克斯线和反斯托克斯线。1929年，德国科学家Peter Pringsheim以此为依据首次提出了通过自发的反斯托克斯拉曼散射来冷却固体材料的思想（邓英超，2013），即某些材料会辐射出波长比入射光波长更短的光子，以此带走材料的热量，达到制冷的结果，这就是反斯托克斯过程。这一理论最初颇有争议，被认为不符合热力学第二定律。直到1946年，物理学家Landau通过引入辐射熵的概念，证明了整个系统在制冷的过程中是熵增的过程，从而奠定了激光制冷的理论基础（Landau，1946）。

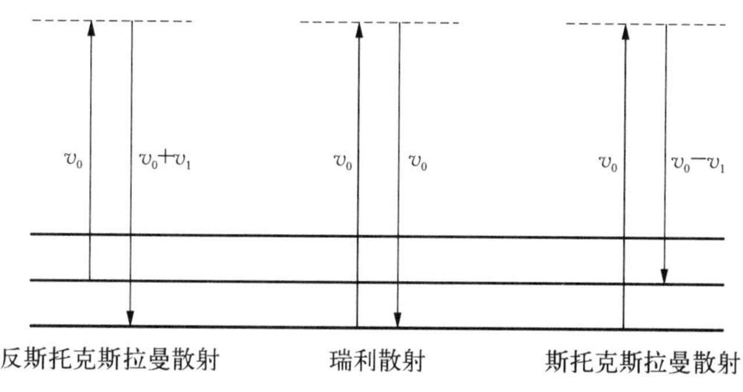

图7.35 散射模型示意图

反斯托克斯荧光制冷的本质就是固体材料中某种原子、分子、离子的能级跃迁，对于其中量子理论的研究，科学家也不断完善其研究模型。对于研究整个制冷系统，需要一定程度地了解其量子理论，从中可以了解到制冷机的理论制冷效率与制冷温度的极限，以便于解释采用最简单的三级模型来进行分析（目前认为比较符合实际的是四能级模型），如图7.36所示。

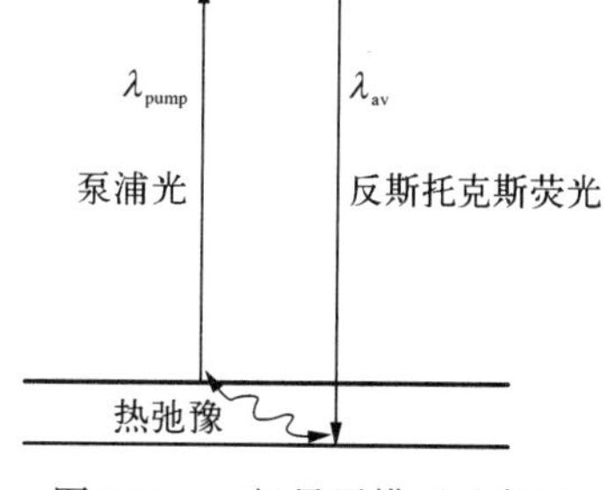

图7.36 三级量子模型示意图

制冷量为

$$\Delta E = hv_f - hv_p \tag{7.5}$$

制冷效率为

$$\eta_{max} = \frac{P_{cool}}{P_{abs}} = \frac{hv_f}{hv_p} - 1 = \frac{\lambda_p}{\lambda_f} - 1 \tag{7.6}$$

随着温度下降，晶格振动的减弱导致平均荧光光子的红移，基态需要跃迁能量的增加导致泵浦光需要向短波方向调整，使荧光光子和泵浦光子的能量差$\Delta E=h\nu_f-h\nu_p$变小，进而制冷效率会减小，故制冷效率会随着温度降低而下降，对特定的材料存在理论的最低温度，图7.37为高纯度YLF：10%Yb^{3+}[掺杂10%(质量分数)Yb^{3+}离子的$YLiF_4$晶体]制冷效率随温度和入射波长的变化图。图中显示的变化规律是由上述原因造成的，但图中所示的实际的制冷效率远小于上述计算，原因在于入射光不能完全被离子吸收，且离子从激发态弛豫到基态时，会发生非辐射弛豫，造成激发态能量被基质材料吸收，从而造成制冷效率的下降。由于实际的制冷效率是关注的重点，将在后面的部分进行详细分析。

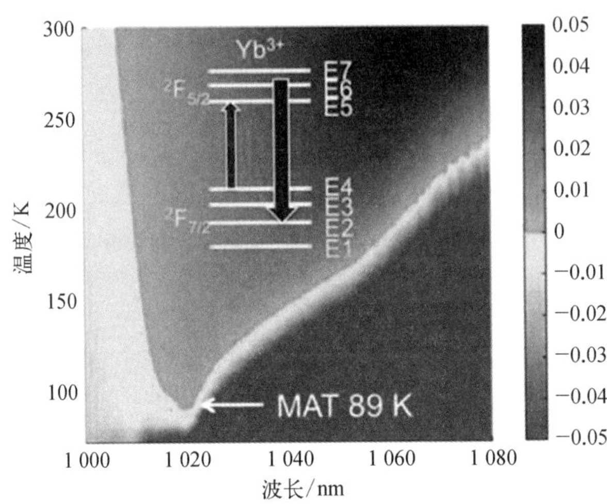

图7.37　高纯度YLF：10%Yb^{3+}制冷效率图(Melgaard et al., 2016)

7.9.1　激光制冷试验进展

虽然早在1929年，激光制冷的理论已经被提出，然而受制于试验条件、晶体的纯度、光线的频率等因素，固体制冷的试验沉寂多年。直到1995年，美国的Epstein小组在洛斯阿拉莫斯国家实验室使用ZBLANP：Yb^{3+}玻璃材料作为样品，实现了0.3 K的降温。这是固体材料激光制冷从理论到试验转变的重要里程碑。从此固体制冷迎来了高速发展，越来越多的科研人员投入到试验研究中。掺杂稀土离子Yb^{3+}、Tm^{3+}、Er^{3+}的氟化玻璃和晶体都实现了宏观降温。获得的最低温度也不断刷新(Mungan et al., 1997)。1997年，Mungan通过掺Yb^{3+}的ZBLANP光纤实现了16 K的降温。1999年，Gosnell等利用类似的材料获得了65 K的降温(Mendioroz et al., 2002; Gosnell, 1999)。2005年，Thiede用波长1 026 nm固体激光器，在含2%(质量分数)Yb^{3+}的ZBLANP光纤状材料中获得了92 K的降温(Guiheen et al., 2006)。随着研究的深入，大家逐渐认识到掺杂Yb^{3+}的氟化晶体是迄今为止最好的激光制冷的材料。它具有低声子能量、高透光性、良好的化学稳定性和机械强度。目前对其进行的研究也是最多最深入的(Khurgin, 2007; Sugiyama et al., 2006)。2010年，Seletskiy(2010)及其所在的小组将5%(质量分数)Yb^{3+}：YLiF4晶体冷却到155 K，制冷功率90 mW。2016年，Melgaard采用5%(质量分数)Yb^{3+}：YLiF4晶体冷却到123 K。2016年年底这个小组达到新的高度，他们采用高纯度YLF：10%(质量分数)Yb^{3+}将温度从常温降至91 K(Melgaard et al., 2016)。

这一温度已经达到低温制冷的实际需求所需的温度，具有重大意义。

除了氟化晶体和玻璃材料，还有半导体激光制冷材料，从理论上来说，半导体材料具有更大的制冷潜力，但目前试验研究没有大突破，只在纳米级的材料上实现了温降，这对于目前制造制冷机的帮助不大。对于激光制冷效率和制冷量的提高，材料的选择是决定性的，经过二十余年的研究，科研人员对各种离子和基体材料进行了大量的理论分析和试验研究，虽然从理论上讲，Yb^{3+}远不是最好的离子，但受制于制造工艺，Yb^{3+}离子激光晶体生长技术是最成熟的，且其所需的入射光波长在1 000 nm左右，而这个波长下也是最容易获得大功率激光器的波段，这就使得其获得稳定高功率光源相对于其他离子具有巨大优势。所以研究针对高纯度YLF: Yb^{3+}进行，对于材料，纯度是最为重要的，从目前的研究中发现，铁离子杂质对晶体的制冷效率损害最大，获得纯度更高的晶体对于提高材料冷却效率十分重要(Nemova and Kashyap, 2011)。

7.9.2 激光制冷的效率分析

离子晶体材料的制冷效率如下：

$$\eta_{max}=\frac{P_{cool}}{P_{abs}}=\eta_{abs}\eta_{ext}\frac{\lambda_p}{\lambda_f}-1 \tag{7.7}$$

$$\eta_{abs}=\frac{\alpha_r}{\alpha_r+\alpha_b} \tag{7.8}$$

$$\eta_{ext}=\frac{\eta_e w_r}{\eta_e w_r+w_{nr}} \tag{7.9}$$

式中，α_r是离子的吸收率；α_b是背景的吸收率，这一比例是由材料中离子的浓度决定的；η_e是荧光光子的逃逸率，它与材料的形状和基体材料的折射率有关。如果基体材料折射率过高，会造成荧光光子在外表面全反射，使得荧光光子不能离开样品，造成制冷效率下降。所以要采用低折射率的基体材料，如$YLiF_4$。

w_r和w_{nr}分别是辐射弛豫和非辐射弛豫的速率，这两点相互竞争，后者会造成激发态能量被基质材料吸收，产生多个声子，降低固体材料的制冷效率。所以要选择最大声子能量较低的材料。

从式(7.9)可以看出，当选定材料后，能够改变的参数只有η_e，即荧光光子的逃逸率，需要做的就是设计出最优的材料形状，使得荧光光子能够高效地离开样品带走热量，并且与样品的支撑进行耦合，进行整体的热设计，此问题将在下一节详细讨论。

7.9.3 激光制冷机的热力设计

对于提高激光制冷机的效率，除了制冷材料样品的量子效率，复杂的光路和热学尺寸设计是必不可少的，两者之间有效的耦合可以使得制冷机的效率最优化。其中，最重要的就是使荧光光子可以离开样品，将热量带走，同时又要减小外部辐射对其影响，将冷量传导到冷指。

有效负载可以表示为

$$P_{\text{payload}} = P_{\text{cool}} - P_{\text{rad}} - P_{\text{cond}} - P_{\text{gas}} - P_{\text{coat}} \tag{7.10}$$

式中，P_{rad}、P_{cond}、P_{gas}分别是样品向外的三种传热方式，最后一项是荧光光子和泵浦激光进入冷指造成的热损失。图7.38为除去支撑结构的激光制冷机示意图。

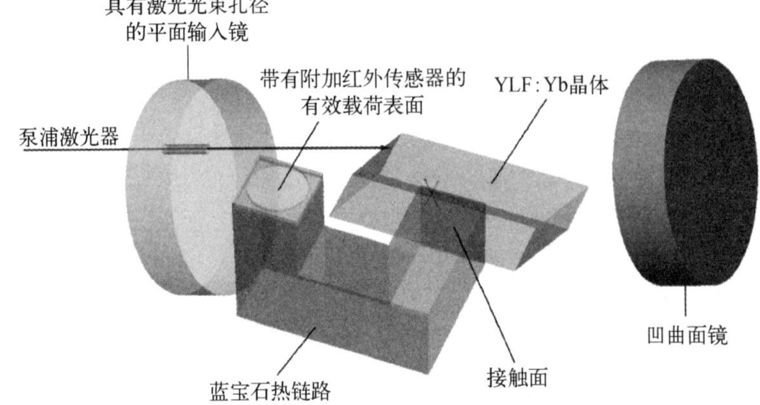

图7.38　激光制冷机结构示意图（Andrianov and Samartsev, 2001）

从图中可以看出，需要将制冷材料的冷量传导到冷指，同时避免荧光进入冷指，需要设计出一个类似图中的热桥结构，来使得冷量得到最大程度的传输。

如图7.39所示，泵浦入射光被离子吸收后散射出荧光光子，向四周散射，需要将发射到晶体外面的光子带走，如果裸露在空气中，会使得周围环境的辐射对样品传热，所以需要在晶体周围设计出能够将热辐射传出的结构，并阻止周围环境的热辐射对样品的加热。

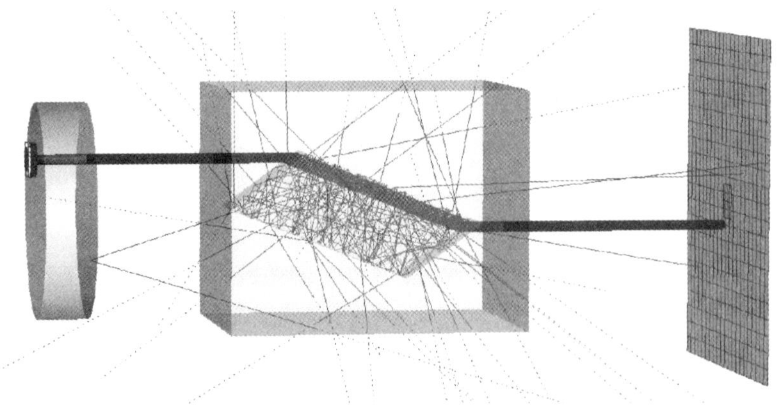

图7.39　制冷材料光路示意图

为了能够进行光热耦合的计算，需要进行光路模拟计算，并设计出合适的热传导及热辐射结构，除此以外，图中省略的支撑结构也需要在考虑其低传染的同时满足强度要求，这些要求需要以整个系统为考量进行系统的分析计算。

近年来激光制冷快速发展，目前主要的研究多为通过更高效的制冷材料和基体材料及入射光频率等方法实现量子效率的提高，追求最低制冷温度及低功率下的高制冷效率。对于实用性大功率制冷机的样机研究，国内目前为空白，国外文献目前多为理论计算，缺少试验与理论的结合的文献，即以整个系统为研究对象，在研究整个制冷机的整体效率的同时，保证其力学机械结构的稳定的研究也比较缺乏。

7.10 本章小结

空间制冷技术历经几个时期的发展，随着空间应用目标的发展牵引，在不同时期、不同应用目标和环节约束条件下，涌现出体现时代特点的空间制冷技术。本章在前6章的技术上，为进一步拓展视野，体现空间制冷技术的发展历程，分别介绍了液化气体杜瓦技术、逆布雷顿制冷技术、VM制冷技术、J-T制冷技术、固体制冷技术、热电制冷技术、吸附式制冷技术、激光制冷技术和复合制冷技术。在吸附式制冷技术中，介绍了吸附式制冷原理和可再生吸附概念，并结合1 W@20 K氢吸附制冷机进行典型案例介绍；在激光制冷技术中，回顾了激光制冷的试验进展，分析了激光制冷效率和激光制冷机的热力设计方法；在复合制冷技术中，分别介绍了辐射制冷复合机械制冷技术、辐射制冷复合半导体制冷技术、超流氦杜瓦复合机械制冷及绝热去磁复合制冷技术和机械制冷内部交叉制冷技术，以及复合制冷技术的应用趋势。

参考文献

陈国邦，汤珂.2010.小型低温制冷机原理.北京：科学出版社.

程德威，王惠龄，李嘉.1999.宇宙空间超流氦低温技术的现状与进展.低温与超导，(1)：43-50.

邓英超.2013.掺杂Yb^{3+}：ZBLANP玻璃微球的腔增强激光制冷.上海：华东师范大学.

雒慧云，吴纯之.1993.固体制冷器发展概况及在航天器上的应用.航天器工程，2(2)：45-52.

王如竹.2002.吸附式制冷.北京：机械工业出版社.

王兆利，李亚丽，罗宝军，等.2012.空间吸附制冷技术的研究进展.低温工程，(6)：57-61.

宣向春，王维扬.1999.一种复合制冷系统的空间使用可行性分析.真空与低温，(4)：219-222.

宣向春.1999.一种空间复合制冷系统的可行性分析——半导体制冷器/热管/辐射制冷器.低温工程，(6)：40-44.

尤建钢.2002.空间制冷技术的新进展.红外，(7)：8-14.

尤建钢.2005.复合制冷辐射制冷器设计及耦合技术.上海：中国科学院上海技术物理研究所.

余兴恩，李青，洪国同，等.2004.超流氦气液相分离器实验研究.导弹与航天运载技术，(6)：43-48.

郑金宝.1992.超流氦及其应用.武汉：华中理工大学出版社.

朱建炳.2010.空间低温制冷技术的应用与发展.真空与低温，(4)：187-192.

Andrianov S N, Samartsev V V. 2001. Solid state lasers with internal laser refrigeration effect//PECS: Photo Echo and Loherent Spectroscopy. International Society for Optics and Photonics, 4605: 208-214.

Breedlove J, Cragin K, Zagarola M V. 2013. Demonstration of a 10 K Turbo-Brayton cryocooler for space applications. Maryland: 52nd AIAA Aerospace Sciences Meeting.

Breon S R, Gibbon J A, Boyle R F, et al. 1996. Thermal design of the XRS helium cryostat. Cryogenics, 36(10): 773–780.

Fujii G, Tomoya S, Kyoya M, et al. 1992. Thermal and mechanical performance of superfluid helium dewar for IRTS. Advances in Cryogenic Engineering, 37: 1359–1366.

Gosnell T R. 1999. Laser cooling of a solid by 65K starting from room temperature. Optics Letters, 24(15): 1041–1043.

Guiheen J V, Haines C D, Sigel G H, et al. 2006. Yb^{3+} and Tm^{3+}-doped fluoroaluminate classes for anti-Stokes cooling. Physics and Chemistry of Glasses-European Journal of Glass Science and Technology Part B, 47: 167–176.

Hirai H, Suzuki Y, Hirokawa M, et al. 2009. Development of a turbine cryocooler for high temperature superconductor applications. Physica C: Superconductivity, 469(15): 1857–1861.

Hohn R, Ruehe W, Jewell C. 2004. The cryogenic system of the herschel extended payload module//American Institute of Physics Conference Series. American Institute of Physics, 710(1): 505–512.

Hou Y, Zhao H L, Chen C Z, et al. 2006. Developments in reverse Brayton cycle cryocooler in China. Cryogenics, 46(5): 403–407.

Khurgin J B. 2007. Surface plasmon-assisted laser cooling of solids. Physical Review Letters, 98(17): 1–2.

Landau L. 1946. On the thermodynamics of Photoluminescence. Journal of Physics, 10(4): 503–506.

Melgaard S D, Albrecht A R, Hehlen M P, et al. 2016. Solid-state optical refrigeration to sub–100 Kelvin regime. Scientific Reports 6.

Mendioroz A, Fernández J, Voda M, et al. 2002. Anti-Stokes laser cooling in Yb^{3+}-doped KPb(2) Cl(5) crystal. Optics Letters, 27(17): 1525–1527.

Mungan C E, Buchwald M I, Edwards B C, et al. 1997. Laser cooling of a solid by 16 K starting from room temperature. Physical Review Letters, 78(15): 1030–1033.

Nemova G, Kashyap R. 2011. Alternative technique for laser cooling with superradiance. Physical Review A, 83(1): 120–124.

Ross R G Jr, Boyle R F, Kittel P. 2004. NASA space cryocooler programs—A 2003 overview. AIP Conference Proceedings, 710(1): 1197–1204.

Ross R G Jr, Boyle R F. 2006. An overview of NASA space cryocooler programs—2006. http://trs.jpl.nasa.gov/handle/2014/40122[2006–06–14].

Ross R G Jr, Green K. 1997. AIRS cryocooler system design and development. Cryocoolers 9: 885–894.

Seletskiy D V, Melgaard S D, Bigotta S, et al. 2010. Laser cooling of solid to cryogenic temperatures. Nature Photonics, 4(3): 161–164.

Sixsmith H, Hasenbein R, Valenzuela J A, et al. 1990. A miniature wet Turboexpander. Advances in Cryogenic Engineering, 35: 989–995.

Sugiyama A, Katsurayama M, Anzai Y, et al. 2006. Spectroscopic properties of Yb doped YLF grown by a vertical Bridgman method. Journal of Alloys & Compounds, 408 (3): 780–783.

Swift W L, Cheng E, Zagarola M V, et al. 2003. On-orbit operating experience with the nicmos cryocooler—first year. Proceedings of the TDW: 19–20.

Timmerhaus K D, Flynn T M. 2013. Cryogenic process engineering. Berlin: Springer.

Urbach A R, Vorreiter J, Mason P. 1978. Design of a superfluid helium dewar for the IRAS telescope. Proceedings of the Seventh International Cryogenic Engineering Conference.

Zhang B, Pearson D, Borders J, et al. 2004. Cryogenic testing of Planck sorption cooler test facility. Boston: Springer: 523–531.

后记

在长达五十多年的研究历程中，包含上海技术物理研究所在内的国内多家研究机构在低温制冷技术，特别是空间制冷器技术方面，取得了一系列研究成果，并获得多项奖励，有多项技术达到国际先进水平，已逐步建成我国空间制冷器的主要研究基地，为我国的航天事业和制冷科学技术做出了贡献。

空间制冷技术经过半个多世纪的发展，学科和技术发展特色鲜明，自成体系，我国已具备自主研制不同类型空间制冷装置的能力，形成了完善的空间制冷器与低温系统集成设计、生产、实施与应用技术研发体系，具有满足多样化任务需求的研制保障能力，能够满足和保障我国空间红外遥感的需求。未来，发展更低温区、更大制冷量的长寿命空间制冷装置仍将是主要方向，将制冷技术与热控技术相结合，进一步发展低温热控、低温光学与低温系统集成技术，进一步分析产品需求，进行产品现状及发展趋势分析，构建型谱简表，用最少数目的不同规格产品，构成能满足现有以及可预见到的使用要求，提高产品成熟度，构建满足任务需求的平台能力，打造上海技术物理研究所空间仪器热管理集成解决方案的保障平台，建设国家空间仪器热管理集成解决方案的重要发展基地。

国内空间制冷人的辛勤努力，集中体现在为国家红外技术应用开拓了空间制冷及低温工程技术，得到了国家主管部门、业界同行的认可，该领域也得到了迅猛发展。未来，空间制冷及低温工程团队将面临要求更高的任务与更激烈的竞争，需要进一步提高研发设计能力，加强技术储存，主动适应未来型号对新技术发展的需求，以理念创新、制度创新、科技创新促进创新发展；以构建创新型组织模式促进各类流程协调发展；以打造各类资源共享平台、提高成熟度促进资源节约型的绿色发展，共享发展经验和成果；继往开来，不断完成国家重大科技任务，再造未来的辉煌。

彩图　制冷机实物图

风云二号气象卫星辐射制冷器

风云三号气象卫星辐射制冷器

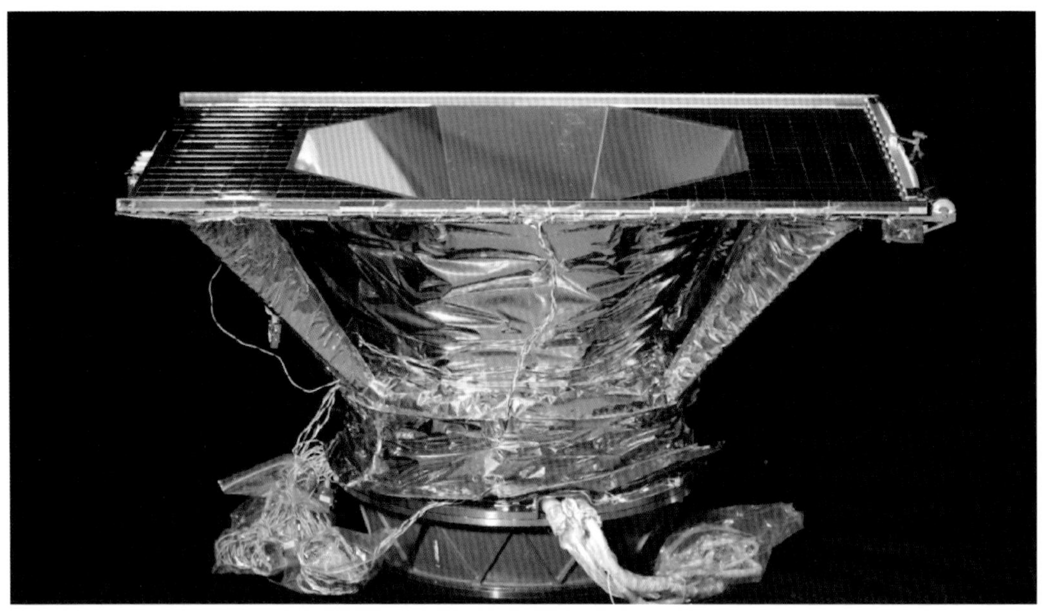

风云四号气象卫星辐射制冷器

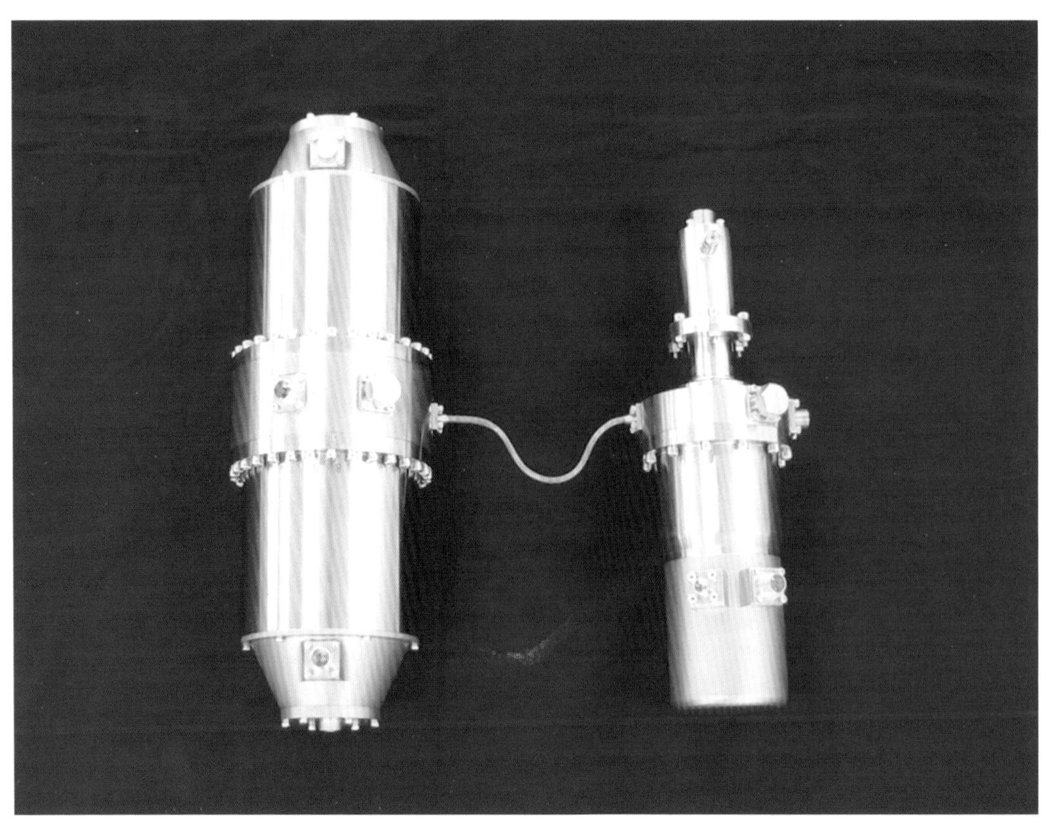

型谱2W@80K双驱动斯特林制冷机样机

“九五”预研0.5 W@80 K斯特林制冷机样机

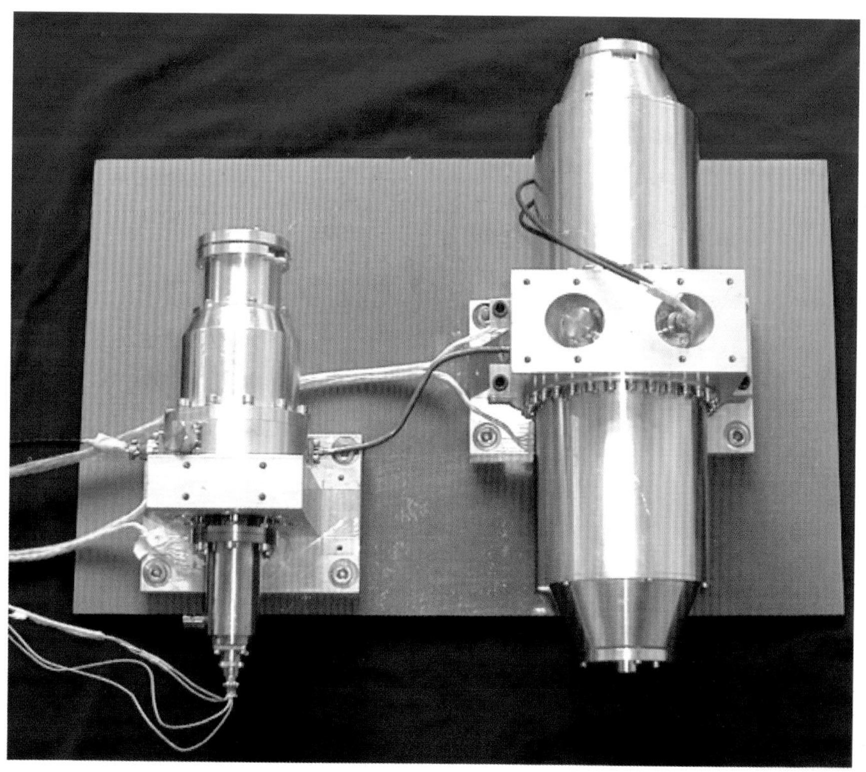

“十五”预研2 W@80 K斯特林制冷机样机

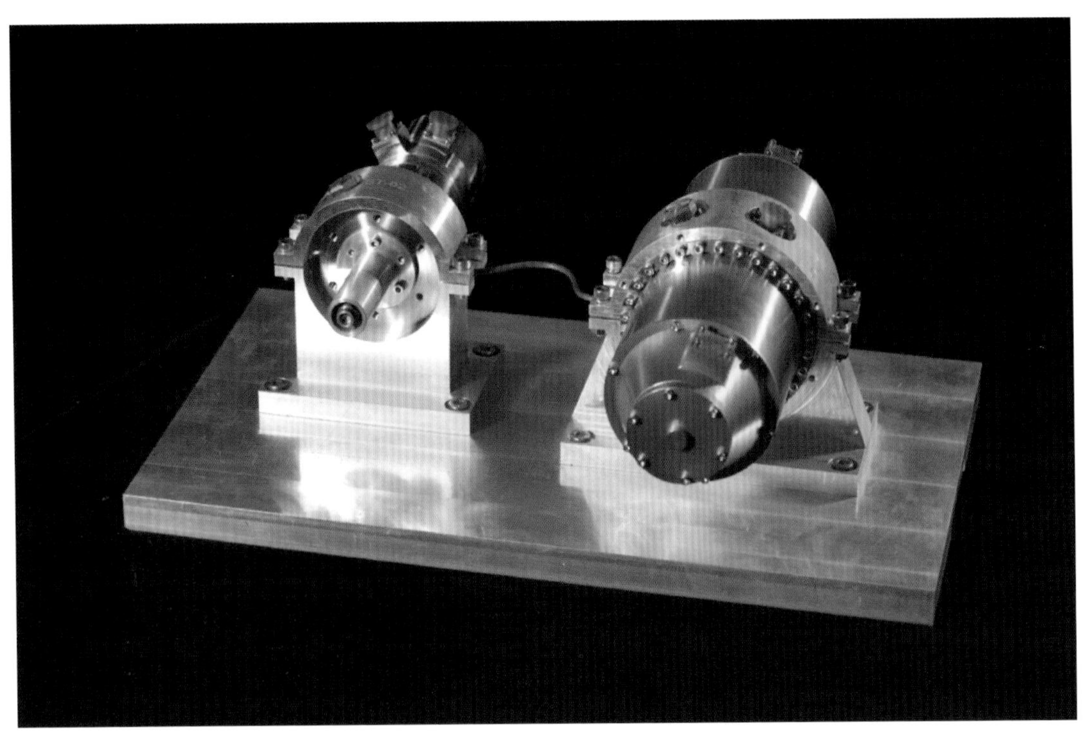

牛津型双驱动斯特林机械制冷机

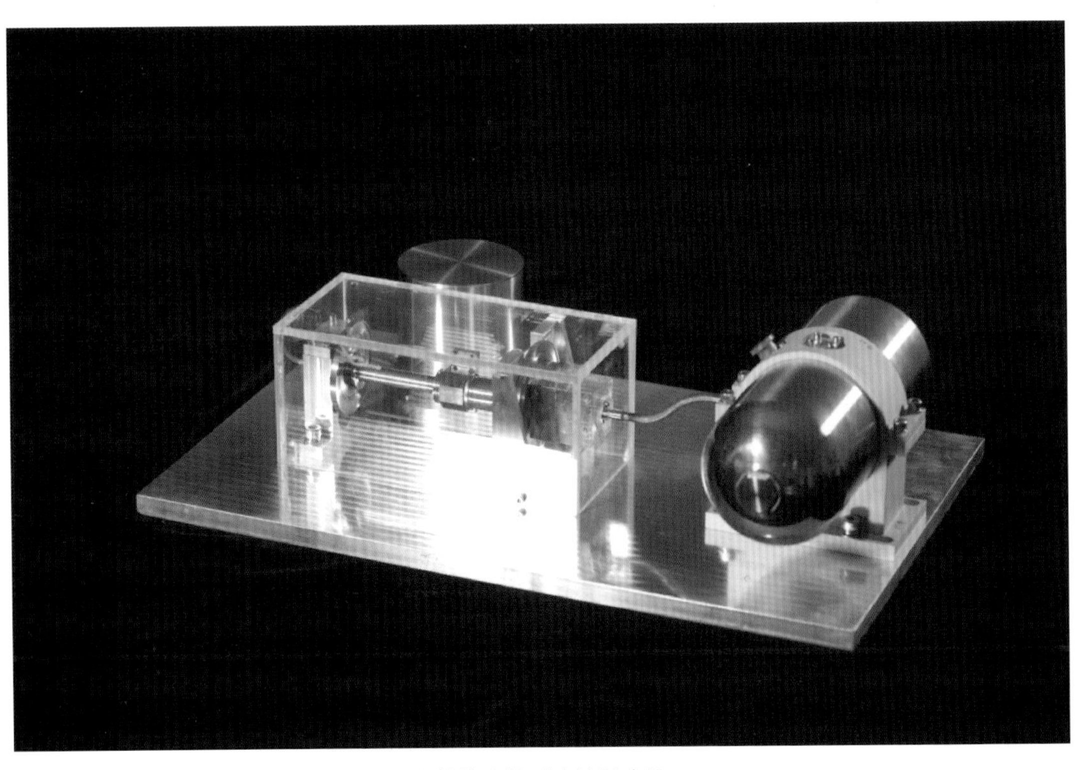

斯特林直线型脉管制冷机

斯特林同轴型脉管制冷机

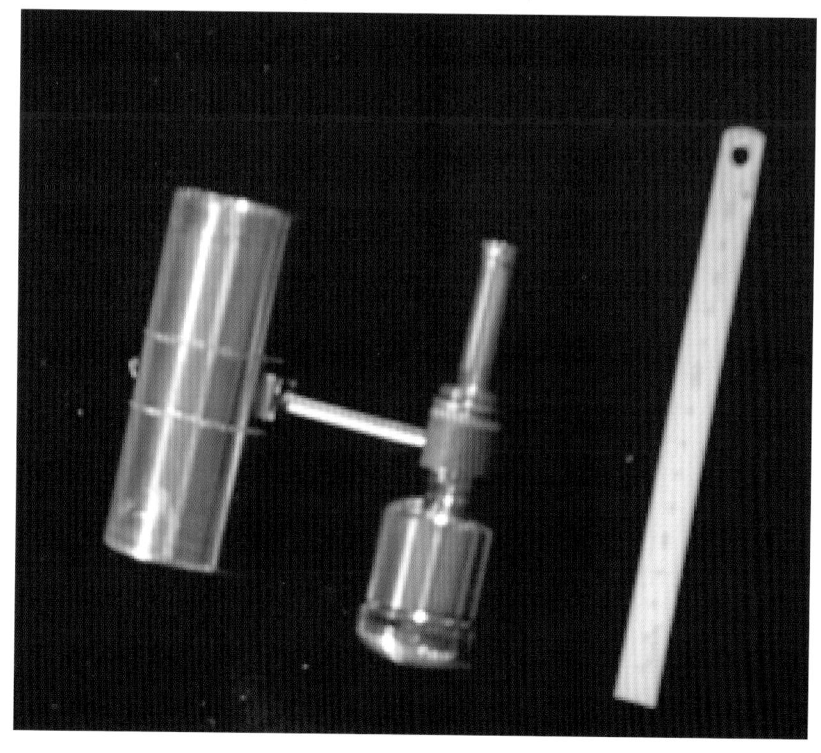

微型脉管制冷机

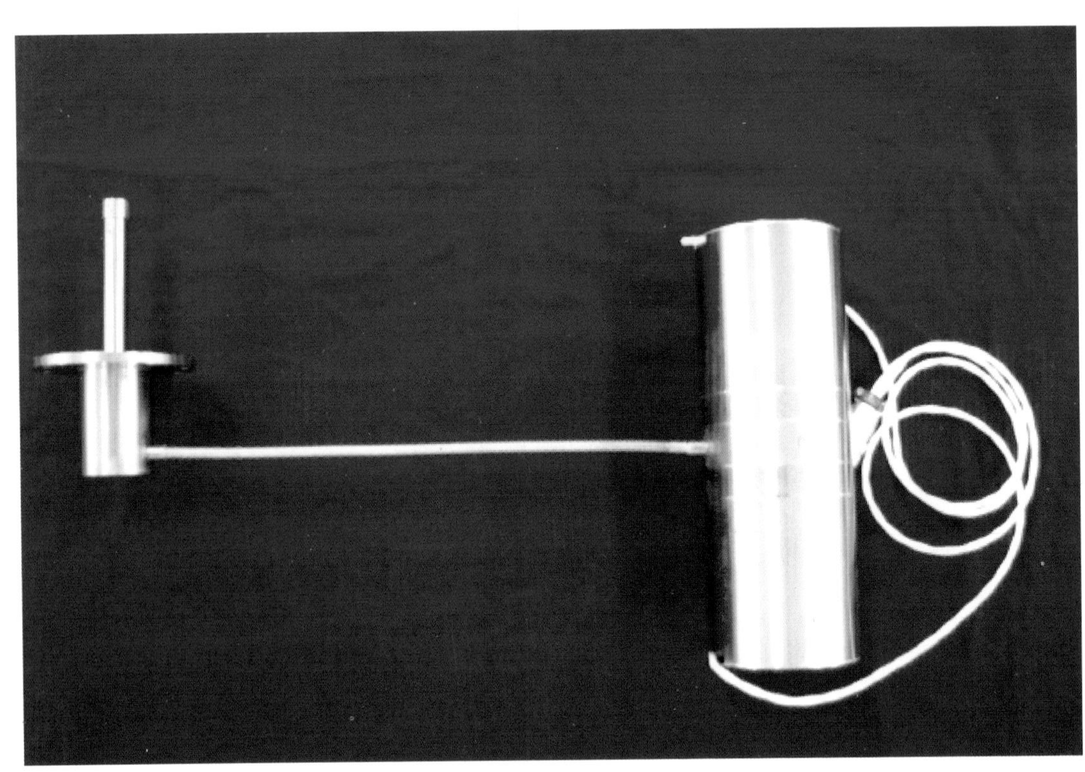

斯特林气动机械制冷机